高等学校Java课程系列教材

数据结构与算法

Java语言版

◎ 耿祥义 张跃平 主编

清华大学出版社
北京

内 容 简 介

本书面向有一定Java语言基础的读者,重点讲解数据结构和相关算法以及经典算法思想。本书不仅注重讲解每种数据结构的特点,而且特别注重结合实例讲解怎样正确地使用每种数据结构和相应的算法,强调使用数据结构和算法解决问题。本书精选了一些经典和实用性强的算法思想,并通过解决一些经典的问题体现这些算法思想的精髓。全书共14章,分别是数据结构概述、算法与复杂度、递归算法、数组与Arrays类、链表与LinkedList类、顺序表与ArrayList类、栈与Stack类、队列与ArrayDeque类、二叉树与TreeSet类、散列表与HashMap类、集合与HashSet类、常用算法与Collections类、图论和经典算法思想。本书特别注重体现Java语言的特色,除了前3章以外,其余各章的大部分代码都体现了Java的特色和Java在算法实现方面的优势。

本书可作为计算机相关专业的数据结构与算法的教材,也可作为软件开发等专业人员的参考用书。

版权所有,侵权必究。举报: 010-62782989, beiqinquan@tup.tsinghua.edu.cn。

图书在版编目(CIP)数据

数据结构与算法: Java语言版/耿祥义,张跃平主编.—北京:清华大学出版社,2024.7
高等学校Java课程系列教材
ISBN 978-7-302-66274-7

Ⅰ.①数… Ⅱ.①耿… ②张… Ⅲ.①数据结构-高等学校-教材 ②算法分析-高等学校-教材 ③JAVA语言-程序设计-高等学校-教材 Ⅳ.①TP311.12 ②TP312.8

中国国家版本馆CIP数据核字(2024)第096507号

策划编辑:魏江江
责任编辑:王冰飞
封面设计:刘　键
责任校对:时翠兰
责任印制:沈　露

出版发行:清华大学出版社
　　　　　网　　址:https://www.tup.com.cn, https://www.wqxuetang.com
　　　　　地　　址:北京清华大学学研大厦A座　　邮　编:100084
　　　　　社 总 机:010-83470000　　　　　　　　邮　购:010-62786544
　　　　　投稿与读者服务:010-62776969, c-service@tup.tsinghua.edu.cn
　　　　　质量反馈:010-62772015, zhiliang@tup.tsinghua.edu.cn
　　　　　课件下载:https://www.tup.com.cn, 010-83470236
印 装 者:三河市龙大印装有限公司
经　　销:全国新华书店
开　　本:185mm×260mm　　印　张:17.75　　字　数:455千字
版　　次:2024年8月第1版　　　　　　　　　　印　次:2024年8月第1次印刷
印　　数:1~1500
定　　价:59.80元

产品编号:104324-01

前言

　　党的二十大报告指出：教育、科技、人才是全面建设社会主义现代化国家的基础性、战略性支撑。必须坚持科技是第一生产力、人才是第一资源、创新是第一动力，深入实施科教兴国战略、人才强国战略、创新驱动发展战略，开辟发展新领域新赛道，不断塑造发展新动能新优势。高等教育与经济社会发展紧密相连，对促进就业创业、助力经济社会发展、增进人民福祉具有重要意义。

　　数据结构和算法是计算机科学的核心领域，是计算机程序的基础。正确、恰当地使用数据结构和相应的算法决定了程序的性能和效率。数据结构和算法一直是计算机科学与技术、软件工程等专业的一门重要的必修课程。

　　本书面向有一定 Java 语言基础的读者，重点讲解重要的数据结构和相关算法以及重要的基础算法和经典算法思想。全书共 14 章，分别是数据结构概述、算法与复杂度、递归算法、数组与 Arrays 类、链表与 LinkedList 类、顺序表与 ArrayList 类、栈与 Stack 类、队列与 ArrayDeque 类、二叉树与 TreeSet 类、散列表与 HashMap 类、集合与 HashSet 类、常用算法与 Collections 类、图论和经典算法思想。

　　本书具有以下特色。

1. 注重夯实基础

　　本书注重讲解每种数据结构的特点，并结合实例讲解怎样正确地使用相应的数据结构和算法，特别强调分析基础算法的特点，以便读者透彻理解和正确使用这些基础算法。

2. 关注实用性

　　数据结构和算法与计算机科学紧密关联，常用于解决现实中的问题，本书注重结合一些经典问题和实际问题，使读者在学习数据结构和算法后能加深对实际问题的了解。

3. 强调培养能力

　　本书强调学习数据结构和算法课程的重要性与意义不仅是学习数据结构和算法本身，还应该注重训练、提高读者的编程能力。本书的很多实例特别强调怎样正确地使用相应的数据结构和算法解决问题，也精选了一些经典和实用性强的算法思想，并结合一些经典的问题体现这些算法思想的精髓，有利于帮助读者掌握如何设计和实现高效、优秀的算法，提高解决实际问题的能力。

4. 体现语言特色

　　本书特别注重体现 Java 语言的特色，除了前 3 章以外，其余各章的大部分代码都体现了 Java 的特色和 Java 在算法实现方面的优势。全书提供了 138 个实例、236 道习题，实例中的代码都是用 Java 编写的。所有的实例都有详细的解释，都是可以运行的，同时也给出了运行效果图，这非常有利于读者理解代码、提高编程能力。

　　本书以中国美丽的二十四节气作为开始，以中国远古神话历史时代的河图洛书记载的、被誉为"宇宙魔方"的九宫格为结尾，其内容也是编者多年从事 Java 程序设计课程教学和学习、编写程序的经验结晶。本书的全部实例由编者编写，并在 JDK 17 环境下调试完成（JDK 版本不能低于 JDK 11）。

为便于教学，本书提供丰富的配套资源，包括教学大纲、教学课件、电子教案、程序源码、在线作业和习题答案。

资源下载提示

课件等资源：扫描封底的"图书资源"二维码，在公众号"书圈"下载。

素材（源码）等资源：扫描目录上方的二维码下载。

在线自测题：扫描封底的作业系统二维码，再扫描自测题二维码在线做题及查看答案。

读者也可以关注编者的教学辅助公众号"Java 教学与小提琴耿祥义"获得有关资源。

本书的实例代码及相关内容仅供读者学习使用，不得以任何方式抄袭出版。

希望本书能对读者学习数据结构和算法有所帮助，并恳请读者批评指正。

编　者

2024 年 8 月

目录

第1章 数据结构概述

1.1 逻辑结构 1
1.2 物理结构 6
1.3 算法与结构 6
习题 1 7

第2章 算法与复杂度

2.1 算法 8
2.2 算法的复杂度 8
2.3 常见的复杂度 10
习题 2 22

第3章 递归算法

3.1 递归算法简介 23
3.2 线性递归与非线性递归 24
    3.2.1 线性递归 24
    3.2.2 非线性递归 26
3.3 问题与子问题 28
3.4 递归与迭代 30
3.5 多重递归 33
3.6 经典递归 35
    3.6.1 杨辉三角形 35
    3.6.2 老鼠走迷宫 37
    3.6.3 汉诺塔 39
3.7 优化递归 45
习题 3 48

第4章 数组与 Arrays 类

4.1 引用与参数存值 49

	4.1.1	数组的引用	49
	4.1.2	参数存值	51
4.2	数组与排序		53
	4.2.1	快速排序	53
	4.2.2	归并排序	57
4.3	数组的二分查找		59
	4.3.1	二分法	59
	4.3.2	过滤数组	60
4.4	数组的复制		61
	4.4.1	复制数组的方法	61
	4.4.2	处理重复数据	63
4.5	数组的比较		64
4.6	公共子数组		65
4.7	数组的更新		69
	4.7.1	单值更新	69
	4.7.2	动态更新	69
4.8	数组的前缀算法		70
4.9	动态遍历		71
	4.9.1	动态方法	71
	4.9.2	编写动态方法	72
	4.9.3	多线程遍历	73
4.10	数组与洗牌		74
4.11	数组与生命游戏		76
习题 4			79

第 5 章 链表与 LinkedList 类

5.1	链表的特点	80
5.2	创建链表	83
5.3	查询与相等	85
5.4	添加节点	89
5.5	删除节点	90
5.6	更新节点	93
5.7	链表的视图	94
5.8	链表的排序	95
5.9	遍历链表	97
5.10	链表与数组	103
5.11	不可变链表	104
5.12	编写简单的类创建链表	104
习题 5		109

第 6 章　顺序表与 ArrayList 类

- 6.1　顺序表的特点 …………………………………………………… 110
- 6.2　创建顺序表 …………………………………………………… 111
- 6.3　顺序表的常用方法 …………………………………………………… 113
- 6.4　遍历顺序表 …………………………………………………… 116
- 6.5　顺序表与筛选法 …………………………………………………… 118
- 6.6　顺序表与全排列 …………………………………………………… 120
- 6.7　顺序表与组合 …………………………………………………… 125
- 6.8　顺序表与记录 …………………………………………………… 130
- 6.9　Vector 类 …………………………………………………… 132
- 习题 6 …………………………………………………… 135

第 7 章　栈与 Stack 类

- 7.1　栈的特点 …………………………………………………… 136
- 7.2　栈的创建与独特的方法 …………………………………………………… 137
- 7.3　栈与回文串 …………………………………………………… 139
- 7.4　栈与递归 …………………………………………………… 140
- 7.5　栈与 undo 操作 …………………………………………………… 141
- 7.6　栈与括号匹配 …………………………………………………… 143
- 7.7　栈与深度优先搜索 …………………………………………………… 144
- 7.8　栈与后缀表达式 …………………………………………………… 147
- 习题 7 …………………………………………………… 152

第 8 章　队列与 ArrayDeque 类

- 8.1　队列的特点 …………………………………………………… 153
- 8.2　队列的创建与独特的方法 …………………………………………………… 154
- 8.3　队列与回文串 …………………………………………………… 156
- 8.4　队列与加密、解密 …………………………………………………… 157
- 8.5　队列与约瑟夫问题 …………………………………………………… 158
- 8.6　队列与广度优先搜索 …………………………………………………… 159
- 8.7　队列与网络爬虫 …………………………………………………… 161
- 8.8　队列与排队 …………………………………………………… 164
- 习题 8 …………………………………………………… 166

第 9 章　二叉树与 TreeSet 类

- 9.1　二叉树的基本概念 …………………………………………………… 167

9.2 遍历二叉树 ……………………………………………………………………… 168
9.3 二叉树的存储 …………………………………………………………………… 170
9.4 平衡二叉树 ……………………………………………………………………… 172
9.5 二叉查询树和平衡二叉查询树 ………………………………………………… 172
9.6 TreeSet 树集 …………………………………………………………………… 176
9.7 树集的基本操作 ………………………………………………………………… 178
9.8 树集的视图 ……………………………………………………………………… 182
9.9 树集与数据统计 ………………………………………………………………… 183
9.10 树集与过滤数据 ………………………………………………………………… 185
9.11 树集与节目单 …………………………………………………………………… 187
习题 9 …………………………………………………………………………………… 188

第 10 章 散列表与 HashMap 类

10.1 散列结构的特点 ………………………………………………………………… 189
10.2 简单的散列函数 ………………………………………………………………… 191
10.3 HashMap 类 …………………………………………………………………… 195
10.4 散列表的基本操作 ……………………………………………………………… 198
10.5 遍历散列表 ……………………………………………………………………… 200
10.6 统计字符、单词出现的次数和频率 …………………………………………… 201
10.7 散列表与单件模式 ……………………………………………………………… 204
10.8 散列表与数据缓存 ……………………………………………………………… 206
10.9 TreeMap 类 ……………………………………………………………………… 207
10.10 Hashtable 类 …………………………………………………………………… 212
习题 10 ………………………………………………………………………………… 213

第 11 章 集合与 HashSet 类

11.1 集合的特点 ……………………………………………………………………… 214
11.2 HashSet 类 ……………………………………………………………………… 214
11.3 集合的基本操作 ………………………………………………………………… 216
11.4 集合与数据过滤 ………………………………………………………………… 218
11.5 正整数集合的生成集 …………………………………………………………… 219
11.6 获得随机数的速度 ……………………………………………………………… 220
习题 11 ………………………………………………………………………………… 221

第 12 章 常用算法与 Collections 类

12.1 排序 ……………………………………………………………………………… 222
12.2 二分查找 ………………………………………………………………………… 224

12.3 反转与旋转 225
12.4 洗牌 227
12.5 求最大值与最小值 227
12.6 统计次数和频率 228
习题 12 230

第 13 章 图论

13.1 无向图 231
13.2 有向图 232
13.3 无向网络和有向网络 233
13.4 图的存储 234
13.5 图的遍历 239
13.6 测试连通图 244
13.7 最短路径 247
13.8 最小生成树 251
习题 13 254

第 14 章 经典算法思想

14.1 贪心算法 255
14.2 动态规划 258
14.3 回溯算法 261
习题 14 265

附录 A　对象与接口的关键知识点 266

参考文献 273

第1章 数据结构概述

本章主要内容
- 逻辑结构；
- 物理结构；
- 算法与结构。

数据结构涉及数据的逻辑结构、物理结构(也称存储结构)以及相应的算法等知识。本章简单介绍数据结构的相关知识点，后续章节会在逻辑结构、物理结构以及相应的算法方面有更多、更深入的学习和讨论。

本章为了后续知识点的需要，用节点(线性结构)、结点(树结构)、顶点(图结构)或元素(集合)表示一种数据。一个节点(结点，顶点，元素)里可以包含具体的数据，例如节点(结点，顶点，元素)里的数据是一个 String 对象或一个 Integer 对象。本章简要介绍有限多个节点(结点，顶点，元素)可以形成的逻辑结构以及存储结构，暂不涉及和其结构有关的算法。

1.1 逻辑结构

逻辑结构是指有限多个节点(结点，顶点，元素)之间的逻辑关系，不涉及节点(结点，顶点，元素)在计算机中的存储位置。逻辑结构主要有线性结构、树结构、图结构和集合这4种结构，下面分别介绍。

1. 线性结构

在实际生活中，大家经常会遇到具有线性结构的一组数据，例如，中国农历的二十四节气就是具有线性结构的一组数据：

立春、雨水、惊蛰、春分、清明、谷雨、立夏、小满、芒种、夏至、小暑、大暑、立秋、处暑、白露、秋分、寒露、霜降、立冬、小雪、大雪、冬至、小寒、大寒

其特点如下。

(1) 二十四节气中的第1个节气是立春(也称头节气)，最后一个节气是大寒(也称尾节气)。人们常说"一年之计在于春，一日之计在于晨"，即立春节气是一年四季中的第1个节气，意指农耕从春季开始，并强调了立春节气在一年四季中所占的重要位置。不能说立春的前一个节气或上一个节气是大寒，因为立春节气是所有节气中的第1个节气。人们还常说"大寒到极点，日后天渐暖"，意思是大寒节气是一年四季中的最后一个节气。不能说大寒的后一个节气或下一个节气是立春，因为大寒节气是所有节气中的最后一个节气。

(2) 除了立春节气和大寒节气(即除了头节气和尾节气)，其他每个节气有且只有一个前趋节气和后继节气，例如，雨水节气的后继节气是惊蛰节气、前趋节气是立春节气。

有限多个节点 $a_0, a_1, \cdots, a_{n-1}$ 形成了线性结构($n \geq 2$)，线性结构规定了节点之间的"前后"关系：规定 a_i 是 a_{i+1} 的前趋节点，a_{i+1} 是 a_i 的后继节点($0 \leq i < n-1$)；规定 a_0 只有后继节点没有前趋节点，称作头节点；规定 a_{n-1} 只有前趋节点没有后继节点，称作尾节点。

如果多个节点$a_0,a_1,\cdots,a_{n-1}$形成了线性结构,可以简单记作:
$$a_0a_1\cdots a_{n-1}$$
其中,a_0是头节点,a_{n-1}是尾节点。例如,7个节点的线性结构,$a_0a_1a_2a_3a_4a_5a_6$,如果这7个节点依次包含的数据是下列字符序列:

星期一,星期二,星期三,星期四,星期五,星期六,星期日

那么这些字符序列就形成了线性结构,该线性结构符合中国人的习惯,因为中国人认为一个星期有7天,这7天的第1天是星期一,最后一天是星期日。

如果7个节点依次包含的数据是下列字符序列:

Sunday, Monday, Tuesday, Wednesday, Thursday, Friday, Saturday

那么这些字符序列就形成了线性结构,该线性结构符合美国人的习惯,因为美国人认为一个星期有7天,这7天的第1天是Sunday,最后一天是Saturday。

再如,5个节点的线性结构$a_0a_1a_2a_3a_4$,如果这5个节点依次包含的数据是下列正整数:

1,2,3,1,5

那么这5个数就形成了线性结构:

12315

习惯地读成一万两千三百一十五。

如果这5个节点依次包含的数据是下列正整数:

5,2,8,8,9

那么这5个数就形成了线性结构:

52889

习惯地读成五万两千八百八十九。

可以用数学方式准确地描述数据的结构。将有限多个节点记作一个集合,例如集合A。称$A\times A$(集合A的笛卡儿乘积)的一个子集为A上的一个关系。如果取$A\times A$的某个子集,例如R,作为集合A上的一个关系,那么集合A的元素之间就有了关系R,称R是A的节点的逻辑结构,或A用R作为自己的逻辑结构,记作(A,R)。

集合A的节点个数大于或等于2,如果A中的节点a、b满足$(a,b)\in R$,称a和b满足关系R,简称a和b有R关系。

对于集合A,当R满足下列3个条件时,称R是A上的线性关系。当R是线性关系时,如果a和b满足关系R,称a是b的前趋节点,b是a的后继节点。

(1)A中有且只有一个头节点,例如p有唯一的后继节点,并且没有前趋节点,称这个节点p是头节点,即对于头节点p,A中存在唯一一个其他节点t,使得$(p,t)\in R$,并且对于A中任何一个节点t,$(t,p)\notin R$。

(2)A中有且只有一个尾节点,例如q只有唯一一个前趋节点,并且没有后继节点,称这个节点q是尾节点,即对于尾节点q,A中存在唯一一个其他节点t,使得$(t,q)\in R$,并且对于A中任何一个节点t,$(q,t)\notin R$。

(3)A中不是头节点的节点a有唯一一个前趋节点,即A中存在唯一的其他节点t,使得$(t,a)\in R$。A中不是尾节点的节点a有唯一一个后继节点,即A中存在唯一的其他节点t,使得$(a,t)\in R$。

集合A使用线性关系R作为自己的一个关系,记作$L=(A,R)$。由于R是线性关系,所

以称 A 中的节点具有线性结构,也称 L 是一个线性表(习惯用符号 L 表示线性表),或简称 A 是一个线性表。通常用序列表示一个线性表(一目了然),例如,对于包含有限多个节点的线性表 A,可如下示意其线性结构:

$$a_0 a_1 a_2 \cdots a_{n-1}$$

其中,a_0 是头节点,a_{n-1} 是尾节点。

线性结构 $L=(A,R)$(线性表)属于简单的结构,其特点是,除了头节点,每个节点有且只有一个前趋节点;除了尾节点,每个节点有且只有一个后继节点。线性表就像线段中的有限多个点(离散点),线段的左端点是头,右端点是尾。

> **注意**:在描述线性结构时使用节点或结点一词都不影响理解或学习(尽管英语都是 node),这里之所以使用节点,主要是因为汉字的"节"字能更加形象地描述线性结构,例如鱼贯而行的节节车厢、雨后竹笋节节高。

关于线性结构的算法会在第 4~8 章讲解。

2. 树结构

在实际生活中,大家经常会遇到具有树结构的一组数据,例如,某小学的五年级共有 3 个班级,即 1 班、2 班和 3 班。1 班进行了分组,分成 1 组和 2 组。2 班进行了分队,分成 1 队和 2 队。3 班没有分组或分队。其示意图如图 1.1 所示。

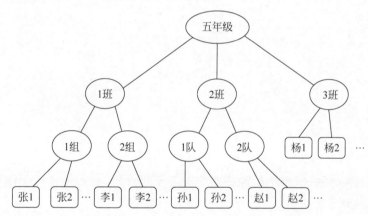

图 1.1 某小学五年级的树结构示意图

在这个结构中,使用"结点"一词描述其特点,具体如下。

(1) 根结点:称五年级是根结点。

(2) 子结点:1 班、2 班和 3 班为根结点的子结点。1 组、2 组为 1 班的子结点;1 队、2 队为 2 班的子结点;杨 1、杨 2、……为 3 班的子结点。张 1、张 2、……为 1 组的子结点;李 1、李 2、……为 2 组的子结点;孙 1、孙 2、……为 1 队的子结点;赵 1、赵 2、……为 2 队的子结点。

(3) 父结点:根结点是 1 班、2 班、3 班的父结点。1 班是 1 组、2 组的父结点;2 班是 1 队、2 队的父结点;3 班是杨 1、杨 2、……的父结点。1 组是张 1、张 2、……的父结点;2 组是李 1、李 2、……的父结点。1 队是孙 1、孙 2、……的父结点;2 队是赵 1、赵 2、……的父结点。

(4) 叶结点:张 1、张 2、李 1、李 2、孙 1、孙 2、杨 1、杨 2、……是叶结点。

下面给出树结构的定义。

对于集合 A,当 R 满足下列条件时,称 R 是 A 上的树关系。当 R 是集合 A 上的一个树关系时,如果 a 和 b 满足关系 R,即 $(a,b) \in R$,称 a 是 b 的父结点,b 是 a 的子结点。

(1) A 中有且只有一个结点没有父结点,称这个结点是根结点,即存在唯一一个结点 r,

使得A中任何一个其他结点a都有$(a, r) \notin R$,称r是根结点。r可以有多个子结点或没有任何子结点。

(2)除了根结点r以外,A中的其他结点有且只有一个父结点、可以有多个子结点或没有任何子结点。

称没有子结点的结点为叶结点,称一个结点的子结点的子结点为该结点的孙子结点。

集合A使用树关系R作为自己的一个关系,用符号T表示,记作$T=(A, R)$,即R是A的结点的逻辑结构。由于R是树关系,所以称A中的结点具有树结构,称T是一棵树,或简称A是一棵树。经常用倒置的树形示意一棵树(一目了然),例如,对于

$$T = (A, R)$$

有:

$$A = \{a_0, a_1, a_2, a_3, a_4, a_5, a_6, a_7, a_8\}$$
$$R = \{(a_0, a_1), (a_0, a_2), (a_1, a_3), (a_1, a_4), (a_2, a_5), (a_2, a_6), (a_3, a_7), (a_6, a_8)\}$$

其中,a_0是根结点,a_4、a_5、a_7和a_8是叶结点。如果结点a_0、a_1、a_2、a_3、a_4、a_5、a_6、a_7、a_8包含的数据依次是5、3、7、2、4、6、8、1、9,那么树形示意图如图1.2所示。

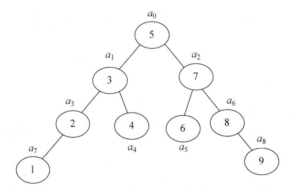

图1.2 树形示意图

注意:在示意树结构时,为了强调一个结点是叶结点,用矩形示意这个叶结点(如图1.1所示),但不是必须这样。

从树的定义可以看出,可以把一棵树$T=(A, R)$看成由多个互不相交的树构成,称这些树为当前树的子树。例如,如果根结点a_0有n个子孙结点$a_1, a_2, \cdots, a_n$,那么$a_i(1 \leqslant i \leqslant n)$和$a_i$的所有子孙结点构成的集合$A_i$仍然是一个树结构,记作$T_i=(A_i, R_i)$,其中,关系集合$R_i$是从关系集合$R$中裁剪出的一个$R$的子集。同样,每个$T_i$也是由多个互不相交的子树构成的。

如果树的每个结点最多有两个子结点,称这样的树是二叉树。在算法中经常使用二叉树,例如,图1.2所示的就是一棵二叉查询树,特点是每个结点的值都大于它的左子树上的结点的值、小于或等于它的右子树上的结点的值。如果随机得到一个1~9的数m,然后猜测这个m是哪一个数,那么首先猜m是上面二叉树的根结点中的数,如果猜测错误,并告知你猜测的数大于根结点中的数,那就继续猜测这个数是当前结点的右子结点,如果告知你猜测的数小于当前结点中的数,那就继续猜测这个数是当前结点的左子结点,以此类推,就可以较快地猜测到这个数。

树结构通常是非线性结构(属于比较复杂的一种结构),极端情况可退化为线性结构,例如每个非叶结点都有且只有一个子结点时就退化为线性结构。树结构的特点是,根结点没有父结点,非根、非叶结点有且只有一个父结点,但有一个或多个子结点,叶结点有且只有一个父结点,但没有子结点。根据树结构的这个特点,可以把树的结点按层次分类,从根开始定义,根为

第 0 层,根的子结点为第 1 层,以此类推。每一层上的结点最多只能和上一层中的一个结点有关系,但可能和下一层中的 0 个或多个结点有关系。

另外,一棵树也可以只有一个根结点,再无其他任何结点。如果说一个空集合是一棵树也是正确的,称这样的树是空树。

> **注意**:在描述树结构时使用结点或节点一词都不影响理解或学习(尽管英语都是 node),这里之所以使用结点,主要是因为汉字的"结"字能更加形象地描述树结构,例如,一棵苹果树上有不少分枝、分枝上结了很多苹果。另外,结点也有交叉点的意思。

关于二叉树的更多术语和算法,会在第 9 章中讲解。

3. 图结构

在实际生活中,大家经常会遇到具有图结构的一组数据,例如,用钢筋焊接的平面架中的焊点 a、b、c、d、e,如图 1.3 所示。

把图 1.3 中的焊点 a、b、c、d 和 e 称作顶点(Vertex),将这些顶点组成的集合记作 V,集合 V 是所要描述的数据。图结构是比线性结构和树结构更复杂的结构,在图结构中,顶点之间不再是前趋或后继关系,也不是父子关系,而是"边"的关系。对于图 1.3 这种用钢筋焊接起来的平面架,用图结构的术语描述如下。

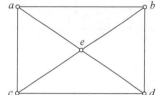

图 1.3 钢筋焊接形成的图结构

(1) 集合 V 由 5 个顶点 a、b、c、d 和 e 构成。

(2) 一个顶点可以和 0 个或多个其他顶点用边建立联系,例如顶点 a 用边 ab 和顶点 b 建立联系,把这个边记作 (a,b)。在这个图结构中,规定 (a,b) 和 (b,a) 是一样的(都代表同一根钢筋),即 (a,b) 和 (b,a) 都是没有方向的"标量"边,这样的图结构称作无向图(否则称为有向图,见稍后图结构的定义)。

可以将边集合记作 E(Edge 单词的首字母),例如,图 1.3 中的边集合是

$$E=\{(a,b),(a,c),(a,e),(b,e),(b,d),(d,e),(d,c),(e,c)\}$$

集合 E 中共有 8 条边。

对于无向图,如果 $(a,b) \in E$,那么默认 $(b,a) \in E$,因此不必再显式地将 (b,a) 写在 E 中。下面给出图结构的定义。

对于由有限多个顶点构成的集合 V,当 $V \times V$ 的子集 E 满足下列条件时,称 E 是 V 上的图关系,记作 $G=(V,E)$。当 E 是集合 V 上的一个图关系时,如果顶点 a 和顶点 b 满足关系 E,即 $(a,b) \in E$,称 (a,b) 是一条边。

(1) 在 V 的顶点中,不能有自己到自己的边,即对于任何顶点 v,(v,v) 不属于 E。

(2) 对于 V 中的一个顶点 v,v 可以和其他任何顶点之间没有边,即对于任何顶点 a,(a,v) 和 (v,a) 都不属于 E,也可以和其他一个或多个顶点之间有边,即存在多个顶点 $a_1,a_2,\cdots,a_m$ 和 $b_1,b_2,\cdots,b_n$,使得 $(v,a_1),(v,a_2),\cdots,(v,a_m)$ 属于 E,以及 $(b_1,v),(b_2,v),\cdots,(b_n,v)$ 属于 E。

对于 $G=(V,E)$,如果 (a,b) 是边,那么默认 (b,a) 也是边,并规定 (a,b) 边等于 (b,a) 边,这样规定的 $G=(V,E)$ 是无向图,简称 V 是无向图,即无向图的边是没有方向的。

如果 (a,b)、(b,a) 都是边,并规定 (a,b) 边不等于 (b,a) 边,这样规定的 $G=(V,E)$ 是有向图,简称 V 是有向图,即有向图的边是有方向的。

在图结构中,有时会赋给边一个权值(也称权重),称这样的图为一个网络。权值的类型可以是 Java 支持的任何一种数据类型。例如在图 1.3 所示的无向图中,可以将钢筋的重量或长

度作为边的权值。

经常用直线或弧绘制顶点之间的边来表示图,如果是有向图,边的终点用有方向箭头结束(一目了然)。例如4个顶点的有向图$G=(V,E)$:

$$V=\{v_0,v_1,v_2,v_3\}$$
$$E=\{(v_0,v_1),(v_0,v_2),(v_0,v_3),(v_1,v_0),(v_1,v_2),(v_1,v_3),$$
$$(v_2,v_0),(v_2,v_1),(v_2,v_3),(v_3,v_0),(v_3,v_1),(v_3,v_2)\}$$

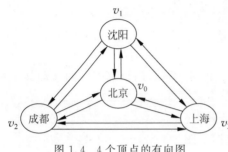

图1.4 4个顶点的有向图

如果有向图$G=(V,E)$的4个顶点中存放的是4个城市的名字,例如分别是北京、沈阳、成都和上海,那么这4个城市就形成了一个有向图,如图1.4所示。其中,北京、沈阳、成都和上海这4个城市之间的高速公路可以对应边集合E中的边,因为高速公路是有方向的(双向高速公路)。可以给$G=(V,E)$的边赋予权值,使之成为一个有向网络,例如边的权值可以是高速费或路长,或者二者的组合。

> **注意**:树是一种特殊的图。在描述图结构时应使用"顶点"一词,因为图论是数学的一个经典分支,"顶点(vertex)"一词是图论中的原始用词。

关于图的更多术语和算法,会在第13章中讲解。

4. 集合

集合A中的元素除了同属于一个集合以外,无其他任何关系,即关系集合是空集合,可以表示为$(A,\varnothing)$($\varnothing$是$A\times A$的空子集)。

关于集合的更多术语和算法,会在第11章中讲解。

1.2 物理结构

通过前面的学习大家已经知道,对于节点(结点,顶点,元素)构成的集合A,数据的逻辑结构是指A的节点(结点,顶点,元素)之间的关系R(R是$A\times A$的子集),称R是A的节点(结点,顶点,元素)的逻辑结构,记作(A,R),人们习惯称A的节点(结点,顶点,元素)按照关系R形成了一种逻辑结构,比如线性结构、树结构、图结构等,即A是具有结构的集合。

对于(A,R),计算机程序在存储空间中存放集合A的节点(结点,顶点,元素)的形式,称为A的节点(结点,顶点,元素)的物理结构,也称为A的存储结构。对于具有某种逻辑结构的集合,其节点(结点,顶点,元素)的存储可以对应不同的存储结构(根据需要而定),例如,对于一个线性表,可根据需要采用顺序存储(节点的物理地址是依次相邻的)或链式存储(节点的物理地址不必是相邻的)。常用的存储结构有顺序存储、链式存储和哈希存储等,有关细节见第4~11章。

1.3 算法与结构

在后续的章节中,大家会注意到算法的设计取决于数据的逻辑结构,而算法的实现依赖于数据的存储结构。一个实施于集合上的算法,在其执行完毕后,必须保持集合的逻辑结构不变。例如,对于线性表,在实施了增加或删除节点的操作后,要保证新的节点构成的集合仍然是线性结构,否则算法必须对当前线性表的节点进行调整,使得当前线性表在逻辑上仍然是一个线性结构。再如,对于平衡二叉树,在实施了增加或删除结点的操作后,要保证新的结点构成的集合仍然是平衡二叉树,否则算法必须对当前集合的结点进行调整,使得当前集合在逻辑上仍然是一棵平衡二叉树。算法与结构的有关细节见第 4~11 章。

习题 1

扫一扫

习题

扫一扫

自测题

第 2 章 算法与复杂度

本章主要内容
- 算法；
- 算法的复杂度；
- 常见的复杂度。

本章通过常见的复杂度讲解计算算法时间复杂度和空间复杂度的基本方法。

2.1 算法

经典算法教材《算法导论》认为：算法（algorithm）是一个正确的计算过程，该过程以某个值或值的集合作为输入并产生某个值或值的集合作为输出。简单来说，算法就是把输入转换成输出的一系列计算步骤。

这里不去探讨算法的形式定义，而是把Java语言中定义的方法看成一个算法，那么算法具有如下特性。

（1）确切性：算法由语句组成，每个语句的功能是确切的。

（2）输入数据：可以向算法输入0个或多个数据（方法可以有参数或无参数），即算法可以接收或不接收外部数据。

（3）输出数据：算法可以给出明确的计算结果（方法的返回值）或输出若干数据到客户端，以反映算法产生的效果。

（4）可行性：算法可以归结为一系列可执行的基本操作（计算步骤），程序执行基本操作的耗时仅依赖于特定的硬件设施，不依赖于一个正整数，即不会随之增大而增大。

2.2 算法的复杂度

一个方法，即算法，从执行到结束涉及两个度量：一个是执行方法所消耗的时间；另一个是执行方法所需要的内存空间。

在这里首先明确一点，如果一个算法不能在有限的时间内结束，就不再属于算法复杂度的研究范畴，例如在一个算法中出现无限循环，就不再属于算法复杂度的研究范畴。

1．基本操作

一个基本操作是一条语句或一个运算表达式，而且必须是在有限时间内能被完成的计算步骤。

方法中声明的局部变量，包括参数，都不能归类到基本操作，即不是基本操作，而是归类到数据的声明。对于一个算法，局部变量的数目一定是固定的，因此在计算时间复杂度时忽略数据的声明。

在计算空间复杂度时，要计算声明的变量所占用的内存空间，因为这样才可以计算出算法占用的存储空间大小,例如对于数组,数组的元素个数可能会依赖于一个正整数,即数组占用的存储空间会随之增大而增大。

2. 时间复杂度

算法的时间复杂度用来度量一个算法的执行所用的时间。不同的计算机,执行相同的算法所消耗的时间是不同的,这依赖于硬件执行指令的速度。计算算法的时间复杂度不是给出一个算法所用的准确时间,而是给出算法执行的基本操作的总次数。

在计算复杂度之前,需要先列出算法中的基本操作,有些基本操作可能会被反复执行多次,例如逻辑比较、关系比较、赋值等基本操作。

总次数是依赖于一个正整数 n 的函数,可以将该函数记作 $T(n)$。如果一个计算机执行每个基本操作的平均时间是 t,那么它执行算法的耗时就是 $tT(n)$,其中,t 是与 n 无关的常量。

算法的复杂度主要度量随着 n 的增大 $T(n)$ 值的变化趋势(忽略计算机执行每个基本操作的平均时间 t)。例如:

$$T(n) = n^2 + n + 1$$

如果存在一个 n 的函数 $f(n)$,使得

$$T(n)/f(n) \quad (n=1,2,\cdots)$$

的极限是大于 0 的数,则称 $f(n)$ 是算法时间复杂度的渐进时间复杂度,简称算法的时间复杂度,记作 $O(f(n))$。时间复杂度的这种记法称作大 O(大写英文字母 O)记法。例如:

$$T(n)/n^2 = (n^2+n+1)/n^2 \quad (n=1,2,\cdots)$$

的极限是大于 0 的数,那么算法的渐进时间复杂度就是 n^2,记作 $O(n^2)$。

注意:在计算基本操作的总次数时,要针对最坏的情况,即在某种条件下执行的基本操作的总次数是最多的情况。

3. 空间复杂度

空间复杂度用来度量一个算法在执行期间占用的存储空间。计算一个算法的空间复杂度,需要考虑在运行时算法中的局部变量所占用的内存空间以及调用方法所占用的内存空间(函数地址被压栈的操作)。当一个算法占用的内存空间为一个常量的,将空间复杂度记为 $O(1)$;当一个算法占用的存储空间与一个正整数 n 成线性比例关系时,将空间复杂度记为 $O(n)$。算法在执行期间,一些变量占用内存后,可能会很快地释放所占用的空间,例如算法调用方法结束后会释放方法暂用的内存空间(弹栈操作)。空间复杂度是指在某一时刻算法所占用的内存空间的最大值。计算时间复杂度,若一个操作被重复两次,次数是需要累加的,理由是时间需要累加。例如,给一个变量赋值的赋值语句被重复两次,就相当于执行了两个基本操作,即时间需要累加两次,但是占用的内存空间都是该变量占用的内存空间,内存空间不累加计算。再如,一个方法被重复调用两次,占用的内存空间是不累加的,理由是第一次调用结束后就释放了方法占用的内存空间。除非连续调用一个方法 n 次后再依次释放内存空间,那么连续调用 n 次后,算法所占用的内存空间就和一个正整数 n 有关(见第 3 章的递归调用)。

注意:在计算算法占用的内存空间时,要针对最坏的情况,即在某种条件下或某个时刻占用内存空间最多的情况。

4. 复杂度的比较

假设有 $O(f(n))$ 和 $O(g(n))$,如果 $f(n)/g(n)(n=1,2,\cdots)$ 的极限是正数,称 $O(f(n))$ 和 $O(g(n))$ 是相同的复杂度;如果 $f(n)/g(n)(n=1,2,\cdots)$ 的极限是 0,称 $O(f(n))$ 的复杂度低于 $O(g(n))$ 的复杂度;如果 $f(n)/g(n)(n=1,2,\cdots)$ 的极限是无穷大,称 $O(f(n))$ 的复

杂度高于 $O(g(n))$ 的复杂度或 $O(g(n))$ 的复杂度低于 $O(f(n))$ 的复杂度。

注意：学习复杂度，一定要记住时间累加，空间不累加。

2.3 常见的复杂度

计算复杂度的关键在于统计出算法（方法）中的基本操作被执行的总次数，有些基本操作可能没有被重复执行，有些可能被反复执行，那些没被重复执行的基本操作不会影响算法的时间复杂度，因此在计算时间复杂度时可以忽略这些基本操作。

前面已经强调，方法中声明的局部变量，包括参数，都不能归类到基本操作，而是归类到数据的声明，因此在计算时间复杂度时忽略数据的声明；在计算空间复杂度时需要计算声明的变量所占用的内存空间。

1. $O(1)$ 复杂度

如果算法中的基本操作被执行的总次数是一个常量，即不依赖于一个正整数 n，不会随着 n 的增大而增大，那么将算法的时间复杂度记作 $O(1)$。如果算法中变量所占用的内存空间是一个常量，即不依赖于一个正整数 n，不会随着 n 的增大而增大，那么将算法的空间复杂度记作 $O(1)$。

例 2-1 使用 Max 类的 max(int a, int b) 方法返回两个整数 a 和 b 的较大值，其时间复杂度和空间复杂度都是 $O(1)$。

Max.java

```
public class Max {
    public static int max(int a,int b) {
        if(a > b)
            return a;
        else
            return b;
    }
}
```

Max 类的 max(int a, int b) 方法中的基本操作包括关系表达式和 return 语句。

return 语句被执行一次，关系表达式 $a > b$ 被执行一次，那么算法中的基本操作被执行的总次数是 2，是一个常量，因此时间复杂度是 $O(1)$。

在算法中只有两个局部变量（两个参数），而两个局部变量所占用内存空间的大小都是固定的，因此空间复杂度是 $O(1)$。

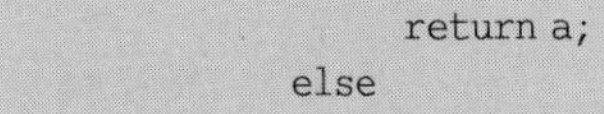

12，67，89，10 的最大值为 89

图 2.1 求最大值

例 2-1 中的主类 Example2_1 使用 Max 类的 max(int a, int b) 方法求几个整数的最大值，运行效果如图 2.1 所示。

Example2_1.java

```
public class Example2_1 {
    public static void main(String args[]) {
        int a = 12,b = 67,c = 89,d = 10;
        int m = Max.max(Max.max(Max.max(a,b),c),d);
        System.out.printf("\n%d, %d, %d, %d的最大值为%d",a,b,c,d,m);
    }
}
```

例 2-2 使用 Sum 类的 sum() 方法计算 1~100 的连续和，其时间复杂度和空间复杂度都是 $O(1)$。

Sum.java

```java
public class Sum {
    public static int sum() {
        int sum = 0;
        for(int i = 1;i <= 100; i++) {
            sum += i;
        }
        return sum;
    }
}
```

　　sum()方法中的 return 语句被执行了一次，关系表达式 $i<=100$ 被重复执行了 101 次，算术表达式 $i++$ 被重复执行了 101 次，赋值语句"sum += i;"被重复执行了 100 次，那么算法中的基本操作被执行的总次数是 302，是一个常量，因此时间复杂度是 $O(1)$。

　　在算法中有两个局部变量 sum 和 i，而两个局部变量所占用内存空间的大小都是固定的，因此空间复杂度是 $O(1)$。

　　例 2-2 中的主类 Example2_2 使用 Sum 类的 sum()方法计算 1～100 的连续和，运行效果如图 2.2 所示。

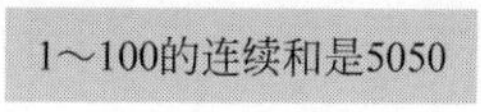

图 2.2　计算 1～100 的连续和

Example2_2.java

```java
public class Example2_2 {
    public static void main(String args[]) {
        System.out.println("1～100 的连续和是" + Sum.sum());
    }
}
```

2. $O(n)$ 复杂度

　　如果算法中的基本操作被执行的总次数 $T(n)$ 依赖于一个正整数 n，会随着 n 的增大而线性增大，那么将算法的时间复杂度记作 $O(n)$。$O(n)$ 复杂度也称线性复杂度，即 $T(n)$ 是 n 的一个线性函数：$T(n)=an+b(a\neq 0)$。线性复杂度大于 $O(1)$ 复杂度。

　　例 2-3　使用 SumAndMult 类的 sum(int n)方法计算 1～n 的连续和，其时间复杂度是 $O(n)$，空间复杂度是 $O(1)$；使用 mult(int n)方法计算 n 的阶乘，其时间复杂度是 $O(n)$，空间复杂度是 $O(1)$。

SumAndMult.java

```java
public class SumAndMult {
    public static int sum(int n) {
        int sum = 0 ;
        for(int i = 1;i <= n;i++) {
            sum += i;
        }
        return sum;
    }
    public static int mult(int n) {
        int result = 1 ;
        for(int i = 1;i <= n;i++) {
            result *= i;
        }
        return result;
    }
}
```

　　sum(int n)方法中的基本操作包括关系表达式、算术表达式、赋值语句和 return 语句。

return 语句被执行了一次,关系表达式 $i<=n$ 被重复执行了 $n+1$ 次,算术表达式 $i++$ 被重复执行了 $n+1$ 次,赋值语句"sum += i;"被重复执行了 n 次,那么算法中的基本操作被执行的总次数 $T(n)=3n+2$,是一个依赖于正整数 n 的函数。对于函数 $f(n)=n$,有

$$T(n)/f(n)=(3n+2)/n \quad (n=1,2,\cdots)$$

的极限是 3,因此时间复杂度是 $O(n)$。

在 sum(int n) 方法中有 3 个局部变量 sum、i 和 n,这 3 个局部变量所占用内存空间的大小都是固定的,因此算法的空间复杂度是 $O(1)$。

计算 mult(int n) 方法的复杂度与计算 sum(int n) 方法的复杂度类似,时间复杂度是 $O(n)$,空间复杂度是 $O(1)$。

例 2-3 中的主类 Example2_3 使用 SumAndMult 类的 sum(int n) 方法计算 1~8888 的连续和以及 1000~8888 的连续和,使用 mult(int n) 方法计算 6 的阶乘和 10 的阶乘,运行效果如图 2.3 所示。

```
1~8888的连续和是39502716
1000~8888的连续和是39003216
6的阶乘是720
10的阶乘是3628800
```

图 2.3 计算和以及阶乘

Example2_3.java

```java
public class Example2_3 {
    public static void main(String args[]) {
        int n = 8888;
        int m = 1000;
        System.out.printf("1~%d的连续和是%d\n",n,SumAndMult.sum(n));
        int sub = SumAndMult.sum(n) - SumAndMult.sum(m-1);
        System.out.printf("%d~%d的连续和是%d\n",m,n,sub);
        n = 6;
        System.out.printf("%d的阶乘是%d\n",n,SumAndMult.mult(n));
        n = 10;
        System.out.printf("%d的阶乘是%d\n",n,SumAndMult.mult(n));
    }
}
```

例 2-4 使用 ArrayMax 类的 arrayMax(int []a) 方法返回数组 a 的元素值的最大值,时间复杂度是 $O(n)$,空间复杂度是 $O(n)$。

ArrayMax.java

```java
public class ArrayMax {
    public static int arrayMax(int []a) {
        int n = a.length;
        int max = a[0];
        for(int i = 0;i < n;i++) {
            if(a[i] > max) {
                max = a[i];
            }
        }
        return max;
    }
}
```

arrayMax(int []a) 方法中的基本操作包括关系表达式、算术表达式、赋值语句和 return 语句。return 语句被执行了一次,关系表达式 $i<n$ 被重复执行了 $n+1$ 次,算术表达式 $i++$ 被重复执行了 $n+1$ 次,关系表达式 $a[i]>max$ 被重复执行了 n 次,赋值语句"max = a[i];"有可能被重复执行了 n 次,那么算法中的基本操作被执行的总次数 $T(n)=4n+2$ 是一个依赖于正整数 n 的函数,对于函数 $f(n)=n$,有

$$T(n)/f(n) = (4n+2)/n \quad (n=1,2,\cdots)$$

的极限是 4，因此算法的时间复杂度是 $O(n)$。

在 arrayMax(int[]a) 方法中有 3 个局部变量 n、max 和数组参数 a。n 和 max 所占用的内存空间的大小是固定的，但局部变量 a 是一个数组，如果将数组的长度记作 n，那么数组所占用内存空间的大小 $V(n)$ 将是依赖于 n 的一个函数，即 $V(n)=cn$，其中 c 是数组单元所占用内存空间的大小，是一个正整数常量。对于函数 $f(n)=n$，有

$$V(n)/f(n) = cn/n \quad (n=1,2,\cdots)$$

其极限是 c，因此空间复杂度是 $O(n)$。

例 2-4 中的主类 Example2_4 使用 ArrayMax 类的 arrayMax(int[]a) 方法计算两个数组的元素值的最大值，运行效果如图 2.4 所示。

图 2.4　计算数组的元素值的最大值

Example2_4.java

```java
import java.util.Arrays;
public class Example2_4 {
    public static void main(String args[]) {
        int [] a = {23,45,100,200,987,600};
        int [] b = {-2,-5,-100,-20,-37,-6};
        System.out.println("数组" + Arrays.toString(a) + "的最大值:");
        System.out.println(ArrayMax.arrayMax(a));
        System.out.println("数组" + Arrays.toString(b) + "的最大值:");
        System.out.println(ArrayMax.arrayMax(b));
    }
}
```

例 2-5　去掉 1~n 中的某个自然数后，将剩余的自然数放入一个数组的元素中，在一个类中编写一个方法，该方法给出数组中缺失的数。

例 2-5 中 FindMissNumber 类的 findLostNumber(int[]a) 方法和 findMissingNumber (int[]a) 方法都返回数组 a 中缺失的自然数，两者的时间复杂度和空间复杂度都是 $O(n)$。

FindMissNumber.java

```java
public class FindMissNumber {
    public static int findLostNumber(int []a) {
        int n = a.length;                    //数组的长度
        int sumArray = 0;                    //存放数组中的数字之和
        int sum = 0;                         //存放 1 至 n+1 的连续和
        for(int i = 0;i<n;i++){              //数组单元中的数字之和
            sumArray += a[i];
        }
        for(int i = 1;i<=n+1;i++) {          //1 至 n+1 的连续和
            sum += i;
        }
        return sum - sumArray;               //sum - sumArray 就是缺失的数
    }
    public static int findMissingNumber(int []a) {
        int n = a.length;                    //数组的长度
        int resultArray = 0;                 //存放数组中的数字的"异或"运算结果
        int result = 0;                      //存放 1 至 n+1 的数字的"异或"运算结果
        for(int i = 0;i<n;i++){
            resultArray ^= a[i];             //数组中的数字的"异或"运算
        }
        for(int i = 1;i<=n+1;i++) {          // 1 至 n+1 的数字的"异或"运算
            result ^= i;
```

```
            }
            return resultArray^result;      //resultArray^result 就是缺失的数
    }
}
```

findLostNumber(int []a)方法很简单,即首先计算原始的数字之和,例如1、2、3、4、5、6、7、8、9的和是45,然后计算缺失一个数之后的一组数字的和,例如缺失数字3后的一组数据1、2、4、5、6、7、8、9的和是42,两个值的差刚好是缺失的数3。

在findLostNumber(int []a)方法中,第1个for循环语句:

```
for(int i = 0;i < n;i++){        //数组单元中的数字之和
    sumArray += a[i];
}
```

其中的$i<n$和$i++$表达式会被重复执行$n+1$次,"sumArray += a[i];"语句被重复执行了n次。

第2个for循环语句:

```
for(int i = 1;i <= n+1;i++) {    //1 至 n+1 的连续和
    sum += i;
}
```

其中的$i<=n+1$和$i++$表达式会被重复执行$n+2$次,"sum += i;"语句被重复执行了$n+1$次,总次数为$T(n)=6n+7$,因此算法的时间复杂度为$O(n)$。因为次数越多,数组的长度n越大,所以其空间复杂度为$O(n)$。

findLostNumber(int []a)方法中的基本操作不是加法和减法,而是"异或(^)"运算。

两个整型数据a、b按位进行运算,运算结果是一个整型数据c。其运算法则是:如果a、b两个数据的对应位相同,则c的该位是0,否则是1,"异或"运算满足交换律。

由"异或"运算的法则可知$a\wedge a=0, a\wedge 0=a$,即"异或"运算有一个特点:整数和0的"异或"运算结果仍然是当前整数,整数和自身的"异或"运算结果是0。利用"异或"运算的这个特点,能够很容易地找出一组整数中缺失的数。首先计算原始数字的"异或"运算结果,例如$a\wedge b\wedge c\wedge d$,然后计算缺失了一个数之后的一组数字的"异或"运算结果,例如缺失数字b后的一组数据a、c、d的"异或"运算结果是$a\wedge c\wedge d$,两者(即两个结果)再次"异或"运算的结果刚好是缺失的数:

$$a\wedge b\wedge c\wedge d\wedge a\wedge c\wedge d = a\wedge b\wedge c\wedge d\wedge a\wedge c\wedge d = a\wedge a\wedge b\wedge c\wedge c\wedge d\wedge d = b$$

尽管findMissingNumber(int[]a)方法和findLostNumber(int[]a)方法的时间复杂度相同,都是$O(n)$,但findMissingNumber(int[]a)的基本操作是"异或"运算,findLostNumber(int[]a)的基本操作是"加减"运算。从理论上而言,同一台计算机,执行"异或"运算要比执行"加减"运算快。所以,对于同一个算法,在复杂度相同的情况下,尽量使用速度快的基本操作,使用这样的基本操作能使代码更简练、阅读性更好。

例2-5中的主类Example2_5分别使用FindMissNumber类的findMissingNumber(int []a)方法和findLostNumber(int []a)方法返回数组a中缺失的自然数,运行效果如图2.5所示。

```
数组[1, 2, 4, 5, 6, 7, 8, 9, 10, 11, 12]缺失的数字:
3
数组[1, 2, 3, 4, 5, 6, 7, 8, 10, 11, 12]缺失的数字:
9
```

图2.5 寻找缺失的数字

Example2_5.java

```java
import java.util.Arrays;
public class Example2_5 {
    public static void main(String args[]) {
        int []a = {1,2,4,5,6,7,8,9,10,11,12};              //缺失3
        int []b = {1,2,3,4,5,6,7,8,10,11,12};              //缺失9
        System.out.println("数组" + Arrays.toString(a) + "缺失的数字:");
        System.out.println(FindMissNumber.findLostNumber(a));
        System.out.println("数组" + Arrays.toString(b) + "缺失的数字:");
        System.out.println(FindMissNumber.findMissingNumber(b));
    }
}
```

3. $O(n^2)$复杂度

如果算法中的基本操作被执行的总次数 $T(n)$ 依赖于一个正整数 n，会随着 n 的增大以 n 的 k 次多项式增大，那么将算法的时间复杂度记作 $O(n^k)(k \geqslant 2)$。$O(n^k)(k \geqslant 2)$ 复杂度也称为多项式复杂度，即 $T(n)$ 是 n 的多项式函数：$T(n)=a_k n^k + a_{k-1} n^{k-1} + \cdots + a_1 n + a_0$，其中 $a_m (0 \leqslant m \leqslant k, k \geqslant 2)$ 是常数，并且 $a_k \neq 0$。多项式复杂度大于线性复杂度。$O(n^2)$ 和 $O(n^3)$ 复杂度是最常见的复杂度。

例2-6 使用 Multi 类的 multi(int n) 方法输出乘法表。

例 2-6 输出：

```
1×1
1×2   2×2
1×3   2×3   3×3
…
1×n   2×n       n×n
```

multi(int n) 方法的时间复杂度是 $O(n^2)$，空间复杂度是 $O(1)$。

Multi.java

```java
public class Multi {
    public static void multi(int n) {
        for(int i = 1;i <= n;i++) {
            for(int j = 1;j <= i;j++) {
                System.out.printf("%d×%d=%-5d",j,i,(j*i));
            }
            System.out.println();
        }
    }
}
```

在 Multi 类的 multi(int n) 方法中的 for 语句中嵌套了 for 语句，形成双层循环。外循环中的关系表达式 $i<=n$ 和算术表达式 $i++$ 都被重复执行了 $n+1$ 次。内循环中的关系表达式 $j<=i$ 和算术表达式 $j++$ 都被重复执行了

$$1+2+\cdots+(n+1)=n^2/2+3n/2+3/2$$

次，方法调用语句"System.out.printf("%d×%d=%-5d",j,i,(j*i));"被重复执行了

$$1+2+\cdots+n=n^2/2+n$$

次。算法中被重复执行的基本操作的总次数是一个依赖于 n 的二次多项式：

$$3n^2/2+5n+5$$

所以时间复杂度是 $O(n^2)$。

算法中有两个局部变量 i 和 j，一个方法调用语句"System.out.printf("%d×%d=%-5d",j,i,(j*i));"，执行完毕就释放内存，因此算法的空间复杂度是 $O(1)$。

例 2-6 中的主类 Example2-6 使用 Multi 类的 multi(int n)方法输出九九乘法表,运行效果如图 2.6 所示。

```
1×1=1
1×2=2    2×2=4
1×3=3    2×3=6    3×3=9
1×4=4    2×4=8    3×4=12   4×4=16
1×5=5    2×5=10   3×5=15   4×5=20   5×5=25
1×6=6    2×6=12   3×6=18   4×6=24   5×6=30   6×6=36
1×7=7    2×7=14   3×7=21   4×7=28   5×7=35   6×7=42   7×7=49
1×8=8    2×8=16   3×8=24   4×8=32   5×8=40   6×8=48   7×8=56   8×8=64
1×9=9    2×9=18   3×9=27   4×9=36   5×9=45   6×9=54   7×9=63   8×9=72   9×9=81
```

图 2.6 输出乘法表

Example2_6.java

```java
public class Example2_6 {
    public static void main(String args[]) {
        Multi.multi(9);
    }
}
```

例 2-7 使用 BubbleSort 类的 sort(int []a)方法排序数组,其时间复杂度是 $O(n^2)$,空间复杂度是 $O(n)$。

BubbleSort.java

```java
public class BubbleSort {
    public static void sort(int[]a){
        int n = a.length;
        for(int m = 0; m<n-1;m++) {              //起泡法
            for(int i = 0;i<n-1-m;i++){
                if(a[i]>a[i+1]){
                    int t = a[i+1];
                    a[i+1] = a[i];
                    a[i] = t;
                }
            }
        }
    }
}
```

BubbleSort 类的 sort(int []a)方法中的 for 语句又嵌套了 for 语句,形成循环嵌套。

外循环中的关系表达式 $m<n-1$ 和算术表达式 $m++$ 都被重复执行了 n 次(n 是数组 a 的长度)。内循环中的关系表达式 $i<n-1-m$ 和算术表达式 $i++$ 都被重复执行了

$$n+n-1+\cdots+1=n^2/2+n/2$$

次。if 分支语句中的表达式 $a[i]>a[i+1]$ 被重复执行了

$$n+n-1+\cdots+1=n^2/2+n/2$$

次。这里可以忽略分支语句中语句的执行次数,不影响算法的复杂度。

sort(int []a)方法中被重复执行的基本操作的总次数是一个依赖于 n 的二次多项式:

$$n^2+3n+2$$

所以时间复杂度是 $O(n^2)$。

排序前:
[5, 6, 12, 3, 56, 1, 16]
排序后:
[1, 3, 5, 6, 12, 16, 56]

图 2.7 起泡法排序

在算法中有 4 个局部变量和一个数组 a,数组 a 的长度是 n,因此算法的空间复杂度是 $O(n)$。

例 2-7 中的主类 Example2_7 使用 BubbleSort 类的 sort(int[]a)方法排序数组,运行效果如图 2.7 所示。

第 2 章 算法与复杂度

Example2_7.java

```java
import java.util.Arrays;
public class Example2_7 {
    public static void main(String args[]) {
        int []a = {5,6,12,3,56,1,16};
        System.out.println("排序前:");
        System.out.println(Arrays.toString(a));
        BubbleSort.sort(a);
        System.out.println("排序后:");
        System.out.println(Arrays.toString(a));
    }
}
```

4. $O(2^n)$ 复杂度

如果算法中的基本操作被执行的总次数 $T(n)$ 依赖于一个正整数 n，会随着 n 的增大以 2 的指数式增大，那么将算法的时间复杂度记作 $O(2^n)$。$O(2^n)$ 复杂度也称为指数复杂度。指数复杂度大于多项式复杂度。时间复杂度是指数复杂度的某些算法会在一些递归算法中出现（见例 3-2、例 3-11）。

例 2-8 使用 OutPutNumber 类的 outPut(int n) 方法输出 $1 \sim 2^n$ 的整数，时间复杂度是 $O(2^n)$，空间复杂度是 $O(1)$。

OutPutNumber.java

```java
public class OutPutNumber {
    public static void outPut(int n){
        long m = 2;
        for(int i = 0;i<n-1;i++) {
            m = m<<1 ;
        }   //循环结束后 m 的值是 2 的 n 次幂
        for(int i = 1; i<=m;i++) {
            System.out.print(i+",");
        }
    }
}
```

第 1 个 for 语句的关系表达式 $i<n-1$ 和算术表达式 $i++$ 被重复执行了 $n+1$ 次。赋值语句 "m=m<<1;" 被重复执行了 n 次，使得 m 的值是 2 的 n 次幂。第 2 个 for 语句的关系表达式 $i<=m$ 和算术表达式 $i++$ 被重复执行了 $m+1$ 次，即 2^n+1 次。方法调用语句 "System.out.print(i+",");" 被重复执行了 m 次，即 2^n 次。

算法中被执行的基本操作的总次数 $T(n)$ 包含一个依赖于 n 的幂函数 $3 \times 2^n+1$，因此算法的时间复杂度是 $O(2^n)$。

在算法中有 3 个局部变量 n、m 和 i，方法调用语句 "System.out.print(i+",");" 执行完毕就释放内存，因此算法的空间复杂度是 $O(1)$。

例 2-8 中的主类 Example2_8 使用 OutPutNumber 类的 outPut(int n) 方法输出了 $1 \sim 2^8$ 的数，运行效果如图 2.8 所示。

Example2_8.java

```java
public class Example2_8 {
    public static void main(String args[]) {
        OutPutNumber.outPut(8);
    }
}
```

```
  1   2   3   4   5   6   7   8   9  10  11  12  13  14
 15  16  17  18  19  20  21  22  23  24  25  26  27  28
 29  30  31  32  33  34  35  36  37  38  39  40  41  42
 43  44  45  46  47  48  49  50  51  52  53  54  55  56
 57  58  59  60  61  62  63  64  65  66  67  68  69  70
 71  72  73  74  75  76  77  78  79  80  81  82  83  84
 85  86  87  88  89  90  91  92  93  94  95  96  97  98
 99 100 101 102 103 104 105 106 107 108 109 110 111 112
113 114 115 116 117 118 119 120 121 122 123 124 125 126
127 128 129 130 131 132 133 134 135 136 137 138 139 140
141 142 143 144 145 146 147 148 149 150 151 152 153 154
155 156 157 158 159 160 161 162 163 164 165 166 167 168
169 170 171 172 173 174 175 176 177 178 179 180 181 182
183 184 185 186 187 188 189 190 191 192 193 194 195 196
197 198 199 200 201 202 203 204 205 206 207 208 209 210
211 212 213 214 215 216 217 218 219 220 221 222 223 224
225 226 227 228 229 230 231 232 233 234 235 236 237 238
239 240 241 242 243 244 245 246 247 248 249 250 251 252
253 254 255 256
```

图 2.8 输出 $1 \sim 2^8$ 的数

5. $O(\log n)$ 复杂度

如果算法中的基本操作被执行的总次数 $T(n)$ 依赖于一个正整数 n，会随着 n 的增大以对数式增大，那么将算法的时间复杂度记作 $O(\log n)$。$O(\log n)$ 复杂度也称为对数复杂度(以 2 为底的对数)。对数复杂度大于 $O(1)$ 复杂度，小于 $O(n)$ 复杂度。

例 2-9 FindNumber 类的 binarySearch(int []array, int number)方法(二分法)的示例，其时间复杂度是 $O(\log n)$，空间复杂度是 $O(n)$。

FindNumber.java

```java
public class FindNumber {
    public static int binarySearch(int []array, int number) {
        int start = 0,
            end = array.length;
        while(start <= end) {
            int mid = (start + end)/2;
            int midVal = array[mid];
            if(number < midVal){
                end = mid - 1;
            }
            else if(number > midVal){
                start = mid + 1;
            }
            else {
                return mid;              //number 在数组中,返回索引值
            }
        }
        return -(start + 1);              //number 不在数组中,返回的是负数
    }
}
```

判断一个 number 是否在长度为 n 的有序数组(升序)中，二分法(也称折半法)采用的思想是：判断 number 是否为数组中间的元素的值，如果是中间的元素的值，算法结束，否则在数组的后半部分组成的数组或前半部分组成的数组中继续判断 number 是否为数组中间的元素的值，如此反复，就会判断出 number 是否为最初数组的某个元素的值。

二分法的特点是：处理的数据量每次减少一半，即第 k 次是判断 number 是否为长度为 $n/2^k(k \geqslant 0)$ 的数组中的元素值。

k 的最大可能取值是使得数组的长度为 1，也就是说当 $n/2^k=1$ 时一定能判断出 number 是否为数组中的元素的值，因此 while 循环被执行的次数 k 满足 $n/2^k=1$，即 $k=\log n$(以 2 为底的 n 的对数)。

循环体中的基本操作有有限多个，比如 m 个。根据上面的分析，基本操作的总次数为：

$$T(n) = m\log n$$

其中，m 是常量，所以 binarySearch(int []array,int number)(二分法)的时间复杂度是 $O(\log n)$。

算法中影响空间复杂度的是一维数组 array 的长度 n，因此空间复杂度是 $O(n)$。

例 2-9 中的主类 Example2_9 使用 FindNumber 类的 binarySearch(int []array,int number)方法判断某个数是否为数组的元素值。为了排序数组，主类使用了例 2-7 中 BubbleSort 类的 sort(int []a)方法，运行效果如图 2.9 所示。

```
[-11, 1, 12, 56, 89, 100, 128, 128, 129, 199, 200, 289]
-11在数组中,数组索引位置是0
128在数组中,数组索引位置是6
11不在数组中
129在数组中,数组索引位置是8
289在数组中,数组索引位置是11
```

图 2.9　使用二分法查找数据

Example2_9.java

```java
import java.util.Arrays;
public class Example2_9 {
    public static void main(String args[]) {
        int number [] = {-11,128,11,129,289};
        int []a = {128,129,199,200,289,-11,1,12,56,89,100,128};
        BubbleSort.sort(a);
        System.out.println(Arrays.toString(a));
        for(int i = 0;i < number.length;i++) {
            int index = FindNumber.binarySearch(a,number[i]);
            if(index < 0)
                System.out.printf("%d不在数组中\n",number[i]);
            else
                System.out.printf("%d在数组中,数组索引位置是%d\n",number[i],index);
        }
    }
}
```

例 2-10　Euclidean 类的 gcd(int n,int m)方法的示例，返回两个正整数 m 和 n 的最大公约数。

Euclidean 类的 gcd (int n,int m)方法是经典的欧几里得算法，又称辗转相除算法，其时间复杂度是 $O(\log n)$，空间复杂度是 $O(1)$。

Euclidean.java

```java
public class Euclidean {
    public static int gcd(int n,int m){
        n = Math.abs(n);
        m = Math.abs(m);
        int r = 0;                          //存放余数
        while(n%m != 0){
            r = n%m;
            n = m;
            m = r;
        }
        return m;
    }
}
```

影响 gcd(int m,int n)复杂度的主要代码是下列 while 语句中的基本语句：

```
while(n%m != 0){
    r = n%m;
    n = m;
```

```
            m = r;
        }
```

由于 $n\%m < n/2$，即辗转相除会使 n 的值至少减少一半，那么计算复杂度就类似于例 2-9 中的二分法。while 循环的循环体被执行的次数不会超过 k，其中 k 满足 $n/2^k = 1$，即 $k = \log n$。循环体中的基本操作只有 4 个——关系表达式 $n\%m\ !=0$ 和 3 个赋值语句，因此 while 循环中基本操作被执行的总次数小于或等于 $4 \times \log n$，所以 gcd(int m, int n)方法（即欧几里得算法）的复杂度是 $\log(n)$。

```
6,12的最大公约数是6.
63,42的最大公约数是21.
0.125的分数表示:1/8
0.618的分数表示:309/500
```

图 2.10 求最大公约数以及小数的分数表示

在 gcd(int m, int n)方法中只有 3 个局部变量，所占的内存空间不依赖于一个正整数，所以空间复杂度是 $O(1)$。

例 2-10 中的主类 Example2_10 使用欧几里得算法 gcd(int m, int n)输出两个正整数的最大公约数，并输出了两个小数的分数形式，运行效果如图 2.10 所示。

Example2_10.java

```java
public class Example2_10 {
    public static void main(String args[]) {
        int a = 6,b = 12;
        System.out.printf("%d,%d的最大公约数是%d.\n",a,b,Euclidean.gcd(a,b));
        a = 63;
        b = 42;
        System.out.printf("%d,%d的最大公约数是%d.\n",a,b,Euclidean.gcd(a,b));
        double decimal = 0.125;
        System.out.println("" + decimal + "的分数表示:" + getFraction(decimal));
        decimal = 0.618;
        System.out.println("" + decimal + "的分数表示:" + getFraction(decimal));
    }
    public static String getFraction(double decimal){
        String numberString = String.valueOf(decimal);
        String fractionalPart =                                       //得到小数部分
             numberString.substring(numberString.indexOf(".") + 1);
        int m = fractionalPart.length();                              //m 的值就是小数的小数位数
        int numerator = Integer.parseInt(fractionalPart);             //分子
        int denominator = (int)Math.pow(10,m);                        //分母
        int gcd = Euclidean.gcd(numerator,denominator);               //分子和分母的最大公约数
        numerator = numerator/gcd;
        denominator = denominator/gcd;
        return numerator + "/" + denominator;
    }
}
```

6. $O(n\log n)$ 复杂度

如果算法中的基本操作被执行的总次数 $T(n,m)$ 依赖于两个正整数 m、n，会随着 m、n 的增大以对数式和线性式的乘积增大，那么将算法的时间复杂度记作 $O(n\log m)$。由于 m 和 n 都是趋于无穷大的正整数，所以 $O(n\log m)$ 也记作 $O(n\log n)$。

如果一个方法中又调用了其他方法，即一个算法中又包含了另一个算法，那么该方法的复杂度将和它包含的方法的复杂度有关，需要合并考查复杂度。如果调用这个方法的执行时间以及所占内存空间的大小都不依赖于正整数 n，即所包含的方法的时间复杂度和空间复杂度是 $O(1)$，那么可以认为这个方法的调用是一个基本操作，例如调用 println()方法的语句 System.out.println()属于基本操作。

例 2-11 使用 DataInArray 类的 findDataInArray(int []a, int[]b)方法查找数组 b 中有哪些元素值在数组 a 中，并输出这些数组元素的值，其时间复杂度是 $O(n\log n)$，空间复杂度是

$O(n)$（n 是数组的长度）。

DataInArray.java

```java
import java.util.Arrays;
public class DataInArray {
    public static void findDataInArray(int []a,int []b){
        int n = b.length;
        for(int i = 0;i < n;i++){
            int index = FindNumber.binarySearch(a,b[i]);
            if(index >= 0)
              System.out.printf("%5d",b[i]);
        }
    }
}
```

影响算法复杂度的主要操作是 FindNumber.binarySearch($a,b[i]$)，所以必须把该操作与当前方法合并起来计算复杂度。FindNumber.binarySearch($a,b[i]$)方法的时间复杂度是 $O(\log n)$（n 是数组 a 的长度，见例 2-9），那么不难计算出 findDataInArray(int []a,int []b)方法的时间复杂度是 $O(n\log n)$（n 是数组 a、数组 b 的长度）。数组 b 的长度是 n，所以空间复杂度是 $O(n)$。

例 2-11 中的主类 Example2_11 输出了数组 b 在数组 a 中的元素值，运行效果如图 2.11 所示。

```
数组a:[33, 12, 90, 6, 26, -9, 100, 88]
数组b:[12, 33, 100, 28, 26, 3, 7, -9, 80]
数组b在数组a中的元素值:
   12   33   100   26   -9
```

图 2.11 数组 b 在数组 a 中的元素值

Example2_11.java

```java
import java.util.Arrays;
public class Example2_11 {
    public static void main(String args[]) {
        int []a = {33,12,90,6,26,-9,100,88};
        int []b = {12,33,100,28,26,3,7,-9,80};
        System.out.println("数组 a:" + Arrays.toString(a));
        System.out.println("数组 b:" + Arrays.toString(b));
        System.out.println("数组 b 在数组 a 中的元素值:");
        BubbleSort.sort(a);              //见例 2-6 中的 BubbleSort 类
        DataInArray.findDataInArray(a,b);
    }
}
```

例 2-12 使用 GCDInArray 类的 gcdInArray(int []a)方法返回数组 a 中所有元素值的最大公约数，其时间复杂度是 $O(n\log n)$，空间复杂度是 $O(n)$。

GCDInArray.java

```java
public class GCDInArray {
    public static int gcdInArray(int []a) {        //返回 a 中所有元素值的最大公约数
        int n = a.length;
        int gcd = a[0];
        for(int i = 0;i < n;i++){
            gcd = Euclidean.gcd(gcd,a[i]);
        }
        return gcd;
    }
}
```

影响算法复杂度的主要操作是 Euclidean.gcd($gcd,a[i]$)，所以必须把该操作与当前方法合并起来计算复杂度。Euclidean.gcd($gcd,a[i]$)方法的时间复杂度是 $O(\log n)$（见例 2-10），那么不难计算出 gcdInArray(int []a)方法的时间复杂度是 $O(n\log n)$。

数组的长度是 n，所以空间复杂度是 $O(n)$。

```
输入正整数n(回车确认):
3
输入3个正整数(空格或回车分隔):6 28 36
包含[6, 28, 36]的最短等差数列:
 6 8 10 12 14 16 18 20 22 24 26 28 30 32 34 36
等差数列的项数:16
```

图 2.12 包含多个正整数的最短等差数列

例 2-12 中的主类 Example2_12 使用 GCDInArray 类的 gcdInArray(int [ ]a) 方法以及 BubbleSort 类(见例 2-7)的 sort(int [ ] a) 方法输出包含多个互不相同的正整数的最短等差数列,运行效果如图 2.12 所示。

Example2_12.java

```java
import java.util.Arrays;
import java.util.Scanner;
public class Example2_12 {
    public static void main(String args[]) {
        int n = 0;
        Scanner scanner = new Scanner(System.in);
        System.out.println("输入正整数n(回车确认):");
        n = scanner.nextInt();
        int [] number = new int[n];
        System.out.printf("输入%d个正整数(空格或回车分隔):",n);
        for(int i = 0;i < number.length;i++){
            number[i] = scanner.nextInt();
        }
        BubbleSort.sort(number);
        int sub[] = new int[number.length - 1];
        for(int i = 0;i < sub.length;i++) {
            sub[i] = number[i + 1] - number[i];
        }
        int commonDifference = GCDInArray.gcdInArray(sub);
        int itemAmount = (number[number.length - 1] - number[0])/commonDifference + 1;
        System.out.println
        ("包含" + Arrays.toString(number) + "的最短等差数列:");
        for(int i = 0;i < itemAmount;i++) {
            int item = number[0] + i * commonDifference;
            System.out.print(" " + item);
        }
        System.out.println("\n等差数列的项数:" + itemAmount);
    }
}
```

7. 复杂度的比较

按照复杂度的比较规则(见 2.2 节):

如果 $f(n)/g(n)(n=1,2,\cdots)$ 的极限是正数,$O(f(n))$ 和 $O(g(n))$ 的复杂度相同。

如果 $f(n)/g(n)(n=1,2,\cdots)$ 的极限是 0,$O(f(n))$ 的复杂度低于 $O(g(n))$ 的复杂度。

如果 $f(n)/g(n)(n=1,2,\cdots)$ 的极限是无穷大,$O(f(n))$ 的复杂度高于 $O(g(n))$ 的复杂度。

复杂度从小到大的顺序是:

$$O(1),O(\log n),O(n),O(n\log n),O(n^2),O(n^3),O(2^n)$$

程序中大部分算法的复杂度都是这些复杂度中的一个,除非特别需要,后续章节不再给出每个算法的复杂度。

习题 2

扫一扫

习题

扫一扫

自测题

第 3 章　递归算法

本章主要内容

- 递归算法简介；
- 线性递归与非线性递归；
- 问题与子问题；
- 递归与迭代；
- 多重递归；
- 经典递归；
- 优化递归。

递归算法是非常重要的算法，是很多算法的基础。递归算法不仅能使代码优美简练，容易理解解决问题的思路或发现数据的内部逻辑规律，而且具有很好的可读性。递归算法是分治算法思想的重要体现，或者说分治算法思想来源于递归：将规模大的问题逐步分解成规模小的问题，最终解决规模大的问题。和排序算法不同，许多经典的排序算法已经日臻完善，在许多应用中只要选择一种排序算法直接使用即可（见第 4 章和第 12 章），而对于递归算法，真正理解递归算法内部运作机制的细节才能针对实际问题写出正确的递归算法。所以，本书单独列出一章讲解递归算法。

3.1　递归算法简介

一个方法在执行过程中又调用了自身，形成了递归调用，这样的方法被称为递归方法或递归算法。递归方法是一个递归过程，方法调用自身一次就是一次递归。每一次递归又导致方法调用自身一次，形成下一次递归。结束递归需要条件，当这个条件满足时递归过程会立刻结束，即在某次递归中方法不再调用自身，结束递归。如果在某次递归中方法不再调用自身，那么此次递归就是方法最后一次调用自身，从递归开始到方法最后一次调用自身，方法被调用的总次数记作 $R(n)$，那么 $R(n)$ 是依赖于一个正整数 n 的函数。

假设方法的名字是 f，下面进一步说明递归过程中压栈、弹栈的细节。

递归方法 f 的递归过程是，第 k 次调用 f 需要等待第 $k+1$ 次调用 f 结束执行后才能结束本次调用的执行，那么第 $R(n)$ 次（最后一次）调用 f 结束执行后，就会依次使得第 k 次调用 f 结束执行（$k = R(n)-1, R(n)-2, \cdots, 1$），如图 3.1 所示。

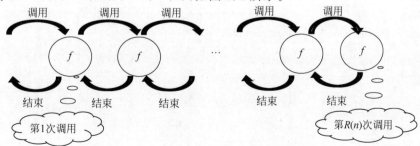

图 3.1　递归执行过程

方法被调用时,方法的(入口)地址会被压入栈(栈是一种先进后出的结构)中,称为压栈操作,同时方法的局部变量被分配内存空间。方法调用结束,会进行弹栈,称为弹栈操作,同时释放方法的局部变量所占用的内存空间。递归过程中的压栈操作会让栈的长度不断变大,而弹栈操作会让栈的长度不断变小,最终使栈的长度为 0,如图 3.2 所示,其中用方法的名字,例如 f,表示方法的地址。

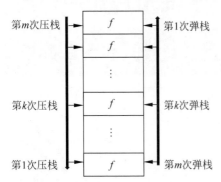

图 3.2 递归过程中的压栈、弹栈操作

1. 时间复杂度

递归方法是一个递归过程,从递归开始到递归结束,方法被调用的总次数 $R(n)$ 是依赖于一个正整数 n 的函数,那么递归方法中基本操作被执行的总次数 $T(n)$ 就依赖于递归的总次数 $R(n)$ 和每次递归时基本操作被执行的总次数,因此要针对具体的递归方法计算其时间复杂度。

2. 空间复杂度

递归过程的压栈操作增加栈的长度,弹栈操作减小栈的长度。需要注意的是,在递归过程中压栈操作和弹栈操作可能交替地进行,直到栈的长度为 0(见例 3-2),所以需要计算出递归过程中某一时刻(某一次递归)栈出现的最大长度和每次递归中方法的局部变量所占用的内存空间,即计算出栈的最大长度以及局部变量所占用的全部内存空间和所依赖的正整数的关系,这样才可以知道空间复杂度。大部分递归的空间复杂度通常是 $O(n)$,但也有的是 $O(\log n)$(见例 3-7)。

> **注意**:递归会让栈的长度不断发生变化,如果栈的长度较大可能导致栈溢出,使得进程(运行的程序)被操作系统终止。

3.2 线性递归与非线性递归

▶ 3.2.1 线性递归

线性递归是指每次递归时方法调用自身一次。

例 3-1 判断一年的第 n 天是星期几。

为了知道一年的第 n 天是星期几,需要知道第 $n-1$ 天是星期几。本例中 Week 类的方法 $f(\text{int } n)$ 是一个递归方法,即 $f(n)$ 需要等待 $f(n-1)$ 返回的值,才能计算出自己的返回值,即才会知道第 n 天是星期几,这就形成了递归调用。$f(\text{int } n)$ 方法可以返回一年的第 n 天是星期几,其中返回值是 0 表示星期日,返回值是 1 表示星期一,……,返回值是 6 表示星期六。

Week.java

```java
public class Week {
    public static int f(int n, int startWeekDay) {
        if(n == 1){                                      //n 的值是 1,代表元旦
            return startWeekDay;                         //元旦的星期数
        }
        else {
            return (f(n - 1, startWeekDay) + 1) % 7;
        }
    }
}
```

递归方法 $f(\text{int } n)$ 的递归过程中的示意图如图 3.3 所示，向下方向的弧箭头表示方法被调用，向上方向的直箭头表示方法调用结束。图 3.4 示意了递归过程中压栈、弹栈操作产生的最长的栈。

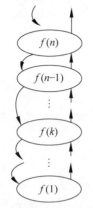

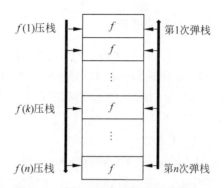

图 3.3 递归过程中方法的调用和结束　　图 3.4 递归过程中最长栈的长度是 n

递归方法 $f(\text{int } n)$ 的递归的总次数：
$$R(n)=n$$

每次递归只有两个基本操作，一个是关系表达式 $n==1$，另一个是 return 语句，所以递归方法 $f(\text{int } n)$ 执行的基本操作的总次数是 $2\times n$，即递归结束后，执行的基本操作的总次数是 $2\times n$，因此 $f(\text{int } n)$ 的时间复杂度是 $O(n)$。

在递归的压栈操作过程中得到的栈的最大长度是 $R(n)=n$，每次递归只有两个局部变量——参数 n 和 startWeekDay，所占用的总内存是一个常量，例如 C，因此在递归过程中占用的最大内存是 $C\times n$，所以空间复杂度是 $O(n)$。

可以把例 3-1 的递归算法类比为，如果大家忘记了今天是星期几，就需要知道昨天是星期几，如此这般地向前翻日历，使得手中的日历越来越厚(相当于递归中的压栈，导致栈的长度在增加)，直到翻到了某个日历页上显示了星期几，就结束翻日历(相当于结束压栈)，然后一页一页地撕掉日历(相当于弹栈)，在撕掉日历的过程中，日历上出现了星期数，例如星期日、星期五等，即方法依次计算出自己的返回值。不断地撕掉日历退回到今天，就知道了今天是星期几。

在例 3-1 的主类 Example3_1 中，假设元旦是星期日，输出这一年的第 126 天是星期一，运行效果如图 3.5 所示。

如果元旦是星期日．
这一年的第126天是：星期一．

图 3.5 使用递归算法输出星期

Example3_1.java

```
public class Example3_1 {
    public static void main(String args[]) {
        int day = 126;                  //第 126 天
        int m = Week.f(day,0);          //0 表示星期日，即假设元旦是星期日
        String week[] = {"星期日","星期一","星期二","星期三","星期四","星期五","星期六"};
        String dayWeek = switch(m){
            case 0  -> week[0] ;
            case 1  -> week[1] ;
            case 2  -> week[2] ;
            case 3  -> week[3] ;
            case 4  -> week[4] ;
            case 5  -> week[5] ;
            case 6  -> week[6] ;
            default -> "";
        };
```

```
            System.out.printf("\n 如果元旦是星期日.");
            System.out.printf("\n 这一年的第%d天是:%s.",day,dayWeek);
        }
    }
```

3.2.2 非线性递归

非线性递归是指每次递归时方法调用自身两次或两次以上。

例 3-2 使用递归算法求 Fibonacci 数列的第 n 项。

Fibonacci 数列的特点是,前两项的值都是 1,从第 3 项开始,每项的值是前两项的值的和。Fibonacci 数列如下:

1,1,2,3,5,8,13,21,…

其中,Fibonacci 类的方法 $f(\text{long } n)$ 返回参数 n 指定的 Fibonacci 数列的第 n 项的值。$f(n)$ 需要知道第 $n-1$ 项的值和第 $n-2$ 项的值,即需要 $f(n-1)$ 和 $f(n-2)$ 的返回值,这就形成了递归调用,即 $f(\text{long } n)$ 是一个递归方法。

Fibonacci. java

```
public class Fibonacci {
    public static long f(long n){
        long result = -1;
        if(n == 1||n == 2) {
            result = 1;
        }
        else if(n >= 3){
            result = f(n-1) + f(n-2);
        }
        return result;
    }
}
```

在递归过程中,每次递归方法调用自身两次,使得每次递归出现两个递归"分支",然后选择一个分支,继续递归,直到该分支递归结束,再沿着下一分支继续递归;当两个分支都递归结束,递归过程才结束,而且递归过程交替地进行压栈和弹栈操作,直到栈的长度为 0。

递归过程可以用一棵二叉树来刻画,二叉树的结点数目恰好是递归的总次数,如图 3.6 所示。该二叉树至少有 2^k-1 个结点($k<n$),k 随着 n 的增大而增大。例如,参数 n 的值是 6 时

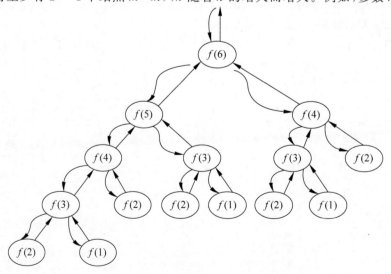

图 3.6 递归过程的二叉树示意图

（即求第 6 项的值时），调用方法的总次数（即递归的总次数）是 $2^4-1(n=6,k=4)$。在递归过程中 $f(\text{long } n)$ 被调用（压栈）和结束执行（弹栈），其中向下方向的弧箭头表示方法被调用（压栈），向上方向的直箭头表示方法结束（弹栈）。

k 随着 n 的增大而增大，在计算时间复杂度时可以设 $R(n)=2^n-1$，而每次递归的基本操作只有一个加法操作和一个 return 语句，即每次递归有两个基本操作，因此 $f(\text{long } n)$ 的执行过程（即递归过程）产生的基本操作的总次数 $T(n)$ 为：

$$T(n)=R(n)=2\times(2^n-1)=2^{n+1}-2$$

所以 $f(\text{long } n)$ 的时间复杂度是 $O(2^n)$。

递归过程是按照两个"分支"分别进行的，一个分支递归结束（压栈，弹栈结束），再进行另一个分支的递归。递归形成的二叉树至少有 2^k-1 个结点（$k<n$），那么树的高度（或者叫深度）至少是 k（这是二叉树的简单规律）。递归过程交替地进行压栈和弹栈操作，因此在递归过程中栈的最大长度大于 k 小于 n，由于 k 随着 n 的增大而增大，所以 $f(\text{long } n)$ 的空间复杂度是 $O(n)$。图 3.6 中左侧的递归分支产生的压栈过程得到的最长栈如图 3.7 所示。

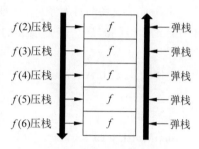

图 3.7　递归过程中的最长栈

注意：图 3.7 中 $f(2)$ 弹栈后，$f(3)$ 不马上弹栈，而是把 $f(1)$ 压栈，即 $f(1)$ 入栈。压栈、弹栈交替进行，直到递归结束。

例 3-2 中的主类 Example3_2 使用 Fibonacci 类的递归方法 $f(\text{long } n)$ 输出 Fibonacci 数列的第 22 项，并计算了黄金分割的近似值，运行效果如图 3.8 所示。

```
Fibonacci数列的第22项是17711
黄金分割近似值:0.618(保留3位小数)
```

图 3.8　计算 Fibonacci 数列的某一项

Example3_2.java

```java
public class Example3_2 {
    public static void main(String args[]) {
        long item = 22;
        System.out.printf("Fibonacci 数列的第 %d 项是 %d\n",item,Fibonacci.f(item));
        System.out.printf("黄金分割近似值:%.3f(保留 3 位小数)\n",
                        (double)Fibonacci.f(19)/Fibonacci.f(20));
    }
}
```

Fibonacci 数列可以用来解释青蛙跳台阶问题。假设有 n 级台阶，青蛙每次只可以跳一个台阶或两个台阶，问青蛙完成跳 n 级台阶的任务（跳到最后一个台阶上算完成任务）一共有多少种跳法。

当 n 的值是 1 时，青蛙只有一种跳法，即跳一个台阶。当 n 的值是 2 时，青蛙有两种跳法：一种是每次跳一个台阶；另一种是每次跳两个台阶。当 n 的值是 3 时，青蛙可以选择先跳一个台阶，剩下的可能性跳法交给 $n-1$ 级台阶的情况；青蛙也可以先跳两个台阶，剩下的可能性跳法交给 $n-2$ 级台阶的情况。也就是说青蛙完成跳 n 级台阶的全部跳法的总数（$n\geqslant 3$）满足 Fibonacci 数列，所以 Fibonacci 数列的第 $n+1$ 项的值就是青蛙跳 n 级台阶的全部跳法的总数。

注意：青蛙跳台阶使用递归是合理的，理由是跳台阶的各种可能性和起始方式有关，例如跳 4 级台阶，"1,1,2"和"2,2"是不同的跳法。

使用 Fibonacci 数列还可以计算黄金分割数的近似值。

$$f(n)/f(n+1) \quad (n=1,2,\cdots)$$

的极限是黄金分割数(0.618…,一个无理数)。

3.3 问题与子问题

一个问题的子问题就是数据规模比此问题的规模更小的问题。当一个问题可以分解成许多子问题时,就可以考虑用递归算法来解决这个问题。

例 3-3 计算 $8+88+888+8888+\cdots$ 的前 n 项和。

计算前 n 项和与计算前 $n-1$ 项和就是问题和子问题的关系。如果解决了子问题,即计算出了前 $n-1$ 项和,那么前 n 项和的问题就解决了:前 n 项和等于前 $n-1$ 项和乘以 10 再加上 $8\times n$。

本例使用 SumAndMulti 类中的递归方法 long sum(long a,int n)返回形如

$$a+aa+aaa+aaaa+\cdots$$

的前 n 项和(a 是 1~9 中的某个数字)。递归方法 long multi(long n)返回 $n!$(n 的阶乘)。

SumMulti.java

```java
public class SumMulti {
    public static long sum(long a,int n){
        long sum = 0;
        if(n==1) {
            sum = a;
        }
        else if(n>=2) {
            sum = sum(a,n-1) * 10 + n * a;
        }
        return sum;
    }
    public static long multi(int n){
        long result = -1;
        if(n==1) {
            result = 1;
        }
        else if(n>=2) {
            result = multi(n-1) * n;
        }
        return result;
    }
}
```

不难计算出 sum(long a,int n)和 multi(int n)的时间复杂度都是 $O(n)$。

例 3-3 中的主类 Example3_3 使用 SumMulti 类中的递归方法计算了 $8+88+888+\cdots$ 的前 5 项的连续和以及 10!(10 的阶乘),运行效果如图 3.9 所示。

```
8+88+888+…前5项和是98760
10的阶乘是3628800
```

图 3.9 计算连续和与阶乘

Example3_3.java

```java
public class Example3_3 {
    public static void main(String args[]) {
        int a = 8,
            n = 5;
        int m = 10;
        System.out.printf("%d+%d%d+%d%d%d…前%d项和是%d\n",
                a,a,a,a,a,n,SumMulti.sum(a,n));
```

```
        System.out.printf("%d的阶乘是%d\n",m,SumMulti.multi(m));
    }
}
```

例 3-4 使用 Reverse 类的 reverseString(String s)方法返回参数 s 中的反转(倒置)字符序列。

反转长度为 n 的字符序列 $s_1s_2\cdots s_n$,这一问题的子问题是反转长度为 $n-1$ 的字符序列 $s_1s_2\cdots s_{n-1}$,将字符 s_n 放在反转后的字符序列 $s_{n-1}s_{n-2}\cdots s_1$ 的前面,变成 $s_ns_{n-1}\cdots s_1$,就解决了反转长度为 n 的字符序列的问题。

例 3-4 中 MaxInArray 类的 getMaxInArray(int []a)方法返回数组 a 中元素的最大值。求长度为 n 的数组的最大值的子问题是求长度为 $n-1$ 的数组的最大值,因为求出索引从 1 开始的子数组的元素的最大值 m 后,那么 m 和 $a[0]$ 的最大值就是原数组的元素的最大值。

Reverse.java

```java
public class Reverse {
    public static String reverseString(String s){
        String str = null;
        int n = s.length();
        if(n == 1) {
            str = s.charAt(0) + "";
        }
        else if(n >= 2) {
            str = s.charAt(n-1) + "" + reverseString(s.substring(0,n-1));
        }
        return str;
    }
}
```

MaxInArray.java

```java
import java.util.Arrays;
public class MaxInArray{
    public static int getMaxInArray(int []a){
        if(a.length == 1) {
            return a[0];
        }
        else {
            int [] aCopy = Arrays.copyOfRange(a,1,a.length);
            return Math.max(a[0],getMaxInArray(aCopy));
        }
    }
}
```

不难计算出 reverseString(String s)方法和 getMaxInArray(int []a)方法的时间复杂度和空间复杂度都是 $O(n)$。

例 3-4 的主类 Example3_4 使用 reverseString(String s)方法得到一个字符序列的反转(倒置),并判断一个英文单词是否为回文单词(回文单词和它的反转相同);使用 getMaxInArray(int []a)方法计算了数组中元素的最大值,运行效果如图 3.10 所示。

```
abcdefg的反转是gfedcba
racecar的反转是racecar,二者是否相同:true
racecar是回文单词.
[120, 2025, 1000, 980, 10, 879, 89]元素值的最大值:2025
```

图 3.10 反转字符序列以及求最大值

Example3_4. java

```java
import java.util.Arrays;
public class Example3_4 {
    public static void main(String args[]) {
        String s = "abcdefg";
        String reverse = Reverse.reverseString(s);
        System.out.printf("%s 的反转是%s\n",s,reverse);
        s = "racecar";
        reverse = Reverse.reverseString(s);
        boolean isSame = s.equals(reverse);
        System.out.printf("%s 的反转是%s,二者是否相同:%b\n",s,reverse,isSame);
        if(isSame)
            System.out.println(s+"是回文单词.");
        int []a = {120,2025,1000,980,10,879,89};
        int max = MaxInArray.getMaxInArray(a);
        System.out.println(Arrays.toString(a) + "元素值的最大值:" + max);
    }
}
```

3.4 递归与迭代

递归的思想是,根据上一次操作的结果确定当前操作的结果,当前结果和上一次的结果相同或者需要根据上一次的结果来确定本次操作的结果。迭代的思想是,根据当前操作的结果确定下一次操作的结果。对于解决相同的问题,递归的代码简练,容易理解解决问题的思路或发现数据的内部逻辑规律,具有很好的可读性。迭代的代码可能比较复杂,处理数据的过程也可能比较复杂,所以迭代的代码不如递归简练。用递归算法能解决的问题也可以用迭代算法解决。由于迭代不涉及方法的递归调用,所以通常情况下递归算法的空间复杂度会大于迭代算法的空间复杂度,当递归过程中的递归总次数比较大时会导致栈溢出。

例 3-5 计算圆周率的近似值。

下列无穷级数的和是圆周率的 1/4。

$$1 - \frac{1}{3} + \frac{1}{5} - \frac{1}{7} + \cdots$$

例 3-5 中 ComputePI 类的 recursionMethod(int n)方法和 iterationMethod(int n)方法都用来返回圆周率的近似值,其中 recursionMethod(int n)方法使用的是递归,iterationMethod (int n)方法使用的是迭代。

ComputePI. java

```java
public class ComputePI {
    public static double recursionMethod(int n) {        //递归方法
        double sum = 0;
        if(n == 1)
            sum = 1;
        else if(n % 2 == 0) {
            sum = recursionMethod(n-1) - 1.0/(2*n-1);
        }
        else {
            sum = recursionMethod(n-1) + 1.0/(2*n-1);
        }
        return sum;
    }
}
```

```java
    public static double iterationMethod(int n) {              //迭代方法
        double sum = 0;
        for(int i = 1;i <= n;i++){
            if(i%2 == 0){
                sum = sum - 1.0/(2 * i - 1);
            }
            else {
                sum = sum + 1.0/(2 * i - 1);
            }
        }
        return sum;
    }
}
```

不难计算出基于递归的 recursionMethod(int n) 方法的时间复杂度和空间复杂度都是 $O(n)$，基于迭代的 iterationMethod(int n) 方法的时间复杂度是 $O(n)$，但空间复杂度是 $O(1)$。

递归计算圆周率(保留6位小数):3.141705
迭代计算圆周率(保留6位小数):3.141705

图 3.11　计算圆周率的近似值

例 3-5 中的主类 Example3_5 使用 ComputePI 类中的方法计算圆周率的近似值，运行效果如图 3.11 所示。

Example3_5.java

```java
public class Example3_5 {
    public static void main(String args[]){
        int n = 8887;
        double pi = ComputePI.recursionMethod(n) * 4;
        System.out.printf("递归计算圆周率(保留6位小数):%.6f\n",pi);
        pi = ComputePI.iterationMethod(n) * 4;
        System.out.printf("迭代计算圆周率(保留6位小数):%.6f",pi);
    }
}
```

注意：递归算法可能导致栈溢出，在主类中，当 n 的值较大时递归算法会导致栈溢出。

例 3-6　判断某个数是否为数组的元素值。

例 2-9 中的 binarySearch(int []array,int number) 方法使用迭代判断 number 是否为数组 array 的元素值。这里的例 3-6 中的 SearchNumber 类的 binarySearch(int []array, int start,int end,int number) 方法使用递归判断 number 是否为数组 array 的元素值，递归的时间复杂度是 $O(\log n)$，空间复杂度都是 $O(n)$（时间复杂度和空间复杂度与例 2-9 中的迭代方法 binarySearch(int []array,int number) 的相同）。

SearchNumber.java

```java
public class SearchNumber {
    public static int binarySearch(int []array,int start,int end,int number) {
        int mid = -1;
        int index = -1;
        mid = (start + end)/2;
        int midValue = array[mid];
        if(start > end){
            index = -1;
        }
        else if(number == midValue) {
            index = mid;
        }
        else if(number < midValue){
            end = mid - 1;
            index = binarySearch(array,start,end,number);
        }
```

```
            else if(number > midValue){
                start = mid + 1;
                index = binarySearch(array,start,end,number);
            }
            return index;
        }
    }
```

二分法在处理数据时处理的数据量每次减少一半，递归的总次数 k 的最大可能取值是使得数组的长度为 1（见例 2-9），即：

$$\frac{n}{2^k}=1,\quad k=\log n$$

所以递归的总次数 $R(n)$ 的最大可能取值是 $\log n$。由于每次递归的基本操作的总次数是一个常量，例如 C，因此递归过程的基本操作的总次数

$$T(n)=C\times\log n$$

所以 binarySearch(int []array,int start,int end,int number) 方法的时间复杂度是 $O(\log n)$。

算法中影响空间复杂度的是一维数组 array 的长度 n，因此空间复杂度是 $O(n)$。

例 3-6 中的主类 Example3_6 使用 binarySearch(int []array,int start,int end,int number) 方法判断某个数是否为数组 array 的元素值，运行效果如图 3.12 所示（例 3-6 使用了例 2-7 中的 BubbleSort 类的 sort(int []a) 方法）。

```
[-11, 1, 12, 56, 89, 100, 128, 128, 129, 199, 200, 289]
-11在数组中,数组索引位置是0
128在数组中,数组索引位置是6
11不在数组中
129在数组中,数组索引位置是8
289在数组中,数组索引位置是11
```

图 3.12 判断某个数是否在数组中

Example3_6.java

```java
import java.util.Arrays;
public class Example3_6 {
    public static void main(String args[]) {
        int number [] = { - 11,128,11,129,289};
        int []a = {128,129,199,200,289, - 11,1,12,56,89,100,128};
        BubbleSort.sort(a);
        System.out.println(Arrays.toString(a));
        for(int i = 0;i< number.length;i++) {
            int index = SearchNumber.binarySearch(a,0,a.length,number[i]);
            if(index ==- 1)
                System.out.printf(" %d不在数组中\n",number[i]);
            else
                System.out.printf(" %d在数组中,数组索引位置是 %d\n",number[i],index);
        }
    }
}
```

例 3-7 求两个正整数的最大公约数。

例 2-10 中 Euclidean 类的 gcd(int n,int m) 方法使用的是迭代，本例中 Euclidean 类的 gcd(int n,int m) 方法使用的是递归，两者都是求两个正整数的最大公约数，但例 2-10 中 gcd(int n,int m) 方法的空间复杂度是 $O(1)$，这里的 gcd(int n,int m) 方法的空间复杂度是 $O(\log n)$，两者的时间复杂度都是 $O(\log n)$。

本例的 gcd(int n,int m) 方法要比例 2-10 中的方法更能简练地体现辗转相除：如果 n %

$m(n\geq m)$ 不等于 0，那么 n 和 m 的最大公约数与 m 和 $n\%m$ 的最大公约数相同；如果 $n\%m$ 等于 0，两者的最大公约数就是 m。

Euclidean.java

```java
public class Euclidean {
    public static int gcd(int n,int m){
        n = Math.abs(n);
        m = Math.abs(m);
        if(n % m == 0){
            return m;
        }
        else {
            return gcd(m,n % m);
        }
    }
}
```

由于 $n\%m<n/2$，即辗转相除会使 n 的值至少减少一半，那么递归总次数 k 会满足：

$$\frac{n}{2^k}=1, \quad k=\log n$$

即栈的最大长度是 $\log n$，因此空间复杂度和时间复杂度都是 $O(\log n)$。

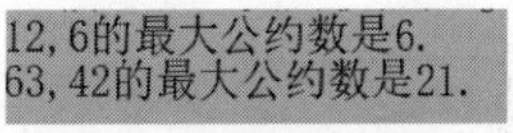

例 3-7 中的主类 Example3_7 使用递归方法 gcd(int n, int m) 输出两个正整数的最大公约数，运行效果如图 3.13 所示。

图 3.13 求最大公约数

Example3_7.java

```java
public class Example3_7 {
    public static void main(String args[]) {
        int a = 6,b = 12;
        System.out.printf("%d,%d 的最大公约数是 %d.\n",a,b,Euclidean.gcd(a,b));
        a = 63;
        b = 42;
        System.out.printf("%d,%d 的最大公约数是 %d.\n",a,b,Euclidean.gcd(a,b));
    }
}
```

3.5 多重递归

所谓多重递归，是指一个递归方法调用另一个或多个递归方法，称该递归方法是多重递归方法。

这里用一个数字问题来说明多重递归：求 n 位十进制数中含有偶数个 6 的数（数的某位上是数字 6）的个数，但不要求输出含有偶数个 6 的数。两位十进制数中含有偶数个 6 的数的个数是 1(66 含有两个 6)，含有奇数个 6 的数的个数是 17：

16,26,36,46,56,60,61,62,63,64,65,67,68,69,76,86,96

用 $a(n)$ 表示 n 位十进制数中含有偶数个 6 的数的个数，$b(n)$ 表示 n 位十进制数中含有奇数个 6 的数的个数，$c(n)$ 表示 n 位十进制数中不含有 6 的数的个数。

对于 $n>2$，有下列递推关系成立，这里的"="是数学意义上的等号：

$$a(n)=9\times a(n-1)+b(n-1)$$
$$b(n)=9\times b(n-1)+a(n-1)+c(n-1)$$

$$c(n) = 9 \times c(n-1)$$

非常容易证明上述等式，因为对于任意一个 $(n-1)$ 位十进制数，例如 $a_1 a_2 \cdots a_{n-1}$，如果 $a_1 a_2 \cdots a_{n-1}$ 中出现了偶数个 6，那么 n 位十进制数 $a_1 a_2 \cdots a_{n-1} p (p=1,2,3,4,5,7,8,9,0)$，即 p 取 6 以外的其他个位数字，都出现了偶数个 6；如果 $a_1 a_2 \cdots a_{n-1}$ 中出现了奇数个 6，那么 n 位十进制数 $a_1 a_2 \cdots a_{n-1} 6$ 出现了偶数多 6，所以有：

$$a(n) = 9 \times a(n-1) + b(n-1)$$

另外两个等式的论证道理类似。如果将 $a(n)$、$b(n)$ 对应到递归方法，那么所对应的递归方法就是多重递归方法。

例 3-8　求 n 位十进制数中含有偶数个 6、奇数个 6 以及不含有 6 的数的个数。

例 3-8 中 DoubleRecursion 类的 $a(\text{int } n)$ 方法和 $b(\text{int } n)$ 方法是多重递归方法，不难验证两者的时间复杂度都是 $O(2^n)$，空间复杂度都是 $O(n)$（验证方法和例 3-2 类似）。

DoubleRecursion.java

```java
public class DoubleRecursion {
    //返回 n 位十进制数中出现偶数个数字 6 的数的个数
    public static int a(int n) {                    //双重递归
        int result = 0;
        if(n == 1) {
            result = 0;
        }
        else if(n == 2){
            result = 1;
        }
        else if(n > 2){
            result = 9 * a(n-1) + b(n-1);
        }
        return result;
    }
    //返回 n 位十进制数中出现奇数个数字 6 的数的个数
    public static int b(int n) {                    //多重递归
        int result = 0;
        if(n == 1) {
            result = 1;
        }
        else if(n == 2) {
            result = 17;
        }
        else if(n > 2){
            result = 9 * b(n-1) + a(n-1) + c(n-1);
        }
        return result;
    }
    //返回 n 位十进制数中未出现数字 6 的数的个数
    public    static int c(int n) {                 //单递归
        int result = 0;
        if(n == 1) {
            result = 9;
        }
        else if(n == 2){
            result = 72;
        }
        else {
            result = 9 * c(n-1);
        }
```

```
            return result;
        }
}
```

例 3-8 中的主类 Example3_8 使用 DoubleRecursion 类的多重递归方法输出了 8 位十进制数中含有偶数个 6、奇数个 6 以及不含有 6 的数的个数等信息,运行效果如图 3.14 所示。

```
8位十进制数中出现偶数个数字6的个数是14076280
8位十进制数中出现奇数个数字6的个数是37659968
8位十进制数中未出现数字6的数量是38263752
8位数一共有：90000000
```

图 3.14 输出数字的有关信息

Example3_8.java

```java
public class Example3_8 {
    public static void main(String args[]) {
        int n = 8;                              //8 位十进制数
        int sum = 0;
        int count = DoubleRecursion.a(n);
        sum += count;
        System.out.printf
        ("%d位十进制数中出现偶数个数字 6 的个数是%d\n",n,count);
        count = DoubleRecursion.b(n);
        sum += count;
        System.out.printf
        ("%d位十进制数中出现奇数个数字 6 的个数是%d\n",n,count);
        count = DoubleRecursion.c(n);
        sum += count;
        System.out.printf
        ("%d位十进制数中未出现数字 6 的个数是%d\n",n,count);
        System.out.println(n + "位数一共有：" + sum + "");
    }
}
```

3.6 经典递归

本节通过杨辉三角形、老鼠走迷宫和汉诺塔 3 个经典的递归进一步体会递归算法,递归算法不仅能使代码简练,容易理解解决问题的思路或发现数据的内部逻辑规律,而且具有很好的可读性,特别是汉诺塔递归,通过其递归算法能够洞悉其数据规律,给出相应的迭代算法。

▶ 3.6.1 杨辉三角形

杨辉三角形：

```
1
1  1
1  2  1
1  3  3  1
1  4  6  4  1
1  5 10 10  5  1
...
```

最早出现于中国南宋的数学家杨辉在 1261 年所著的《详解九章算法》中。法国数学家帕斯卡(Pascal)在 1654 年发现该三角形,因此又称帕斯卡三角形。

例 3-9 输出杨辉三角形。

按照编程语言的习惯,行、列的索引都是从 0 开始的。杨辉三角形的主要规律是：杨辉三角形的第 0 行有一个数，第 1 行有两个数，……，第 n 行有 $n+1$ 个数，第 n 行的第 0 列和最后一列的数都是 1，即第 0 列和第 n 列的数都是 1。用 $C(n,j)$ 表示第 n 行、第 j 列的数（$j=0,\cdots,n$），那么递归如下：

$$C(n,0)=1, C(n,j)=C(n-1,j-1)+C(n-1,j)(0<j<n), C(n,n)=1 \quad (3\text{-}1)$$

例 3-9 中 PascalTriangle 类的 $C(\text{int } n, \text{int } j)$ 方法是依据式（3-1）的递归算法，可以计算杨辉三角形的第 n 行、第 j 列上的数，即该方法返回杨辉三角形的第 n 行、第 j 列上的数。

PascalTriangle.java

```java
public class PascalTriangle {
    public static long C(int n, int j){
        long result = 0;
        if(j == 0 || j == n){               //每行的第 0 列和第 n 列上的数都是 1
            result = 1;
        }
        else {
            result = C(n-1, j-1) + C(n-1, j);
        }
        return result;
    }
}
```

PascalTriangle 类的 $C(\text{int } n, \text{int } j)$ 方法属于非线性递归方法，时间复杂度是 $O(n^2)$，空间复杂度是 $O(n)$。因为杨辉三角形的前 n 行中共有 $n(n+1)/2$ 个数，那么递归过程中方法被调用的总次数是 $n(n+1)/2$，所以 $C(\text{int } n, \text{int } j)$ 的时间复杂度是 $O(n^2)$。在递归过程中，根据

$$C(n,j)=C(n-1,j-1)+C(n-1,j)$$

可知，一个递归分支当栈的长度达到 n 时就会依次弹栈，返回到上一个递归分支，因此空间复杂度是 $O(n)$。

在组合数学中，对于二项式有一个经典的公式，即对于杨辉三角形的第 n 行、第 j 列（$j=0,\cdots,n$）上的数 $Y(n,j)$ 有如下递归：

$$Y(n,0)=1, Y(n,j)=Y(n,j-1)\times(n-j+1)/j(j>0, j<n), Y(n,n)=1 \quad (3\text{-}2)$$

例 3-9 中 YanghuiTriangle 类的 $Y(\text{int } n, \text{int } j)$ 方法是依据式（3-2）的递归算法，可以计算杨辉三角形的第 n 行、第 j 列上的数，即该方法返回杨辉三角形的第 n 行、第 j 列上的数。

YanghuiTriangle.java

```java
public class YanghuiTriangle {
    public static long Y(int n, int j){
        long result = 0;
        if(j == 0 || j == n){               //每行的第 0 列和第 n 列上的数都是 1
            result = 1;
        }
        else if(j < n && j > 0){
            result = Y(n, j-1) * (n-j+1)/j;
        }
        return result;
    }
}
```

YanghuiTriangle 类的 $Y(\text{int } n, \text{int } j)$ 方法属于线性递归方法，时间复杂度是 $O(n)$，空间复杂度是 $O(n)$。因为方法被调用的总次数是 n，所以 $Y(\text{int } n, \text{int } j)$ 的时间复杂度是 $O(n)$。从递归过程可以看出压栈导致栈的长度最大是 n，因此空间复杂度是 $O(n)$。

例 3-9 中的主类 Example3_9 输出了杨辉三角形的前 9 行,并比较了 YanghuiTriangle 类的 $Y(int\ n, int\ j)$ 方法和 PascalTriangle 类的 $C(int\ n, int\ j)$ 方法计算第 n 行、第 j 列上的数的耗时,时间复杂度是 $O(n)$ 的耗时明显小于时间复杂度是 $O(n^2)$ 的耗时,运行效果如图 3.15 所示。

```
  1
  1   1
  1   2   1
  1   3   3   1
  1   4   6   4   1
  1   5  10  10   5   1
  1   6  15  20  15   6   1
  1   7  21  35  35  21   7   1
  1   8  28  56  70  56  28   8   1
线性递归求第35行,第17列4537567650的耗时是415800(纳秒)
非线性递归求第35行,第17列4537567650的耗时是9849510100(纳秒)
```

图 3.15　输出杨辉三角形的前 9 行,并比较两个递归的耗时

Example3_9.java

```java
public class Example3_9 {
    public static void main(String args[]){
        long result = 0;
        int row = 8;
        for(int n = 0;n<=row;n++) {                  //输出杨辉三角形的前 row+1 行
            for(int j = 0;j<=n;j++){
                result = PascalTriangle.C(n,j);
                System.out.printf("%5d",result);
            }
            System.out.println();
        }
        int n = 35,j = n/2 ;
        long startTime = System.nanoTime();
        result = YanghuiTriangle.Y(n,j);
        long estimatedTime = System.nanoTime() - startTime;
        System.out.printf("线性递归求第%d行,第%d列%d的耗时是%d(纳秒)\n",
                          n,j,result,estimatedTime);
        startTime = System.nanoTime();
        result = PascalTriangle.C(n,j);
        estimatedTime = System.nanoTime() - startTime;
        System.out.printf("非线性递归求第%d行,第%d列%d的耗时是%d(纳秒)\n",
                          n,j,result,estimatedTime);
    }
}
```

▶ 3.6.2　老鼠走迷宫

本节用 m 行 n 列的二维数组模拟迷宫。

假设老鼠走迷宫的递归方法是 move(int[][] a,int i,int j),老鼠在迷宫中某点 $p=(i,j)$ 的递归办法是:首先从 p 点向东调用 move(int[][] a,int i,int j),如果找到出口,move(int[][] a,int i,int j)返回 true,结束递归;如果从 p 点向东无法找到出口,返回 false 结束递归,再从 p 点向南调用 move(int[][] a,int i,int j),如果找到出口,move(int[][] a,int i,int j)返回 true,结束递归;如果从 p 点向南无法找到出口,返回 false 结束递归,再从 p 点向西调用 move(int[][] a,int i,int j),如果找到出口,move(int[][] a,int i,int j)返回 true,结束递归;如果从 p 点向西无法找到出口,返回 false 结束递归,再从 p 点向北调用 move(int[][] a,int i,int j),如果找到出口,move(int[][] a,int i,int j)返回 true,结束递归,否则返回 false

结束递归。

如果 move(int[][] a, int i, int j) 最后返回的值是 true，说明老鼠找到出口，否则说明迷宫没有出口。

例 3-10　模拟老鼠走迷宫。

例 3-10 中的 move(int[][] a, int i, int j) 是老鼠走迷宫的方法，该方法是一个递归方法。

Mouse.java

```java
public class Mouse {
    public static boolean move(int[][] a, int i, int j){
        int m = a.length;
        int n = a[0].length;
        boolean isOut = false;
        if(a[i][j] == 2){                              //出口
            isOut = true;
        }
        else if(a[i][j] == 0){
            a[i][j] = -1;                              //标记此点已经递归过，即老鼠走过了该点
            int t = j+1<n-1?j+1:n-1;                   //东
            boolean roadOrOut = a[i][t]==0||a[i][t]==2;   //是路或出口
            if(roadOrOut&&move(a,i,t)){
                isOut = true;
                return isOut;
            }
            t = i+1<m-1?i+1:m-1;                       //南
            roadOrOut = a[t][j]==0||a[t][j]==2;
            if(roadOrOut&&move(a,t,j)){
                isOut = true;
                return isOut;
            }
            t = j-1<0?0:j-1;                           //西
            roadOrOut = a[i][t]==0||a[i][t]==2;
            if(roadOrOut&&move(a,i,t)){
                isOut = true;
                return isOut;
            }
            t = i-1<0?0:i-1;                           //北
            roadOrOut = a[t][j]==0||a[t][j]==2;
            if(roadOrOut&&move(a,t,j)){
                isOut = true;
                return isOut;
            }
        }
        return isOut;
    }
}
```

不难验证，move(int[][] a, int i, int j) 方法的时间复杂度是 $O(n^2)$，空间复杂度也是 $O(n^2)$。

例 3-10 中的主类 Example3_10 使用 move(int[][] a, int i, int j) 方法走迷宫。其中，用 int 型二维数组模拟迷宫，二维数组的元素值是 1 表示墙，0 表示路，2 表示出口。在老鼠走过迷宫后，输出老鼠走过的路时，用☆表示老鼠走过的路，■表示墙，★表示出口，□表示老鼠未走过的路，运行效果如图 3.16 所示。

Example3_10.java

```java
import java.util.Arrays;
public class Example3_10 {
```

第 3 章 递归算法

```
迷宫数据:0表示路,1表示墙,2表示出口。
[0, 0, 0, 1, 1, 1, 1]
[1, 0, 0, 0, 0, 1, 1]
[1, 1, 0, 1, 0, 0, 1]
[1, 0, 0, 0, 1, 1, 1]
[1, 0, 0, 0, 0, 2, 1]
老鼠走迷宫过程:☆表示走过的路,■是墙,★是出口,□是未走过的路。
  ☆   ☆   ☆   ■   ■   ■   ■
  ■   ☆   ☆   ☆   ☆   ■   ■
  ■   ■   ☆   ■   ☆   ☆   ■
  ■   □   □   □   ■   ☆   ■
  ■   □   □   □   □   ★   ■
true
```

图 3.16 老鼠走迷宫

```java
public static void main(String args[]){
    int [][] a = {{0,0,0,1,1,1,1},
                  {1,0,0,0,0,1,1},
                  {1,1,0,1,0,0,1},
                  {1,0,0,0,1,1,1},
                  {1,0,0,0,0,2,1}};
    System.out.println("迷宫数据:0 表示路,1 表示墙,2 表示出口。");
    for(int i = 0;i < a.length;i++){
        System.out.println(Arrays.toString(a[i]));
    }
    boolean isOut = Mouse.move(a,0,0);
    System.out.println("老鼠走迷宫过程:☆表示走过的路," +
                       "■是墙,★是出口,□是未走过的路。");
    for(int i = 0;i < a.length;i++){
        for(int j = 0;j < a[0].length;j++){
            if(a[i][j] == -1)           // -1 表示老鼠走过的路,见 Mouse 类中的算法
                System.out.printf("%3c",'☆');
            else if(a[i][j] == 2)       //出口
                System.out.printf("%3c",'★');
            else if(a[i][j] == 1)       //墙
                System.out.printf("%3c",'■');
            else if(a[i][j] == 0)       //路
                System.out.printf("%3c",'□');
        }
        System.out.println();
    }
    System.out.println(isOut);
}
```

▶ 3.6.3 汉诺塔

汉诺塔(Hanoi Tower)问题是一个来源于印度的古老问题。有名字为 A、B、C 的 3 个塔, A 塔上有从小到大 64 个盘子,每次搬运一个盘子,最后要把 64 个盘子搬运到 C 塔。在搬运盘子的过程中,可以把盘子暂时放在 3 个塔中的任何一个上,但不允许大盘放在小盘的上面。 3 个盘子的汉诺塔如图 3.17 所示。

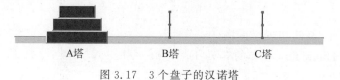

图 3.17 3 个盘子的汉诺塔

1. 汉诺塔的递归算法

汉诺塔的递归算法如下：

（1）如果 A 塔只有一个盘子，直接将盘子搬运到 C 塔。

（2）如果盘子的数目 n 大于 1，首先将 $n-1$ 个盘子从 A 塔搬运到 B 塔，然后将第 n 个盘子从 A 塔搬运到 C 塔，最后将 $n-1$ 盘子从 B 塔搬运到 C 塔。

3 个盘子的汉诺塔的搬运盘子的过程如图 3.18((a)～(g))所示。

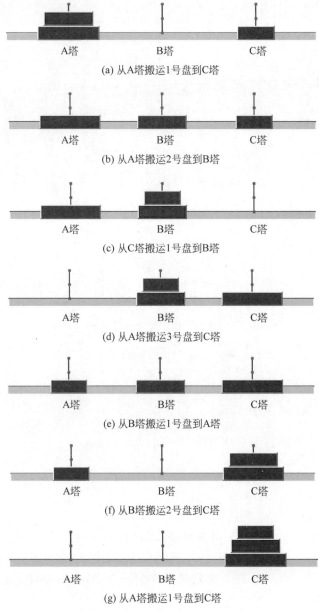

图 3.18 搬运 3 个盘子的汉诺塔

例 3-11　用递归算法实现汉诺塔。

例 3-11 中的 HanoiTower 类的 moveDish(int n char A, char B, char C)方法是搬运盘子的递归算法。

HanoiTower.java

```java
public class HanoiTower {
    public static void moveDish(int n,char A,char B,char C){
        if(n == 1) {
            System.out.printf("从%c塔搬运%d号盘到%c塔\n",A,n,C);
        }
        else {
            moveDish(n - 1,A,C,B);
            System.out.printf("从%c塔搬运%d号盘到%c塔\n",A,n,C);
            moveDish(n - 1,B,A,C);
        }
    }
}
```

如果汉诺塔有 n 个盘子,那么需要搬动 $2^n - 1$ 次盘子,所以不难验证 moveDish(int n char A,char B,char C)方法的时间复杂度是 $O(2^n)$,空间复杂度是 $O(n)$(验证方法见例 3-2)。

例 3-11 中的主类 Example3_11 使用 HanoiTower 类的 moveDish(int n char A,char B, char C)方法搬运 3 个盘子的汉诺塔和 4 个盘子的汉诺塔,运行效果如图 3.19 所示。

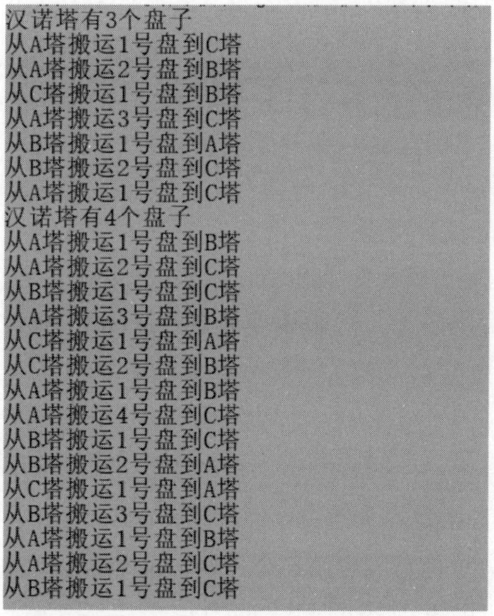

```
汉诺塔有3个盘子
从A塔搬运1号盘到C塔
从A塔搬运2号盘到B塔
从C塔搬运1号盘到B塔
从A塔搬运3号盘到C塔
从B塔搬运1号盘到A塔
从B塔搬运2号盘到C塔
从A塔搬运1号盘到C塔
汉诺塔有4个盘子
从A塔搬运1号盘到B塔
从A塔搬运2号盘到C塔
从B塔搬运1号盘到C塔
从A塔搬运3号盘到B塔
从C塔搬运1号盘到A塔
从C塔搬运2号盘到B塔
从A塔搬运1号盘到B塔
从A塔搬运4号盘到C塔
从B塔搬运1号盘到C塔
从C塔搬运2号盘到A塔
从C塔搬运1号盘到A塔
从B塔搬运3号盘到C塔
从A塔搬运1号盘到B塔
从A塔搬运2号盘到C塔
从B塔搬运1号盘到C塔
```

图 3.19 用递归法搬运盘子

Example3_11.java

```java
public class Example3_11 {
    public static void main(String args[]){
        int n = 3;
        HanoiTower.moveDish(n,'A','B','C');
    }
}
```

2. 汉诺塔的迭代算法

在 3.4 节讲过,递归的代码简练,容易理解解决问题的思路或发现数据的内部逻辑规律,具有很好的可读性。迭代的代码可能比较复杂,处理数据的过程也可能比较复杂,所以迭代的代码不如递归简练。

在给出汉诺塔的迭代算法之前,先总结一下汉诺塔问题中的一些规律。

（1）n 个盘子的汉诺塔需要搬运 2^n-1 次盘子。

（2）依次搬运的盘子的号码对应着 $1\sim 2^{n+1}-1$ 中从小到大的偶数的二进制的尾部（低位）连续的 0 的个数。自然数的奇数的二进制的个位是 1，偶数是 0。例如盘子的数目是 3，依次搬运的盘子的号码与二进制的尾部连续的 0 的个数的对应关系如表 3.1 所示。

表 3.1　盘子的号码与二进制的尾部连续的 0 的个数的对应表

依次搬运的盘子的号码	偶数的十进制	偶数的二进制	尾部连续的 0 的个数
1	2	10	1
2	4	100	2
1	6	110	1
3	8	1000	3
1	10	1010	1
2	12	1100	2
1	14	1110	1

根据表 3.1，在搬运盘子的过程中，搬运的盘子的号码依次是（如前面的图 3.18 所示）：
1,2,1,3,1,2,1。

（3）二进制的尾部连续的 0 的个数，每隔一次这个数目就是 1。也就是说，在搬运盘子的过程中，每隔一次就要搬动一次 1 号盘（盘号最小的盘）。

（4）1 号盘的移动规律是：如果盘子的数目 n 是奇数，1 号盘找目标塔是以 CBA 的循环次序；如果 n 是偶数，1 号盘找目标塔是以 BCA 的循环次序。

（5）当搬运大号盘时（盘号大于或等于 2），上一次搬运的一定是 1 号盘（理由见（3）），所以搬运的大号盘的目标塔一定不是上一次搬运 1 号盘的目标塔（大盘不能放在小盘上面）。

注意：实际上，这些规律都是人们通过研究汉诺塔的递归算法发现的，也就是通过递归可以发现数据的内部逻辑规律。

一个偶数通过不断地右位移可计算出尾部连续的 0 的个数，例如 8 的二进制 1000 右位移 3 次得到奇数，因此知道 8 的二进制的尾部连续的 0 的个数是 3。

例 3-12　根据迭代算法的规律，给出汉诺塔的迭代算法。

HanoiTowerIterator 中的 moveDish(int n) 方法是迭代算法，不难验证 moveDish(int n) 方法的时间复杂度是 $O(2^n)$，空间复杂度是 $O(1)$。

尽管本例中的 moveDish(int n) 的时间复杂度和例 3-11 中的递归算法相同，空间复杂度低于递归算法，但简练性和可读性远不如递归算法，在内存允许的范围内还是使用递归算法更好。

HanoiTowerIterator.java

```java
import java.util.ArrayDeque;
import java.util.Stack;
public class HanoiTowerIterator {
    public static void moveDish(int n) {
        ArrayDeque<Character> deque = new ArrayDeque<Character>();
                                          //队列,存放目标塔的名字
        Stack<Integer> A = new Stack<Integer>();    //栈,模拟A塔
        Stack<Integer> B = new Stack<Integer>();    //栈,模拟B塔
        Stack<Integer> C = new Stack<Integer>();    //栈,模拟C塔
        if(n%2 != 0){
```

```java
            deque.add('C');
            deque.add('B');
            deque.add('A');
        }
        else{
            deque.add('B');
            deque.add('C');
            deque.add('A');
        }
        for(int i = n;i >= 1;i-- ){                              //初始状态,盘子都在A塔上
            A.push(i);
        }
        for(int i = 1;i <= (int)(Math.pow(2,n) - 1);i++){
            int dishNumber = ZeroCount.getZeroCount(2 * i);   //盘号
            if(dishNumber == 1){
                char target = deque.pop();                    //出列
                deque.add(target);                            //入列,以便循环使用队列中的数据
                if(A.contains(dishNumber)){
                    System.out.printf("从A塔" + "搬运%d号盘到%c塔\n",dishNumber,target);
                    if(target == 'C')
                        C.push(A.pop());
                    else if(target == 'B')
                        B.push(A.pop());
                }
                else if(B.contains(dishNumber)){
                    System.out.printf("从B塔" + "搬运%d号盘到%c塔\n",dishNumber,target);
                    if(target == 'A')
                        A.push(B.pop());
                    else if(target == 'C')
                        C.push(B.pop());
                }
                else if(C.contains(dishNumber)){
                    System.out.printf("从C塔" + "搬运%d号盘到%c塔\n",dishNumber,target);
                    if(target == 'A')
                        A.push(C.pop());
                    else if(target == 'B')
                        B.push(C.pop());
                }
            }
            else if(dishNumber >= 2){
                char notTarget = deque.getLast();             //1号盘刚去过的塔
                if(A.contains(dishNumber)){
                    if(notTarget == 'C'){         //目标塔只剩B一种可能(大盘不放在小盘之上)
                        B.push(A.pop());
                        System.out.printf("从A塔" + "搬运%d号盘到%c塔\n",dishNumber,'B');
                    }
                    else if(notTarget == 'B'){    //目标塔只剩C一种可能
                        C.push(A.pop());
                        System.out.printf("从A塔" + "搬运%d号盘到%c塔\n",dishNumber,'C');
                    }
                }
                else if(B.contains(dishNumber)){
                    if(notTarget == 'C'){
                        A.push(B.pop());
                        System.out.printf("从B塔" + "搬运%d号盘到%c塔\n",dishNumber,'A');
                    }
                    else if(notTarget == 'A'){
                        C.push(B.pop());
                        System.out.printf("从B塔" + "搬运%d号盘到%c塔\n",dishNumber,'C');
                    }
```

```java
                }
                else if(C.contains(dishNumber)){
                    if(notTarget == 'A'){
                        B.push(C.pop());
                        System.out.printf("从C塔" + "搬运%d号盘到%c塔\n",dishNumber,'B');
                    }
                    else if(notTarget == 'B'){
                        A.push(C.pop());
                        System.out.printf("从C塔" + "搬运%d号盘到%c塔\n",dishNumber,'A');
                    }
                }
            }
        }
    }
}
```

ZeroCount.java

```java
public class ZeroCount {
    public static int getZeroCount(int n){           //返回n的二进制的尾部连续的0的个数
        int count = 0;
        if(n%2 == 0) {
            while(n%2 != 1) {
                n = n>>1;
                count++;
            }
        }
        return count;
    }
}
```

例 3-12 中的主类 Example3_12 使用 HanoiTowerIterator 的 moveDish(int *n*) 方法搬运 3 个盘子的汉诺塔和 4 个盘子的汉诺塔，运行效果如图 3.20 所示。

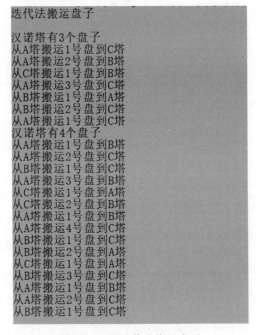

图 3.20　用迭代去搬运盘子

Example3_12.java

```java
public class Example3_12 {
    public static void main(String args[]){
        System.out.println("迭代法搬运盘子\n");
        int n = 3;
        System.out.printf("汉诺塔有%d个盘子\n",n);
        HanoiTowerIterator.moveDish(n);
        n = 4;
        System.out.printf("汉诺塔有%d个盘子\n",n);
        HanoiTowerIterator.moveDish(n);
    }
}
```

3.7 优化递归

在 3.2 节讲解了非线性递归,即每次递归时方法调用自身两次或两次以上。非线性递归可以形成多个递归分支,即形成多个子递归过程。例如例 3-2 中 Fibonacci 类的递归算法 $f(\text{long } n)$(求 Fibonacci 数列的第 n 项)形成了两个递归分支 $f(n-1)$ 和 $f(n-2)$。

为了完成 $f(n)$ 的调用,在递归过程中需要将 $f(n-1)$ 分支进行完毕再进行 $f(n-2)$ 分支。注意,在进行 $f(n-1)$ 分支递归时会完成 $f(n-2)$ 分支递归,那么再进行 $f(n-2)$ 分支就是一个重复的递归过程。

优化递归就是在每次递归开始之前先到某个对象中(通常为散列表对象,也可以是数组)查找本次递归是否已经实施完毕,即是否已经有了递归结果,如果散列表对象中已经有了本次递归的结果,就直接使用这个结果,不再浪费时间进行本次递归,否则就进行本次递归,并将递归结果保存到散列表对象。简而言之,优化递归是为了避免重复子递归。

优化递归是典型的用空间换取时间的策略(需要额外地存储某些递归结果)。优化递归通常不会改变空间的复杂度,但一定可以降低时间复杂度,可能将指数复杂度降低为线性复杂度或多项式复杂度。许多非线性递归的时间复杂度都是指数复杂度,例如例 3-2 中计算 Fibonacci 数列的递归算法,其时间复杂度是 $O(2^n)$。

例 3-13 使用 OptimizeFibonacci 类优化递归,使得计算 Fibonacci 数列的递归算法的时间复杂度是 $O(n)$。

例 3-2 中计算 Fibonacci 数列的递归算法的时间复杂度是 $O(2^n)$,本例 OptimizeFibonacci 类中的递归算法避免了重复子递归,当 n 的值较大时,优化递归的耗时明显小于未优化递归的耗时。两者的空间复杂度都是 $O(n)$。

注意:OptimizeFibonacci 类的散列表是静态成员变量,会不断累积子递归的结果,尽管会浪费内存空间,但会使后面的递归速度越来越快。

OptimizeFibonacci.java

```java
import java.util.Hashtable;
public class OptimizeFibonacci {
    public static Hashtable<Long,Long> table = new Hashtable<>();
    public static long f(long n){
        long result = -1;
        if(n==1||n==2) {
            result = 1;
        }
```

```
        else if(n >= 3){
            if(table.containsKey(n)) {          //containsKey()的时间复杂度是O(n)
                result = table.get(n);          //散列表中已经有第n次递归结果,get()的时
                                                //间复杂度是O(1)
            }
            else {
                result = f(n-1) + f(n-2);
                table.put(n, result);           //将第n次递归结果保存到散列表中,put()的时
                                                //间复杂度是O(1)
            }
        }
        return result;
    }
}
```

本例中的主类 Example3_13 比较了例 3-2 中 Fibonacci 类的 $f(\text{long } n)$ 方法和本例中 OptimizeFibonacci 类的 $f(\text{long } n)$ 方法的运行耗时,当 n 的值较大时,例如 n 的值大于 35,优化后的方法的运行耗时明显小于未优化的方法的运行耗时。在使用未优化的方法时需要耐心等待一段时间,例如 n 的值为 160 时,本机测试的优化方法的耗时仅是 151 200 纳秒(1 秒 = 1 000 000 000 纳秒),而未优化的方法的耗时可能需要 100 个小时以上(本机测试时没有耐心去等待了),运行效果如图 3.21 所示。

```
优化求第50项12586269025的用时是377600(纳秒)
请耐心等待...
未优化求第50项12586269025的用时是29420449900纳秒
优化快了29420072300纳秒
优化求第160项8259707399215967867的用时是151200(纳秒)
```

图 3.21 Fibonacci 的优化和未优化递归的耗时

Example3_13. java

```
public class Example3_13 {
    public static void main(String args[]) {
        long item = 50;
        long result;
        long startTime = System.nanoTime();
        result = OptimizeFibonacci.f(item);
        long estimatedTime1 = System.nanoTime() - startTime;
        System.out.printf("优化求第%d项%d的用时是%d(纳秒)\n",
                          item, result, estimatedTime1);
        System.out.println("请耐心等待...");
        startTime = System.nanoTime();
        result = Fibonacci.f(item);
        long estimatedTime2 = System.nanoTime() - startTime;
        System.out.printf("未优化求第%d项%d的用时是%d(纳秒)\n",
                          item, result, estimatedTime2);
        System.out.println("优化快了" + (estimatedTime2 - estimatedTime1) + "纳秒");
        startTime = System.nanoTime();
        estimatedTime1 = System.nanoTime() - startTime;
        item = 160;
        startTime = System.nanoTime();
        result = OptimizeFibonacci.f(item);
        estimatedTime1 = System.nanoTime() - startTime;
        System.out.printf("优化求第%d项%d的用时是%d(纳秒)\n",
                          item, result, estimatedTime1);
    }
}
```

例 3-14 使用 OptimizePascalTriangle 类优化递归,使得计算杨辉三角形的递归算法 $C(\text{int } n, \text{int } j)$ 的时间复杂度是 $O(n)$。

例 3-9 中 PascalTriangle 类的递归算法 $C(\text{int } n, \text{int } j)$ 的时间复杂度是 $O(n^2)$,本例 OptimizePascalTriangle 类中的递归算法避免了重复子递归,当 n 的值较大时,优化递归的耗时明显小于未优化递归的耗时。两者的空间复杂度都是 $O(n)$。

注意:OptimizePascalTriangle 类的散列表是静态成员变量,会不断累积子递归的结果,尽管会浪费内存空间,但会使后面的递归速度越来越快。

OptimizePascalTriangle.java

```java
import java.util.Hashtable;
import java.awt.Point;
public class OptimizePascalTriangle {
    public static Hashtable<Point,Long> table = new Hashtable<>();
    public static long C(int n,int j){
        long result = 0;
        if(j==0||j==n){                       //每行的第 0 列和第 n 列上的数都是 1
            result = 1;
        }
        else {
            Point p = new Point(n,j);
            if(table.containsKey(p)){
                result = table.get(p);
            }
            else {
                result = C(n-1,j-1) + C(n-1,j);
                table.put(p,result);
            }
        }
        return result;
    }
}
```

本例中的主类 Example3_14 比较了例 3-9 中 PascalTriangle 类的 $C(\text{int } n, \text{int } j)$ 方法和本例中 OptimizePascalTriangle 类的 $C(\text{int } n, \text{int } j)$ 方法的运行耗时,当 n 的值较大时,例如求杨辉三角形的第 n 行、第 $n/2$ 列的值,若 n 大于 35,优化后的方法的运行耗时明显小于未优化的方法的运行耗时。在使用未优化的方法时需要耐心等待一段时间,例如 n 的值是 1000 时,本机测试的优化方法的耗时仅是 75 毫秒,而未优化的方法的耗时可能需要 100 个小时以上(本机测试时没有耐心去等待了),运行效果如图 3.22 所示。

```
优化求第35行,第17列4537567650的耗时是939500(纳秒)
请耐心等待...
未优化求第35行,第17列4537567650的耗时是9837757800(纳秒)
优化快了9836818300纳秒
优化求第1000行,第500列2548782591045708352的耗时是75(毫秒)
```

图 3.22 杨辉三角形的优化和未优化递归的耗时

Example3_14.java

```java
import java.awt.Point;
public class Example3_14 {
    public static void main(String args[]){
        int n = 35,j = n/2;
        long startTime = System.nanoTime();
        long result = OptimizePascalTriangle.C(n,j);
        long estimatedTime1 = System.nanoTime() - startTime;
```

```
            System.out.printf("优化求第%d行,第%d列%d的耗时是%d(纳秒)\n",
                             n,j,result,estimatedTime1);
            System.out.println("请耐心等待...");
            startTime = System.nanoTime();
            result = PascalTriangle.C(n,j);
            long estimatedTime2 = System.nanoTime() - startTime;
            System.out.printf("未优化求第%d行,第%d列%d的耗时是%d(纳秒)\n",
                             n,j,result,estimatedTime2);
             System.out.println("优化快了" + (estimatedTime2 - estimatedTime1) + "纳秒");
            n = 1000;
            j = n/2;
            startTime = System.nanoTime();
            estimatedTime1 = System.nanoTime() - startTime;
            startTime = System.nanoTime();
            result = OptimizePascalTriangle.C(n,j);
            estimatedTime1 = System.nanoTime() - startTime;
            System.out.printf("优化求第%d行,第%d列%d的耗时是%d(毫秒)\n",
                             n+1,j,result,estimatedTime1/1000000);
             result = OptimizePascalTriangle.C(n+1,j);
            estimatedTime1 = System.nanoTime() - startTime;
            System.out.printf("未优化求第%d行,第%d列%d的耗时是%d(毫秒)\n",
                             n,j,result,estimatedTime1/1000000);
        }
    }
```

习题 3

扫一扫

习题

扫一扫

自测题

第 4 章　数组与Arrays类

本章主要内容

- 引用与参数存值；
- 数组与排序；
- 数组的二分查找；
- 数组的复制；
- 数组的比较；
- 公共子数组；
- 数组的更新；
- 数组的前缀算法；
- 动态遍历；
- 数组与洗牌；
- 数组与生命游戏。

数组是最常用的一种线性数据结构，数组一旦被创建，那么数组的长度（数组中元素的个数）就不可以再发生变化，即不可以对数组进行删除、添加或插入操作。有关数组的算法非常多，例如排序、复制、二分查找、动态遍历等。java.util 包中的 Arrays 类提供了大量的和数组有关的算法，开发者不必再重复去实现这些算法，不仅可以节省时间，而且也让代码更加简练。另外，Arrays 类的有些方法需要研究其源代码才能学会使用，本章通过实例讲解 Arrays 类的大部分静态方法（可以用类名直接调用的方法）。

4.1　引用与参数存值

一维数组的元素相当于在第 1 章中讲解数据结构时的节点，当一维数组的长度大于 1 时，数组元素的逻辑结构是线性结构，元素的存储结构是顺序结构，即元素的物理地址是依次相邻的，例如数组的第 i 个元素的地址是 address，那么它的第 $i+1$ 个元素的地址就是 address+C，其中 C 是数组中的一个元素所占用内存空间的大小。

▶ 4.1.1　数组的引用

一维数组由若干类型相同的节点构成，这些节点称为数组的元素或单元。在 Java 中，数组属于引用型数据，即数组中存放着一个引用值，数组使用下标运算访问自己的元素（下标从 0 开始，每个元素的下标等于它前面的元素的个数）。两个类型相同的数组，一旦二者的引用相同，二者就具有相同的元素。例如，对于

```
int a[] = {1,2,3},b[ ] = {4,5};
```

数组 a 和 b 中分别存放着引用 de6ced 和 c17164，内存模型如图 4.1 所示。

如果使用了下列赋值语句（a 和 b 的类型必须相同）：

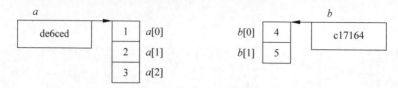

图 4.1 数组 a 和 b 的内存模型

```
a = b;
```

那么 a 中存放的引用和 b 中的相同,这时系统将释放最初分配给数组 a 的元素,使得 a 的元素和 b 的元素相同,a、b 的内存模型变成如图 4.2 所示。

图 4.2 $a = b$ 后的数组 a 和 b 的内存模型

可以让 System 类调用静态方法 identityHashCode(a) 返回(得到)数组 a 的引用:

```
int address = System.identityHashCode(a);
```

```
a:[7, 8, 9, 10, 11, 12, 13, 14, 15, 16]
b:[100, 200, 300]
false
数组a的引用5674cd4d
数组b的引用13221655
将b的值赋值给a
true
数组a的引用13221655
a:[100, 200, 300]
b:[100, 200, 300]
```

图 4.3 数组的引用

另外也可以让数组 a 调用 hashCode() 方法返回(得到)数组的引用:

```
int address = a.hashCode();
```

例 4-1 数组的引用与赋值。

本例中的主类 Example4_1 使用了 identityHashCode(a) 方法和 hashCode() 方法,注意程序的输出结果,特别是将数组 b 的值(b 的引用)赋值给数组 a 之后程序的输出结果,运行效果如图 4.3 所示。

Example4_1.java

```java
import java.util.Arrays;
public class Example4_1 {
    public static void main(String args[]) {
        int a[] = {7,8,9,10,11,12,13,14,15,16};
        int b[] = {100,200,300};
        System.out.println("a:" + Arrays.toString(a));
        System.out.println("b:" + Arrays.toString(b));
        System.out.println(a == b);
        int address = System.identityHashCode(a);
        System.out.printf("数组 a 的引用 %x\n",address);
        address = b.hashCode();
        System.out.printf("数组 b 的引用 %x\n",address);
        System.out.println("将 b 的值赋值给 a");
        a = b;                    //将 b 的值赋值给 a
        System.out.println(a == b);
        System.out.printf("数组 a 的引用 %x\n",a.hashCode());
        System.out.println("a:" + Arrays.toString(a));
        System.out.println("b:" + Arrays.toString(b));
    }
}
```

4.1.2 参数存值

使用参数存值就是一个方法可以将某些数据存放在参数中,如果参数是引用类型,例如数组,那么方法执行完毕,保存在参数中的元素的值一直还存在,不会消失。

例 4-2 用参数存放面积。

本例中 Triangle 接口的静态方法如下:

```
public static int judgeTriangle(int a, int b, int c, int[] area)
```

当 a、b、c 构成等边三角形时返回 3,将三角形的面积存放在数组 area 的元素中;当构成等腰(不是等边)三角形时返回 2,将三角形的面积存放在数组 area 的元素中;当构成普通(不是等边,也不是等腰)三角形时返回 1,将三角形的面积存放在数组 area 的元素中;当不构成三角形时返回 0,将 Double.NaN(没有值)存放在数组 area 的元素中。

Triangle.java

```java
public interface Triangle {
    public static int judgeTriangle(int a, int b, int c, double[] area){
        if(a+b<c||a+c<b||b+c<a) {
            area[0] = Double.NaN;
            return 0;
        }
        if(a == b&&b == c) {
            area[0] = Math.sqrt(3) * a * a/4;
            return 3;
        }
        if(a == b) {
            area[0] = 1.0/4 * Math.sqrt(4 * a * a * c * c-c * c * c * c);
            return 2;
        }
        if(b == c) {
            area[0] = 1.0/4 * Math.sqrt(4 * b * b * a * a-a * a * a * a);
            return 2;
        }
        double p = (a+b+c)/2.0;
        area[0] = Math.sqrt(p * (p-a) * (p-b) * (p-c));
        return 1;
    }
};
```

本例中的主类 Example4_2 判断 3 个数构成哪种三角形,并输出相应的面积,运行效果如图 4.4 所示。

```
3
等边三角形,面积:10.825317547305481
2
等腰但不等边三角形,面积:7.1545440106270926
1
非等腰三角形,面积:6.0
0
非三角形,不计算面积:NaN
```

图 4.4 用参数存放面积

Example4_2.java

```java
public class Example4_2 {
    public static void main(String args[]) {
        int a = 5,
```

```
                b = 5;
                c = 5;                              //3 个数
        double [ ] area = {Double.NaN};             //存放面积
        int m = Triangle.judgeTriangle(a,b,c,area);
        outPut(m,area);
        a = 5;
        b = 5;
        c = 3;
        m = Triangle.judgeTriangle(a,b,c,area);
        outPut(m,area);
        a = 5;
        b = 4;
        c = 3;
        m = Triangle.judgeTriangle(a,b,c,area);
        outPut(m,area);
        a = -1;
        b = 5;
        c = 3;
        m = Triangle.judgeTriangle(a,b,c,area);
        outPut(m,area);
    }
    private static void outPut(int m,double [ ] area){
        System.out.println(m);
        if(m == 1) {
            System.out.println("非等腰三角形,面积:" + area[0]);
        }
        else if(m == 2){
            System.out.println("等腰但不等边三角形,面积:" + area[0]);
        }
        else if(m == 3){
            System.out.println("等边三角形,面积:" + area[0]);
        }
        else if(m == 0){
            System.out.println("非三角形,不计算面积:" + area[0]);
        }
    }
}
```

例 4-3 返回出现次数最多的字母。

本例中 char 型数组的元素值是某个小写英文字母,FindLetters 类中的 findMaxCountLetters (char [ ] english,int [ ] saveCount)方法返回 char 型数组中出现次数最多的字母之一,并将这个字母出现的次数存放到参数指定的 int 型数组的元素中。

FindLetters.java

```
public class FindLetters {
    public static char findMaxCountLetters(char [ ] english,int [ ] saveCount) {
        int [ ]count = new int[26];         //存放小写英文字母出现的次数
          for(int i = 0;i < english.length;i++) {
              count[english[i] - 97]++;     //英文小写字母 a 在 Unicode 表中的索引位置是 97
          }
        int index = 0;                      //存放出现次数最多的字母的索引位置
        int max = count[index];
        for(int i = 0;i < count.length;i++) {
            if(count[i] > max) {
                max = count[i];
                index = i;
            }
        }
```

```
            saveCount[0] = count[index];    //将最多次数保存到数组 saveCount 中
            return (char)(index + 97);      //返回出现次数最多的字母之一
        }
    }
```

w是出现次数最多的字母之一.
w出现的次数是:3

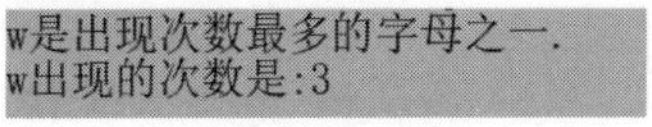

图 4.5　出现次数最多的字母

本例中的主类 Example4_3 使用了 FindLetters 类的 findMaxCountLetters(char [] english, int [] saveCount)方法,运行效果如图 4.5 所示。

Example4_3.java

```
public class Example4_3 {
    public static void main(String args[]) {
        char [] english = {'a','y','w','p','w','y','d','w','a','y'};
        int [] saveCount = {0};
        char letters = FindLetters.findMaxCountLetters(english,saveCount);
        System.out.println("" + letters + "是出现次数最多的字母之一.");
        System.out.println("" + letters + "出现的次数是:" + saveCount[0]);
    }
}
```

4.2　数组与排序

排序算法是重要的基础算法。各种排序算法都是非常成熟的算法,Arrays 类封装了快速排序和归并排序,在编写程序时直接使用即可。

▶ 4.2.1　快速排序

快速排序是基于递归的经典排序算法。首先选定一个基准元素,然后把比这个元素小的元素放在它的左边,把比这个元素大的元素放在它的右边,再分别对它左边和右边的元素进行递归处理,直到排序完成(见例 4-4)。

Arrays 类的 sort()方法是重载方法,例如 sort(int[] arr)可以将参数指定的 int 型数组 arr 按升序排序,sort(Object[] arr)可以将参数指定的 Object 型数组 arr 按升序排序。

sort()方法是双轴快速排序(Dual-Pivot Quicksort),时间复杂度是 $O(n\log n)$,空间复杂度是 $O(n)$。双轴快速排序是对传统快速排序进行优化的算法,它的运行速度更快,但时间复杂度依然是 $O(n\log n)$,空间复杂度是 $O(n)$。在例 4-4 中给出了快速排序算法,是为了体现递归算法的重要性(快速排序使用了递归算法),在实际应用中完全没有必要这样做,只需要用 Arrays 类的 sort()方法即可,从而让代码更加简练、有效。

需要注意的是,双轴快速排序不是稳定排序。稳定排序是指数组中大小一样的数据在排序后保持原始的先后顺序不变。例如两个数组元素中的值都是 m,第一个 m 的数组元素的下标小于第二个 m 的数组元素的下标,那么排序后第一个 m 所在数组元素的下标仍然小于第二个 m 所在数组元素的下标。不稳定排序只是不保证大小相同的数据的原始的先后顺序不变,并不意味着一定会改变大小相同的数据的原始的先后顺序。

在基础课中学习的起泡法是稳定排序,而选择法是不稳定排序,二者的时间复杂度都是 $O(n^2)$,空间复杂度都是 $O(n)$。需要稳定排序就使用起泡法排序或使用 4.2 节后面采用归并排序的 parallelSort()方法。例如一些人排队买票,突然有人要求大家按身高重新排队,那么原来身高相同的两个人可能不希望改变他们原始的先后顺序,因此就不能使用选择法或

Arrays 类的 sort()方法来排序。

如果是给对象排序(非基本类型数据),那么创建对象类需要实现 Comparator＜T＞泛型接口来指定对象的大小关系,否则 sort()方法将按对象的引用排序对象,这种排序往往没有什么实际意义(就像生活中很少按人的身份证排序)。

在排序时,如果想动态改变对象的大小关系,可以动态地为排序方法指定一个实现 Comparator＜T＞泛型接口的对象,即重新指定对象的大小关系。Comparator＜T＞泛型接口是一个函数接口(除了其他方法,抽象方法有且只有一个),其中唯一的抽象方法是

    int compare(T o1, T o2)

这样就可以将一个 Lambda 表达式

    (a,b)->{ … 指定 a、b 大小的有关语句}

传递给排序方法 sort(T[] arr,Comparator＜? super T＞c)的参数 c。

例 4-4 按体重快速排序。

本例中 BasicSort 类的 sortQipao(Object[] a)方法使用起泡法排序,sortChoice(Object[] a)方法使用选择法排序,二者的时间复杂度都是 $O(n^2)$,空间复杂度都是 $O(n)$。quickSort(Object[] a)方法使用快速排序方法排序,时间复杂度是 $O(n\log n)$,空间复杂度是 $O(n)$。Student 类负责创建参与排序的对象。

快速排序算法如下:

(1) 定义存储索引位置的两个变量 left 和 right,初始值分别是数组的首元素的索引和数组的最后一个元素的索引。

(2) 用 pivot 存放基准数(单轴排序的轴点),选择数组的首元素作为基准数 pivot,即"pivot=arr[left];"。

(3) 从 right 开始向左遍历,找到第一个小于或等于基准数的数,记录其位置为 posRight。

(4) 从 left 开始向右遍历,找到第一个大于或等于基准数的数,记录其位置为 posLeft。

(5) 如果 posLeft 小于 posRight,交换 arr[posRight]和 arr[posLeft]。

(6) 交换 arr[left]和 arr[posLeft]。

(7) 递归地对基准数左边和右边的元素进行快速排序,直到完成排序。

BasicSort.java

```java
public class BasicSort {
    public static void sortQipao(Object [] a){        //起泡法
        int n = a.length;
        for(int m = 0; m<n-1;m++) {
            for(int i = 0;i < n-1-m;i++){
                Student stu1 = (Student)a[i];
                Student stu2 = (Student)a[i+1];
                if(stu1.compareTo(stu2)>0){
                    Object t = a[i+1];
                    a[i+1] = a[i];
                    a[i] = t;
                }
            }
        }
    }
    public static void sortChoice(Object a[]){        //选择法
        int n = a.length;
        int minIndex = -1;
```

```java
            for(int i = 0; i < n - 1; i++) {
                minIndex = i;
                for(int j = i + 1; j <= n - 1;j++) {
                    Student stu1 = (Student)a[j];
                    Student stu2 = (Student)a[minIndex];
                    if(stu1.compareTo(stu2)< 0) {
                        minIndex = j;
                    }
                }
                if(minIndex!= i){
                    Object temp = a[i];
                    a[i] = a[minIndex];
                    a[minIndex] = temp;
                }
            }
        }
        public static void quickSort(int[] arr, int left, int right) {     //快速排序
            if (left >= right) {
                return;
            }
            int pivot = arr[left];                       //选择一个元素作为基准 pivot
            int i = left, j = right;
            int posRight = 0,posLeft = 0;
            while (i < j) {
                while (i < j && arr[j] >= pivot) {    //从右边开始找第一个小于基准 pivot 的元素
                    j--;
                }
                posRight = j;
                while (i < posRight && arr[i] <= pivot) {
                                                       //从左边开始找第一个大于基准 pivot 的元素
                    i++;
                }
                posLeft = i;
                if (posLeft < posRight) {              //交换左、右两个元素
                    int temp = arr[posLeft];
                    arr[posLeft] = arr[posRight];
                    arr[posRight] = temp;
                }
            }
            //交换 arr[left]和 arr[posLeft]
            arr[left] = arr[posLeft];
            arr[posLeft] = pivot;
            //分别对基准元素左、右两侧的元素进行递归排序
            quickSort(arr, left, posLeft - 1);
            quickSort(arr, posLeft + 1, right);
        }
    }
```

Student.java

```java
import java.util.Comparator;
public class Student implements Comparable< Student >{
    public String name;
    public int weight,                          //体重
               height;                          //身高
    public int compareTo(Student stu){
        if(this.weight - stu.weight > 0)
            return 1;
        else if(this.weight - stu.weight < 0)
            return - 1;
```

```java
            else
                return 0;
        }
    public String toString(){
        return name + "(" + weight + "," + height + ")";
    }
}
```

本例中的主类 Example4_4 分别使用 Arrays 类的 sort(Object [] a)方法和本例中定义的 BasicSort 类的方法按体重(weight)排序 Student 类的对象。需要注意是,张三和李四的体重相同,BasicSort 的选择法 sortChoice(Object [] a)是不稳定排序,改变了张三和李四原始的先后顺序,但稳定的起泡法 sortQipao(Object [] a)一定不会改变张三和李四的原始的先后顺序,Arrays 类的快速排序方法 sort(Object [] a)也是不稳定排序,但碰巧没有改变张三和李四的原始的先后顺序(这和数组的长度以及数据的分布有关),运行效果如图 4.6 所示。

```
数组：
[张三(56,176), 翠花(55,175), 李四(56,176), 宋靓(50,162), 赵明(81,167)]
按体重排序(Arrays类的sort()快速排序)：
[宋靓(50,162), 翠花(55,175), 张三(56,176), 李四(56,176), 赵明(81,167)]
选择法排序体重(BasicSort类的代码)：
[宋靓(50,162), 翠花(55,175), 李四(56,176), 张三(56,176), 赵明(81,167)]
起泡法排序体重(BasicSort类的代码)：
[宋靓(50,162), 翠花(55,175), 张三(56,176), 李四(56,176), 赵明(81,167)]
按身高排序(Arrays类的sort()快速排序)：
[宋靓(50,162), 赵明(81,167), 翠花(55,175), 张三(56,176), 李四(56,176)]
按体重快速排序(BasicSort类的快速排序代码)：
[50, 55, 56, 56, 81]
按身高快速排序(BasicSort类快速排序代码)：
[162, 167, 175, 176, 176]
```

图 4.6 快速排序、选择排序和起泡排序

Example4_4. java

```java
import java.util.Arrays;
public class Example4_4 {
    public static void main(String args[]) {
        int w[] = { 56,55,56,50,81};
        int h[] = { 176,175,176,162,167};
        Student [] stu = new Student[w.length];
        for(int i = 0;i < stu.length;i++) {
            stu[i] = new Student();
            stu[i].weight = w[i];
            stu[i].height = h[i];
        }
        stu[0].name = "张三";
        stu[1].name = "翠花";
        stu[2].name = "李四";
        stu[3].name = "宋靓";
        stu[4].name = "赵明";
        System.out.println("数组:\n" + Arrays.toString(stu));
        Student [] stuCopy = Arrays.copyOf(stu,stu.length);
        Arrays.sort(stuCopy) ;
        System.out.println("按体重排序(Arrays 类的 sort()快速排序):\n" + Arrays.toString(stuCopy));
        stuCopy = Arrays.copyOf(stu,stu.length);
        BasicSort.sortChoice(stuCopy) ;
        System.out.println("选择法排序体重(BasicSort类的代码):\n" + Arrays.toString(stuCopy));
        stuCopy = Arrays.copyOf(stu,stu.length);
        BasicSort.sortQipao(stuCopy) ;
        System.out.println("起泡法排序体重(BasicSort类的代码):\n" + Arrays.toString(stuCopy));
```

```java
        stuCopy = Arrays.copyOf(stu,stu.length);
        System.out.println("按身高排序(Arrays 类的 sort()快速排序）:");
        Arrays.sort(stuCopy,(a,b) -> { return a.height - b.height;
                                    }) ;
        System.out.println(Arrays.toString(stuCopy));
        BasicSort.quickSort(w,0,w.length-1) ;
        System.out.println("按体重快速排序(BasicSort 类的快速排序代码):\n" + Arrays.toString(w));
        BasicSort.quickSort(h,0,h.length-1) ;
        System.out.println("按身高快速排序(BasicSort 类快速排序代码):\n" + Arrays.toString(h));
    }
}
```

▶ 4.2.2 归并排序

从 Java SE 8 开始，Arrays 类增加了 parallelSort()方法，parallelSort()方法是重载方法，例如 parallelSort(int[] a)可以将参数指定的 int 型数组 a 按升序排序，parallelSort(Object[] a)可以将参数指定的 Object 型数组 a 按升序排序。

parallelSort()方法排序数组的算法是归并排序、是稳定排序，时间复杂度为 $O(n\log n)$。如果当前系统是多处理器(multiprocessor)，使用 parallelSort()方法的程序可以更快地完成对数组的排序。

在例 4-5 中给出了归并排序算法，是为了体现递归算法的重要性(归并排序使用了递归算法)，在实际应用中完全没有必要这样做，只需要用 Arrays 类的 parallelSort()方法即可，从而让代码更加简练、有效。

归并排序算法如下：

(1) 将待排序数组分成两个子数组，每个子数组通过递归进行排序。
(2) 将两个排好序的子数组合并成一个有序数组。

例 4-5 归并排序数组。

本例中 Merge 类的 mergeSort(int[] arr，int left，int right)方法是归并排序。

Merge.java

```java
public class Merge {
    public static void mergeSort(int[] arr, int left, int right) {
        if (left < right) {
            int mid = (left + right) / 2;
            mergeSort(arr, left, mid);              //对左边的子数组进行归并排序
            mergeSort(arr, mid + 1, right);         //对右边的子数组进行归并排序
            merge(arr, left, mid, right);           //将排好序的左、右子数组合并
        }
    }
    private static void merge(int[] arr, int left, int mid, int right) {
        int[] tmp = new int[arr.length];
        int i = left, j = mid + 1, k = left;
        while (i <= mid && j <= right) {
            if (arr[i] < arr[j]) {
                tmp[k++] = arr[i++];
            }
            else {
                tmp[k++] = arr[j++];
            }
        }
        while (i <= mid) {
            tmp[k++] = arr[i++];
        }
```

```
            while (j <= right) {
                tmp[k++] = arr[j++];
            }
            for (int l = left; l <= right; l++) {   //将归并后的结果赋值给原数组
                arr[l] = tmp[l];
            }
        }
    }
```

本例中的主类 Example4_5 使用 Merge 类的 mergeSort(int[] arr, int left, int right)方法排序一个整型数组,并比较了 Arrays 类的 sort()方法和 parallelSort()方法的排序速度。对长度为 1 000 000 的数组进行排序,比较 100 次二者的排序速度,发现 parallelSort()的排序速度比 sort()的排序速度快了 30.56%,运行效果如图 4.7 所示。

```
数组a:[2, 89, 3, 12, -28, 0, 88, 99, 67, 12, 2]
归并排序数组a:[-28, 0, 2, 2, 3, 12, 12, 67, 88, 89, 99]
开始比较,请稍等...
parallelSort()比sort()的速度提升了:30.56%
```

图 4.7 parallelSort()的排序速度比 sort()的排序速度快

Example4_5.java

```java
import java.util.Arrays;
import java.util.Random;
public class Example4_5 {
    public static void main(String args[]) {
        int []arr = {2,89,3,12,-28,0,88,99,67,12,2};
        System.out.println("数组 a:" + Arrays.toString(arr));
        Merge.mergeSort(arr,0,arr.length-1);
        System.out.println("归并排序数组 a:" + Arrays.toString(arr));
        Random random = new Random();
        long [] number = new long[1000000];
        for(int i = 0;i < number.length;i++) {
            number[i] = random.nextLong();              //给数组随机赋值
        }
        double [] compareSpeed = new double[100];       //存放速度的比值
        double sum = 0;                                 //存放速度比值的和
        double average = 0;                             //存放速度比值的平均值
        long [] a = null;
        System.out.println("开始比较,请稍等...");
        for(int i = 0;i < compareSpeed.length;i++){     //将排序速度比较 100 次
            a = Arrays.copyOf(number,number.length);    //复制 number 到 a
            long startTime = System.nanoTime();
            Arrays.sort(a);                 //快速排序数组 a,算法的时间复杂度是 O(n logn)
            long estimatedTime = System.nanoTime()-startTime;
            long previousResult = estimatedTime;
            a = Arrays.copyOf(number,number.length);    //复制 number 到 a
            startTime = System.nanoTime();
            Arrays.parallelSort(a);                     //快速排序数组 a,但使用了并行
            estimatedTime = System.nanoTime()-startTime;
            compareSpeed[i] = (double)estimatedTime/(double)previousResult; //速度的比值
            sum += compareSpeed[i];
        }
        average = sum/compareSpeed.length;
        String resultString = String.format("%.4f",average);     //保留 4 位小数
        double result = Double.parseDouble(resultString);
        System.out.printf("parallelSort()比 sort()的速度提升了:%.2f%% \n",(result*100));
    }
}
```

> **注意**：java.util 包中的 Collections 类提供的静态方法 sort() 采用的是归并排序算法,是稳定排序算法,时间复杂度为 $O(n\log n)$。Collections 类的使用将在第 12 章学习。

4.3 数组的二分查找

▶ 4.3.1 二分法

二分法可用于查找一个数据是否在一个升序数组中,二分法在第 2 章的例 2-9、第 3 章的例 3-6 中有所介绍。因为二分法是成熟的经典算法,所以 Java 将其作为一个方法封装在 Arrays 类中。在开发程序时可以直接使用 Arrays 类,不必再像例 2-9、例 3-6 那样去编写算法的具体代码。

Arrays 类中的 binarySearch() 方法是一个重载方法,该方法使用二分法算法查找一个数据 key 是否在升序数组 a 中,如果在该数组中,返回和 key 相等的数组元素的索引位置;如果不在该数组中,返回一个负数(不一定是 −1)。例如:

```
int binarySearch(int[ ] a,int key)
int binarySearch(char[ ] a,char key)
int binarySearch(Object[ ] a,Object key)
```

例 4-6 用二分法统计数字出现的次数。

本例中的主类 Example4_6,在循环 10 000 次的循环语句的循环体中,每次使用 Random 对象得到 1～7 的一个数字,循环结束后输出 1～7 的各个数字出现的次数,该例中使用了 Arrays 类中的 binarySearch() 方法,运行效果如图 4.8 所示。

```
循环10000次
[1, 2, 3, 4, 5, 6, 7]
各个数字出现的次数:
[1428, 1452, 1436, 1453, 1429, 1396, 1406]
次数之和sum = 10000
```

图 4.8 用二分法统计数字出现的次数

Example4_6.java

```java
import java.util.Random;
import java.util.Arrays;
public class Example4_6 {
    public static void main(String args[]) {
        int number = 7;
        int [] saveNumber = new int[number];
        for(int i = 0;i< saveNumber.length;i++){
            saveNumber[i] = i+1;          //将 1～number 存放到数组 saveNumber 中
        }
        int [] frequency = new int[number];   //存放数字出现的次数
        Random random = new Random();
        int counts = 10000;
        int i =1;
        while(i<= counts){
            int m = random.nextInt(number) + 1;
            //判断 m 是否在数组 saveNumber 中,二分法的复杂度是 O(log n),遍历的复杂度是 O(n)
            int index = Arrays.binarySearch(saveNumber,m);
            if(index >= 0)
                frequency[index]++;
            i++;
        }
        System.out.println("循环" + counts + "次");
        System.out.println(Arrays.toString(saveNumber));
        System.out.println("各个数字出现的次数:");
        System.out.println(Arrays.toString(frequency));
        int sum = 0;
```

```
            for(int item:frequency)
                sum += item;
            System.out.println("次数之和 sum = " + sum);
    }
}
```

4.3.2 过滤数组

有时想过滤数组 arr，即想去掉数组 arr 中的某些值。为了过滤数组 arr，可以用另一个数组 filer 作为过滤器，即数组 filter 中的元素值都是数组 arr 准备去掉的值。

例 4-7 中 FilterData 类的 int[] filterArray(int [] arr,int[] filter)方法返回一个数组，该数组的元素值是数组 arr 经过数组 filter 过滤后的数据。在过滤过程中，使用 binarySearch()方法判断数组中的哪些值不在 filter 中，然后通过保留不在 filter 中的值完成过滤过程。

例 4-7 过滤数组。

FilterData.java

```java
import java.util.Arrays;
public class FilterData {
    public static int[] filterArray(int [] arr,int[] filter) {
        Arrays.parallelSort(filter);
        int [] result = new int[arr.length];           //存放过滤后的数据
        int isNotInArr = (int)Double.POSITIVE_INFINITY;
        Arrays.fill(result,isNotInArr);                //批量为 result 数组赋值一个不是 arr 中的数据
        for(int i = 0,j = 0;i < arr.length;i++) {
            int index = Arrays.binarySearch(filter,arr[i]);
            if(index <= -1) {
                result[j] = arr[i];                    //arr[i]是留下的数据
                j++;
            }
        }
        int index = result.length;
        int m = 0;
        for(m = result.length - 1;m >= 0;m -- ){
            if(result[m] != isNotInArr){
                index = m;
                break;
            }
        }
        if(m >= 0){
            result = Arrays.copyOfRange(result,0,index + 1);
            return result;                             //返回过滤后的数组
        }
        else {
            return new int[0];                         //长度为 0 的数组
        }
    }
}
```

本例中的主类 Example4_7 使用 FilterData 类中的方法过滤数组，运行效果如图 4.9 所示。

```
过滤之前的数据：
[1, 2, 3, 65, 5, 78, 98, 78, -100, 4]
需要去除的数据：
[-100, 4, 78, 1, 2]
过滤后的数据：
[3, 65, 5, 98]
```

图 4.9 过滤数组

Example4_7.java

```java
import java.util.Arrays;
public class Example4_7 {
    public static void main(String args[]){
        int [] arr = {1,2,3,65,5,78,98,78,-100,4};
        int [] filter = {-100,4,78,1,2};                        //过滤器
        System.out.println("过滤之前的数据:");
        System.out.println(Arrays.toString(arr));
        System.out.println("需要去除的数据:");
        System.out.println(Arrays.toString(filter));
        int [] result = FilterData.filterArray(arr,filter);
        System.out.println("过滤后的数据:");
        System.out.println(Arrays.toString(result));
    }
}
```

4.4 数组的复制

数组属于引用型变量，两个类型相同的数组，例如数组 a 和数组 b，如果将 a 的引用赋值给 b，那么二者的元素将完全相同（见 4.1 节）。如果想得到一个数组 b，要求 b 的元素值和 a 的相同，但二者的引用不同，则需要使用复制的办法，即把数组 a 的元素值赋值到数组 b 的元素中，而不是将 a 的引用赋值给 b。

▶ 4.4.1 复制数组的方法

所谓复制（copy）数组 a，就是把数组 a 中部分或全部元素的值赋值到一个新的数组中，而不是把 a 的引用赋值给某个数组。Arrays 类提供了以下复制数组的重载方法。

- copyOf(int[] a,int newLength)：把数组 a 中从索引 0 开始的 newLength 个元素值赋值到一个新数组中，并返回新数组的引用。如果 newLength 的值大于数组 a 的长度，新数组中从 newLength 索引位置开始的元素值都是默认值。例如对于 int 型数组，默认值是 0。
- copyOfRange (int[] a,int from,int to)：把数组 a 中从索引 from 开始到索引位置 to 结束的元素值（但不包括索引位置是 to 的元素值）赋值到一个新数组中，并返回新数组的引用。用区间法表示就是把索引范围是半闭半开区间[from,to)的元素值赋值到一个新数组中，并返回新数组的引用。

例 4-8 模拟买福利彩票"双色球"。

本例中 GetRandomNumber 类的 getRandom(int number,int amount)方法返回 1～number 的 amount 个互不相同的随机数，该方法使用了 Arrays 类中的 copyOf()方法复制数组，同时使用了 Arrays 类中的 binarySearch()方法判断 Random 对象得到的随机数是否在一个数组中。

GetRandomNumber.java

```java
import java.util.Random;
import java.util.Arrays;
public class GetRandomNumber {
    //获得[1,number]中 amount 个互不相同的随机数
    public static int[] getRandom(int number,int amount) {
        if(number <= 0 || amount <= 0)
            throw new NumberFormatException("数字不是正整数");
```

```
        int [] result = new int[amount];              //存放得到的随机数
        int [] copy = Arrays.copyOf(result,result.length);
        Arrays.fill(copy, -1);                         //批量为数组赋值 -1,每个元素的值都是 -1
        Arrays.fill(result, -1);
        Random random = new Random();
        int i = 0;
        while(result[result.length-1]<0){              //随机数不够 amount 个
            int m = random.nextInt(number) + 1;        //[1,number]中的随机数
            Arrays.parallelSort(copy);                 //快速排序数组 copy
            int index = Arrays.binarySearch(copy,m);
            if(index <= -1) {                          //m 是新的随机数
                result[i] = m;
                i++;
            }
            copy = Arrays.copyOf(result,result.length);
        }
        return result;                                 //返回数组,数组的每个元素都是一个随机数
    }
}
```

本例中的主类 Example4_8 使用 GetRandomNumber 类的 getRandom(int number, int amount)方法模拟买福利彩票"双色球"。双色球的每注投注号码由 6 个红色球号码和 1 个蓝色球号码组成。6 个红色球的号码互不相同,红色球的号码是 1~33 的随机数,蓝色球的号码是 1~16 的随机数,运行效果如图 4.10 所示。

红色球:[1, 16, 14, 10, 2, 23]蓝色球:[6]
红色球:[28, 7, 6, 33, 30, 27]蓝色球:[16]
红色球:[25, 30, 12, 18, 2, 6]蓝色球:[6]

图 4.10 双色球

Example4_8.java

```
import java.util.Arrays;
public class Example4_8 {
    public static void main(String args[]) {
        for(int i = 1;i <= 3;i++){
            int [] red = GetRandomNumber.getRandom(33,6);    //双色球中的 6 个红色球
            int [] blue = GetRandomNumber.getRandom(16,1);   //双色球中的 1 个蓝色球
            System.out.print("\n红色球:" + Arrays.toString(red));
            System.out.println("蓝色球:" + Arrays.toString(blue));
        }
    }
}
```

例 4-9 围圈留一问题。

围圈留一问题是一个古老的问题(也称约瑟夫问题):若干人围成一圈,从某个人开始顺时针(或逆时针)数到第 3 个人,该人从圈中退出,然后继续顺时针(或逆时针)数到第 3 个人,该人从圈中退出,以此类推,程序输出圈中最后剩下的一个人。

围圈留一问题可以简化为旋转数组(向左或向右旋转数组),旋转数组两次即可确定退出圈的人,即此时数组首元素中的号码就是要退出圈的人。

本例中 LeaveOneAround 类的 leaveOne(int[] people)方法通过旋转数组确定数组 people 中退出圈的元素,并用 copyOfRange()方法保留剩余的元素。

LeaveOneAround.java

```
import java.util.Arrays;
public class LeaveOneAround {
    public static void leaveOne(int[] people) {
        int number = 3;
```

```
            while(people.length > 1){                      //圈中的人数超过1
                for(int count = 1;count < number;count++){  //数到第3个人,该人退出
                    rotateLeft(people);                    //向左旋转数组
                }
                System.out.printf("号码%d退出圈\n",people[0]);
                people = Arrays.copyOfRange(people,1,people.length); //得到首元素出圈后的数组
            }
            System.out.printf("最后剩下的号码是%d\n",people[0]);
        }
        public static void rotateLeft(int []a){            //向左旋转数组
            int temp = a[0];
            for(int i = 1;i <= a.length - 1;i++) {
                a[i - 1] = a[i];
            }
            a[a.length - 1] = temp;
        }
    }
```

本例中的主类 Example4_9 演示了 11 个人围圈留一，运行效果如图 4.11 所示。

Example4_9.java

```
public class Example4_9 {
    public static void main(String args[]) {
        int [] people = {1,2,3,4,5,6,7,8,9,10,11};
        LeaveOneAround.leaveOne(people);
    }
}
```

```
号码3退出圈
号码6退出圈
号码9退出圈
号码1退出圈
号码5退出圈
号码10退出圈
号码4退出圈
号码11退出圈
号码8退出圈
号码2退出圈
最后剩下的号码是7
```

图 4.11　围圈留一

▶ 4.4.2　处理重复数据

有时候需要处理数组中重复的数据，即让重复的数据只保留一个。在某些场景下，数据重复属于冗余问题。冗余可能给具体的实际问题带来危害，比如在撰写一篇文章时，用编辑器同时打开了一个文档多次，那么有时候就会引起混乱，所以应该只打开文档一次，以免再修改、保存文档时发生数据处理不一致的情况。

例 4-10　处理数组中重复的数据。

本例中 HandleRecurring 类的 handleRecurring(int []arr) 方法处理数组 arr 中重复的数据，该方法返回的数组中的数据是 arr 中去掉重复数据后的数据（重复的数据只保留一个）。

该方法使用 Arrays 类中的 copyOf() 方法将处理后的数据保存到一个数组中，使用 Arrays 类中的 binarySearch() 方法判断一个数据是否为重复的数据。

HandleRecurring.java

```
import java.util.Arrays;
public class HandleRecurring {
    public static int[] handleRecurring(int []arr) {
        int [] result = new int[arr.length];    //存放不重复的数据
        int [] copy = Arrays.copyOf(arr,arr.length);
        Arrays.parallelSort(copy);              //排序,以便使用二分法
        int isNotInArr = copy[0] - 1;
        Arrays.fill(copy,isNotInArr);           //批量为copy数组赋值一个不是arr中的数据
        Arrays.fill(result,isNotInArr);         //批量为result数组赋值一个不是arr中的数据
        for(int i = 0,j = 0;i < arr.length;i++) {
            //快速排序数组copy(不能排序result,否则会破坏result中数据的顺序)
            Arrays.parallelSort(copy);
            int index = Arrays.binarySearch(copy,arr[i]);
```

```
            if(index <= -1) {    //arr[i]是不重复的数据
                result[j] = arr[i];
                j++;
            }
            copy = Arrays.copyOf(result,result.length);
        }
        int index = result.length;
        for(int m = result.length-1;m >= 0;m--){
            if(result[m] != isNotInArr){
                index = m;
                break;
            }
        }
        result = Arrays.copyOfRange(result,0,index+1);
        return result;            //返回没有重复数据的数组
    }
}
```

本例中的主类 Example4_10 使用 HandleRecurring 类的 handleRecurring（int []arr）方法处理数组中重复的数据,运行效果如图 4.12 所示。

```
处理重复数据之前的数据:
[3, 3, 100, 89, 89, 5, 5, 6, 7, 12, 12, 90, -23, -23]
处理重复数据之后的数据:
[3, 100, 89, 5, 6, 7, 12, 90, -23]
```

图 4.12　处理重复的数据

Example4_10.java

```
import java.util.Arrays;
public class Example4_10 {
    public static void main(String args[]){
        int [] a = {3,3,100,89,89,5,5,6,7,12,12,90,-23,-23};
        System.out.println("处理重复数据之前的数据:");
        System.out.println(Arrays.toString(a));
        int [] result = HandleRecurring.handleRecurring(a);
        System.out.println("处理重复数据之后的数据:");
        System.out.println(Arrays.toString(result));
    }
}
```

4.5　数组的比较

Arrays 类中的静态方法 int compare() 和 boolean equals() 都是重载方法,用于比较两个数组,二者的区别仅是返回值的类型不同。

- int compare(int[] a, int[] b)：如果 a、b 两个数组的长度不相同,返回 a.length-b.length；如果 a、b 长度相同,并且 a、b 数组的元素依次相同,返回 0,否则返回一个负数(不一定是-1)。
- boolean equals(int[] a, int[] b)：如果 a、b 两个数组的长度不相同,返回 false；如果 a、b 长度相同,并且 a、b 数组的元素值按索引次序依次相同,返回 true,否则返回 false。
- boolean equals(int[] a, int aFromIndex, int aToIndex, int[] b, int bFromIndex, int bToIndex)：如果 aToIndex-aFromIndex 不等于 bToIndex-bFromIndex,返回 false；如果 aToIndex-aFromIndex 等于 bToIndex-bFromIndex,并且数组 a 从索引位置 aFromIndex~aToIndex(不含)和数组 b 从索引位置 bFromIndex~bToIndex(不

含)的元素相同,该方法返回 true,否则返回 false。

Arrays 类中的 hashCode()也是一个重载方法,例如 public static int hashCode(int[] arr) 返回一个整数,称为数组的 arr 的权重哈希值。如果类型相同、长度相同的两个数组的元素值相同(按索引次序依次相同),那么两个数组有相同的权重哈希值。

例 4-11 寻找单词并输出单词出现的次数。

本例中 FindWord 类的 findWord(String str,String word)方法输出 str 中出现的 word 并返回 word 出现的次数。

FindWord.java

```java
import java.util.Arrays;
public class FindWord {
    public static int findWord(String str,String word) {
        char [] a = str.toCharArray();          //将 str 的字符序列放入数组 a
        char [] b = word.toCharArray();         //将 word 的字符序列放入数组 b
        int index = 0;
        int m = b.length;                       //数组 b 的长度
        int count = 0;                          //word 出现的次数
        for(index = 0;index < a.length - m;index++){
            boolean isEqual = Arrays.equals(a,index,index + m,b,0,m);
            if(isEqual){
                count++;
                System.out.printf("%d 至 %d 找到第 %d 个 %s\n",index,index + m,count,word);
            }
        }
        return count;
    }
}
```

本例中的主类 Example4_11 输出一段英文中出现的 girl 和 girl 出现的次数,运行效果如图 4.13 所示。

```
0 至 4 找到第 1 个 girl
10 至 14 找到第 2 个 girl
42 至 46 找到第 3 个 girl
86 至 90 找到第 4 个 girl
girl:This girl is smart and virtuous. This girl reads every day.
 Many people like this girl.
中出现了 4 次 girl
```

图 4.13 寻找单词 girl 并输出 girl 出现的次数

Example4_11.java

```java
public class Example4_11 {
    public static void main(String args[]){
        String str = "girl:This girl is smart and virtuous. " +
                "This girl reads every day. Many people like this girl.";
        String word = "girl";
        int count = FindWord.findWord(str,word);
        System.out.println(str + "\n 中出现了" + count + "次" + word);
    }
}
```

4.6 公共子数组

如果数组 a 的某个子数组和数组 b 的某个子数组的长度相同(不要求两个子数组的起始索引相同),它们所包含的元素值也依次相同,则称二者有公共子数组。

例如,数组

[7,2,3,8,5,6,9,1]

和数组

[9,6,2,3,8,7,2]

有3个公共子数组

[9]　　[7 2]　　[2 3 8]

寻找公共子数组有一个简单的算法,称为向左(对偶是向右)滑动法,算法描述如下:

让长度小的数组,比如数组 b 的首单元和数组 a 的末单元对齐,即 b 的左端和 a 的右端对齐,然后进行异或运算,将运算结果存放到一个其他数组 c 中,让数组 b 以一个单元(元素)为单位向左依次移动(滑动),每移动一个单元进行异或运算,将运算结果存放到数组 c 中。数组 b 一直向左移动,直到数组 b 的尾部和数组 a 的首单元对齐。那么在左移的过程中,数组 a 和数组 b 的所有公共子数组一定会出现左对齐的情况,如图 4.14 所示。

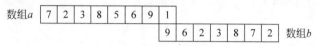

(a) 数组b的左端和数组a的右端对齐

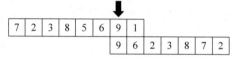

(b) 数组b向左移动出现子数组[9]对齐

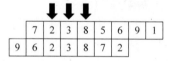

(c) 数组b向左移动出现最大子数组[2 3 8]对齐

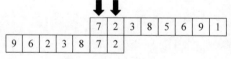

(d) 数组b向左移动出现子数组[7 2]对齐

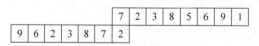

(e) 数组b的右端和数组a的左端对齐

图 4.14　向左滑动法

由异或运算的法则可知,相同的整数异或的结果是 0,那么只要根据数组 c 中连续出现的 0 的个数就可以找到一个最大的公共子数组。

例 4-12　寻找一个最大公共子数组。

本例中 FindZeroCount 类的 continueZeroMaxCount(int []a, int saveIndex[ ])方法返回数组 a 中连续出现的 0 的最大个数,并将连续 0 的结束位置存放在 saveIndex 数组中。

FindZeroCount.java

```
public class FindZeroCount {
    public static int continueZeroMaxCount(int []a,int saveIndex[]) {    //数组a中连续0的最大个数
        int count = 0;
```

```java
            int max = 0;                        //存放连续出现的0的最大个数
            for(int i = 0;i < a.length;i++) {
                if(a[i] == 0){
                    count++;
                    max = count;
                    saveIndex[0] = i;           //存放连续0的结束索引
                }
                else if(a[i]!= 0){
                    count = 0;                  //重新计数
                }
            }
            return max;
    }
}
```

本例中 MaxCommon 类的 findMaxCommon (int []a ,int []b)方法返回两个数组的一个最大公共子数组。

MaxCommon.java

```java
import java.util.Arrays;
public class MaxCommon {
    public static int [] findMaxCommon (int []a,int []b){
            if(a.length < b.length){
                int []temp = a;
                a = b;
                b = temp;
            }
            int [] a_large = new int[a.length + 2 * b.length - 2];      //用于放置数组a
            int [] b_large = new int[a.length + 2 * b.length - 2];      //用于放置数组b
            int [] xorResult = new int[a.length + 2 * b.length - 2];    //存放a_large和b_large异或的结果
            int indexEnd[] = new int[1];                //存放b_large中公共子数组的结束索引
            int max = 0;                                //最大公共子数组的长度
            int index = 0;                              //存放b_large中最大公共子数组的结束索引
            int [] saveCommon = null;                   //保存最大公共子数组
            Arrays.fill(a_large,0);
            Arrays.fill(b_large,1);
            Arrays.fill(xorResult,-1);
            int start = b.length - 1;
            for(int i = 0;i <= a.length - 1;i++){       //将数组a放入数组a_large
                a_large[i + start] = a[i];
            }
            start = b.length - 1 + a.length - 1;
            for(int i = 0;i <= b.length - 1;i++){       //将数组b放入数组b_large
                b_large[i + start] = b[i];              //b_large中b的左端和a_large中a的右端对齐
            }
            for(int i = 0;i < a_large.length;i++) {
                xorResult[i] = a_large[i]^b_large[i];   //异或运算
            }
            int m = FindZeroCount.continueZeroMaxCount(xorResult,indexEnd);
            for(int k = 1;k < a.length - 1 + b.length - 1;k++){
                rotateLeft(b_large);                    //b_large向左旋转(使得其中的b向左移动)
                for(int i = 0;i < a_large.length;i++) {
                    xorResult[i] = a_large[i]^b_large[i]; //异或运算
                }
                m = FindZeroCount.continueZeroMaxCount(xorResult,indexEnd);
                if(m >= max){
                    max = m;
                    index = indexEnd[0];
```

```java
                    saveCommon = new int[max];
                    for(int i = index - max + 1; i <= index; i++){
                        saveCommon[i - (index - max + 1)] = b_large[i];
                    }
                }
            }
            return saveCommon;
        }
        public static void rotateLeft(int []a){    //向左旋转数组(向左移动)
            int temp = a[0];
            for(int i = 1; i <= a.length - 1; i++) {
                a[i - 1] = a[i];
            }
            a[a.length - 1] = temp;
        }
}
```

本例中的主类 Example4_11 输出了两个数组的最大公共子数组,并输出了两个字符序列的一个最大公共子串,运行效果如图 4.15 所示。

```
[7, 2, 3, 8, 5, 6, 9, 6, 5, 6, 7, 8, 2]
[9, 6, 2, 3, 8, 7, 7, 2, 8, 9]
最大公共子数组:
[2, 3, 8]
 It is raining heavily. The school is off
 Our school is far from home
最大公共子串:
 school is
```

图 4.15 寻找一个最大公共子数据

Example4_12. java

```java
import java.util.Arrays;
public class Example4_12 {
    public static void main(String args[]){
        int []a = {7,2,3,8,5,6,9,6,5,6,7,8,2};
        int []b = {9,6,2,3,8,7,7,2,8,9};
        int [] common = MaxCommon.findMaxCommon(a,b);
        System.out.println(Arrays.toString(a));
        System.out.println(Arrays.toString(b) + "\n 最大公共子数组:");
        System.out.println(Arrays.toString(common));
        String str1 = "It is raining heavily. The school is off";
        String str2 = "Our school is far from home";
        char []arr1 = str1.toCharArray();
        char []arr2 = str2.toCharArray();
        int []p = new int[arr1.length];
        int []q = new int[arr2.length];
        for(int i = 0; i < p.length; i++){
            p[i] = arr1[i];
        }
        for(int i = 0; i < q.length; i++){
            q[i] = arr2[i];
        }
        System.out.println(" " + new String(arr1));
        System.out.println(" " + new String(arr2) + "\n 最大公共子串:");
        common = MaxCommon.findMaxCommon(p,q);
        for(int i = 0; i < common.length; i++){
            System.out.print((char)common[i]);
        }
    }
}
```

4.7 数组的更新

本节介绍 Arrays 类提供的对数组进行整体更新的两个方法 fill() 和 setAll()。

▶ 4.7.1 单值更新

单值更新就是将数组中所有元素的值都设置为一个值。
fill()方法是一个重载方法。

- public static void fill(int[] a, int val)：该方法将参数数组 a 的每个元素的值都设置为参数 val 指定的值。
- public static void fill(char[] a, int fromIndex, int toIndex, char val)：该方法将参数数组 a 的 fromIndex～toIndex 索引的元素(不包括 toIndex)的值都设置为参数 val 指定的值。

▶ 4.7.2 动态更新

动态更新就是可以将数组的元素值设置为一个 Lambda 表达式的返回值。
setAll()方法是一个重载方法。

- public static void setAll(double[] a, IntToDoubleFunction generator)：该方法将参数数组 a 的每个元素的值都设置为参数 generator 的计算结果。IntToDoubleFunction 是一个函数接口,其中的抽象方法的参数是 int 型,返回值是 double 型。可以将一个 Lambda 表达式传递给 generator,该 Lambda 表达式必须是一个 int 型参数,在 Lambda 表达式中必须有 return 语句,返回的值是 double 型数据。setAll()方法会使用 Lambda 表达式依次设置数组的元素的值,即 setAll()方法在使用 Lambda 表达式时向 Lambda 表达式的参数传递数组的下标索引,用 Lambda 表达式的返回值(即 Lambda 实现的抽象的方法的返回值)设置数组的元素值。
- public static void setAll(int[] a, IntUnaryOperator generator)：IntUnaryOperator 是一个函数接口,其中的抽象方法的参数是 int 型,返回值是 int 型。可以将一个 Lambda 表达式传递给 generator,该 Lambda 表达式必须是一个 int 型参数,在 Lambda 表达式中必须有 return 语句,返回的值是 int 型数据。setAll()方法会使用 Lambda 表达式依次设置数组 a 的元素的值。

例 4-13 整体更新数组的元素的值。

本例中的主类 Example4_13 使用 fill() 和 setAll() 方法整体更新数组的元素的值,运行效果如图 4.16 所示。

```
[0.0, 0.0, 0.0, 0.0, 0.0]被更新为:
[3.14, 3.14, 3.14, 3.14, 3.14]
[3.14, 3.14, 3.14, 3.14, 3.14]被更新为:
[314.0, 31400.0, 3140000.0, 3.14E8, 3.14E10]
[1, 2, 3, 4, 5, 6, 7, 8, 9, 10]被更新为:
[1, 4, 9, 16, 25, 36, 49, 64, 81, 100]
```

图 4.16 整体更新数组的元素的值

Example4_13.java

```java
import java.util.Arrays;
public class Example4_13 {
    public static void main(String args[]){
        double []area = new double[5];
        double []radius = {10,100,1000,10000,100000};
        System.out.println(Arrays.toString(area) + "被更新为:");
        Arrays.fill(area,3.14);
        System.out.println(Arrays.toString(area));
        System.out.println(Arrays.toString(area) + "被更新为:");
        Arrays.setAll(area,(i) ->{return radius[i] * radius[i] * area[i];});
        System.out.println(Arrays.toString(area));
```

```
        int []a = {1,2,3,4,5,6,7,8,9,10};
        System.out.println(Arrays.toString(a) + "被更新为:");
        Arrays.setAll(a,(i)->{return a[i] * a[i];});
        System.out.println(Arrays.toString(a));
    }
}
```

4.8 数组的前缀算法

数组 a 的前缀算法如下：

(1) i 初始化 0，进行(2)。

(2) 如果 i 的值满足结束条件，进行(3)，否则将某个运算结果赋值到数组的第 $i+1$ 个元素中(通常是 $a[i]$ 与 $a[i+1]$ 参与的运算)。$i++$，执行(2)。

(3) 结束。

Arrays 类提供了数组的前缀运算的方法 parallelPrefix()。parallelPrefix()是并行前缀计算，和 4.2 节的并行排序类似，通常对于长度较大的数组可以更快地完成前缀运算(比自己写循环要快得多)。

parallelPrefix()方法是一个重载方法。

- public static void parallelPrefix(int[] a, IntBinaryOperator op)：IntBinaryOperator 是一个函数接口，其中的抽象方法是两个 int 型参数，返回值是 int 型。可以将一个 Lambda 表达式传递给 op，该 Lambda 表达式必须是两个 int 型参数，在 Lambda 表达式中必须有 return 语句，返回的值是 int 型数据。例如：

```
IntBinaryOperator op = (i,j) ->{return i + j;};
Arrays.parallelPrefix(arr,op);
```

parallelPrefix()在执行过程中，让 i 取数组的第 i 个元素的值，j 取数组的第 $i+1$ 个元素的值，将 Lambda 表达式中 return 语句的返回值设置为数组的第 j 个元素的值，然后 i 自增，再重复前面的计算。

- public static void parallelPrefix(int[] a, int fromIndex, int toIndex, IntBinaryOperator op)：IntBinaryOperator 是一个函数接口，其中的抽象方法是两个 int 型参数，返回值是 int 型。可以将一个 Lambda 表达式传递给 op，该 Lambda 表达式必须是两个 int 型参数，在 Lambda 表达式中必须有 return 语句，返回的值是 int 型数据。例如：

```
IntBinaryOperator op = (i,j) ->{return i + j;};
Arrays.parallelPrefix(arr,op);
```

parallelPrefix()在执行过程中，让 i 从索引 fromIndex 开始到 toIndex 结束(不包括 toIndex)，i 取数组的第 i 个元素的值，j 取数组的第 $i+1$ 个元素的值，将 Lambda 表达式中 return 语句的返回值设置为数组的第 j 个元素的值，然后 i 自增，再重复前面的计算。

```
[1, 2, 3, 4, 5, 6, 7, 8, 9, 10]
前缀运算的结果是：
[1, 3, 6, 10, 15, 21, 28, 36, 45, 55]
1,2,...前10项的连续和是55
[1, 2, 3, 4, 5, 6, 7, 8]
前缀运算的结果是：
[1, 2, 6, 24, 120, 720, 5040, 40320]
6的阶乘是720
[5, 5, 5, 5, 5]
前缀运算的结果是：
[5, 55, 555, 5555, 55555]
继续前缀运算的结果是：
[5, 60, 615, 6170, 61725]
5+55+555...前3项之和是615
```

图 4.17 数组的前缀运算

例 4-14 数组的前缀运算。

本例中的主类 Example4_14 使用 parallelPrefix()方法计算了一些数的连续和以及阶乘，运行效果如图 4.17 所示。

Example4_14.java

```java
import java.util.Arrays;
public class Example4_14 {
    public static void main(String args[]) {
        int []a = {1,2,3,4,5,6,7,8,9,10};
        long []b = {1,2,3,4,5,6,7,8};
        long []c = {5,5,5,5,5};
        System.out.println(Arrays.toString(a));
        Arrays.parallelPrefix(a,(i,j) ->{return i+j;});
        System.out.println("前缀运算的结果是:");
        System.out.println(Arrays.toString(a));
        System.out.printf("1,2,...前%d项的连续和是%d\n",10,a[9]);
        System.out.println(Arrays.toString(b));
        Arrays.parallelPrefix(b,(i,j) ->{return i*j;});
        System.out.println("前缀运算的结果是:");
        System.out.println(Arrays.toString(b));
        System.out.printf("%d的阶乘是%d\n",6,b[5]);
        System.out.println(Arrays.toString(c));
        Arrays.parallelPrefix(c,(i,j) ->{return 10*i+j;});
        System.out.println("前缀运算的结果是:");
        System.out.println(Arrays.toString(c));
        System.out.println("继续前缀运算的结果是:");
        Arrays.parallelPrefix(c,(i,j) ->{return i+j;});
        System.out.println(Arrays.toString(c));
        System.out.printf("5+55+555...前%d项之和是%d\n",3,c[2]);
    }
}
```

4.9 动态遍历

一个遍历数组的方法(算法)在遍历数组时让数组的每个元素参与某种运算,并输出运算后的结果,称这样的遍历方法为动态遍历方法。

▶ 4.9.1 动态方法

Arrays 类提供了遍历数组的动态方法 forEachRemaining() 和 tryAdvance(),在使用这样的方法时,可以将一个算法传递给该方法。这里以 int 型数组 a 说明其使用。

首先将数组 a 的全部元素或部分元素封装到 Spliterator.OfInt(Spliterator 的一个静态内部类)对象中,例如将数组 a 的全部元素封装到 Spliterator.OfInt 对象中:

```
Spliterator.OfInt sInt = Arrays.spliterator(a);
```

将数组的部分元素(从索引位置 from 到 to 的元素,不含 to 索引位置上的元素)封装到 Spliterator.OfInt 对象中:

```
Spliterator.OfInt sInt = Arrays.spliterator(a,from,to);
```

注意:如果是 double 型数组,则封装到 Spliterator.OfDouble 对象中。

其次 Spliterator.OfInt 对象调用 void forEachRemaining(IntConsumer consumer)方法遍历 Spliterator.OfInt 对象中封装的数组元素。该方法的参数 IntConsumer 是一个函数接口,该接口中的抽象方法的参数是 int 型,返回类型是 void 型。在调用 forEachRemaining(IntConsumer consumer)方法时可以将一个 Lambda 表达式传递给 consumer,该 Lambda 表

达式必须是一个 int 型参数,不需要 return 语句(如果有 return 语句,不允许返回任何值)。例如,可以将下列 Lambda 表达式:

```
(value)->{ System.out.println(value);}
```

传递给 consumer,forEachRemaining(IntConsumer consumer)方法在执行过程中将使用这个 Lambda 表达式,让 Lambda 表达式的参数 value 依次取 Spliterator.OfInt 对象中封装的数组元素。forEachRemaining()执行完毕后将删除 Spliterator.OfInt 对象中封装的数组元素,即将 Spliterator.OfInt 对象清空。

Spliterator.OfInt 对象调用 boolean tryAdvance(IntConsumer consumer)方法遍历封装的数组元素,和 forEachRemaining(IntConsumer consumer)方法的区别是,前者只输出 Spliterator.OfInt 对象中封装的数组元素中的一个,如果 Spliterator.OfInt 中有数组元素,该方法返回 true,同时从 Spliterator.OfInt 中删除自己输出的数组元素;如果 Spliterator.OfInt 中没有数组元素,该方法返回 false。

```
商品原价列表:
[1.5, 3.7, 89.5, 346.85]
打折0.900000后的价格表:
 1.35 3.33 80.55 312.165
sDouble中还有元素吗?false
打折0.850000后的价格表:
 1.275 3.145 76.075 294.8225
```

图 4.18 动态遍历数组

例 4-15 动态遍历数组。

本例中的主类 Example4_15 使用 forEachRemaining()方法或 tryAdvance()方法遍历数组时输出数组元素参与运算的值,运行效果如图 4.18 所示。

Example4_15.java

```java
import java.util.Arrays;
import java.util.Spliterator;
import java.util.function.DoubleConsumer;
public class Example4_15 {
    public static void main(String args[]) {
        double arrPrice [] = {1.5,3.7,89.5,346.85};       //商品的原价
        System.out.println("商品原价列表:\n" + Arrays.toString(arrPrice));
        final double discount = 0.9;                       //折扣,打折
        Spliterator.OfDouble sDouble = Arrays.spliterator(arrPrice);
        DoubleConsumer consumer = (elementValue) ->{
                    System.out.print(" " + elementValue * discount);};
        System.out.printf("打折%f后的价格表:\n",discount);
        sDouble.forEachRemaining(consumer);
        System.out.println("\nsDouble 中还有元素吗?" + sDouble.tryAdvance(consumer));
        sDouble = Arrays.spliterator(arrPrice);
        final double discountTwo = 0.85;                   //折扣,打折
        consumer = (elementValue) ->{
                    System.out.print(" " + elementValue * discountTwo);};
        System.out.printf("打折%f后的价格表:\n",discountTwo);
        while(sDouble.tryAdvance(consumer)){
        }
    }
}
```

▶ 4.9.2 编写动态方法

用户也可以自己编写简单的遍历数组的动态方法,方法的参数是一个函数接口即可。

例 4-16 自定义方法动态遍历数组。

本例中的 Com 接口有一个抽象方法 compute(),它是一个函数接口(除了其他方法以外,有且只有一个抽象方法的接口是函数接口)。Com 接口中 outPut()方法的参数是一个函数接口,因此可以向该参数传递 Lambda 表达式。

Com. java

```java
public interface Com {                          //函数接口
    public abstract void compute(int v);        //有且只有一个抽象方法
    public static void outPut(int []a,Com com){
        for(int i = 0;i < a.length;i++){
            com.compute(a[i]);
        }
        System.out.println();
    }
}
```

本例中的主类 Example4_16 使用自定义的方法动态遍历数组，运行效果如图 4.19 所示。

```
1 2 3 4 6 7 8 9 10
1 4 9 16 36 49 64 81 100
1 8 27 64 216 343 512 729 1000
-1 -2 -3 -4 -6 -7 -8 -9 -10
1.00 1.41 1.73 2.00 2.45 2.65 2.83 3.00 3.16
```

图 4.19 自定义方法动态遍历数组

Example4_16. java

```java
public class Example4_16 {
    public static void main(String args[]) {
        int [ ] a = {1,2,3,4,6,7,8,9,10};
        Com.outPut(a,(v) ->{System.out.print(v+" ");});
        Com.outPut(a,(v) ->{System.out.print(v*v+" ");});
        Com.outPut(a,(v) ->{System.out.print(v*v*v+" ");});
        Com.outPut(a,(v) ->{System.out.print(-v+" ");});
        Com.outPut(a,(v) ->{  double d = Math.sqrt(v);
                              String s = String.format("%.2f",d);
                              System.out.print(s+" ");});
    }
}
```

▶ 4.9.3 多线程遍历

可以用多线程遍历数组。在使用多线程之前，需要将封装数组元素的 Spliterator 进行拆分，分解成几部分，每一部分称为 Spliterator 的一个分区，然后让一个线程负责遍历一个分区。

Spliterator 对象可以调用 Spliterator<T> trySplit()方法将自己一拆为二，即 trySplit()方法从当前 Spliterator 对象中分离出一半的数组元素构成一个新的 Spliterator 对象(当前 Spliterator 对象中的数组元素减少一半)，并返回这个新的 Spliterator 对象(对于数组，按索引顺序分离出后一半元素值)。

Spliterator 对象可以调用 long estimateSize()方法返回自己的大小，即所封装的数组的元素个数(不是非常精准)。如果 Spliterator 对象不断地递归使用 trySplit()方法，那么就会导致 trySplit()方法返回的 Spliterator 对象的大小为 0，即不再含有数组的元素。

将封装数组元素的 Spliterator 对象的多个分区交给多个线程，每个线程负责一个分区的遍历。对于较大的数组，将对应的 Spliterator 进行分区。使用多线程可以加快遍历数组的速度。

例 4-17 多线程动态遍历数组。

本例中用 3 个线程(名字分别是"赵""钱"和"孙"的线程)遍历数组的 Spliterator 对象的 3 个分区，运行效果如图 4.20 所示。

```
分区1的大小:25
分区2的大小:13
分区3的大小:12
1(孙),2(孙),3(孙),4(孙),5(孙),13(钱),6(孙),7(孙),8(孙),9(孙),10(孙),14(
钱),11(孙),26(赵),27(赵),28(赵),29(赵),30(赵),12(孙),15(钱),31(赵),16(
32(赵),17(钱),33(赵),18(钱),34(赵),19(钱),35(赵),20(钱),21(钱),36(
赵),22(钱),23(钱),37(赵),24(钱),38(赵),25(钱),39(赵),40(赵),41(赵),42(
赵),43(赵),44(赵),45(赵),46(赵),47(赵),48(赵),49(赵),50(赵),
```

图 4.20 多线程动态遍历数组

Example4_17.java

```java
import java.util.Arrays;
import java.util.Spliterator;
public class Example4_17 {
    public static void main(String args[]) {
        int [] a = new int[50];
        Arrays.setAll(a,(i) ->{return i + 1;});
        Spliterator.OfInt spliterator1 = Arrays.spliterator(a);
        Spliterator.OfInt spliterator11 = spliterator1.trySplit();
        Spliterator.OfInt spliterator111 = spliterator11.trySplit();
        System.out.println("分区 1 的大小:" + spliterator1.estimateSize());
        System.out.println("分区 2 的大小:" + spliterator11.estimateSize());
        System.out.println("分区 3 的大小:" + spliterator111.estimateSize());
        Target target1 = new Target(spliterator1);
        Target target2 = new Target(spliterator11);
        Target target3 = new Target(spliterator111);
        Thread t1 = new Thread(target1);
        Thread t2 = new Thread(target2);
        Thread t3 = new Thread(target3);
        t1.setName("赵");
        t2.setName("钱");
        t3.setName("孙");
        t1.start();
        t2.start();
        t3.start();
    }
}
class Target implements Runnable {
    Spliterator.OfInt spliterator;
    Target(Spliterator.OfInt spliterator){
        this.spliterator = spliterator;
    }
    public void run(){
        String s = Thread.currentThread().getName();
        spliterator.forEachRemaining((int v) ->{System.out.print(v + "(" + s + "),");});
    }
}
```

4.10 数组与洗牌

  n 个数的不重复全排列有 $n!$ 种可能,对 n 张牌进行洗牌后得到的结果是 $n!$ 种排列中的某一个,不仅要使每张牌都不在最初的位置上(对于非单张牌),而且每张牌出现在其他每个位置上的概率也是相同的,这正是洗牌算法的关键之处(在生活中,洗牌手在洗牌过程中移动了所有的牌,使得用户相信他的洗牌)。

  Fisher-Yates 洗牌算法就是满足这样要求的洗牌算法,时间复杂度是 $O(n)$。

  这里以长度为 n 的数组 card 为例,数组的元素的索引下标从 0 开始(注意算法中的数字和数据结构中元素的索引有关)。

Fisher-Yates 洗牌算法如下:

(1) 变量 i 的初始值为 $n-1$,如果 i 的值大于 0,进行(2),否则进行(4)。

(2) 得到一个 0(索引的起始位置)$\sim i$ 的随机数 m(不包括 i),然后进行(3)。

(3) 交换 $card[i]$ 和 $card[m]$ 的值,然后 i--,此时如果 i 大于 0,进行(2),否则进行(4)。

(4) 结束。

例如:

对于数组

int [ ] card = {0, 1, 2, 3, 4, 5, 7};

洗牌前:

[0, 1, 2, 3, 4, 5, 7]

$i=6$,假设随机数 $m=3$,交换 $a[3]$ 和 $a[6]$:

[0, 1, 2, 7, 4, 5, 3]

$i=5$,假设随机数 $m=2$,交换 $a[2]$ 和 $a[5]$:

[0, 1, 5, 7, 4, 2, 3]

$i=4$,假设随机数 $m=2$,交换 $a[2]$ 和 $a[4]$:

[0, 1, 4, 7, 5, 2, 3]

$i=3$,假设随机数 $m=2$,交换 $a[2]$ 和 $a[3]$:

[0, 1, 7, 4, 5, 2, 3]

$i=2$,假设随机数 $m=0$,交换 $a[0]$ 和 $a[2]$:

[7, 1, 0, 4, 5, 2, 3]

$i=1$,假设随机数 $m=0$,交换 $a[0]$ 和 $a[1]$:

[1, 7, 0, 4, 5, 2, 3]

$i=0$,结束。

洗牌后:

[1, 7, 0, 4, 5, 2, 3]

例 4-18　Fisher-Yates 洗牌算法。

本例中 ShuffleCard 类的 int[] shuffle(int [] card) 是 Fisher-Yates 洗牌算法,该方法返回的数组是洗牌后的结果。

ShuffleCard.java

```java
import java.util.Random;
public class ShuffleCard {
    public static int[] shuffle(int [] card) {           //Fisher-Yates 洗牌算法
        Random random = new Random();
        for(int i = card.length - 1; i > 0; i -- ) {
            int m = random.nextInt(i);                   //得到一个 0~i(不包括 i)的随机数 m
            int temp =  card[i];
            card[i] =  card[m];
            card[m] =  temp;                             //交换 card[i]和 card[m]的值
        }
        return card;
    }
}
```

本例中的主类 Example4_18 演示了 ShuffleCard 类中的洗牌算法，运行效果如图 4.21 所示。

```
原牌：
[1, 2, 3, 4, 5, 6, 7, 8, 9, 10]
第1次洗牌：
[7, 1, 5, 6, 2, 3, 8, 10, 4, 9]
第2次洗牌：
[8, 5, 2, 10, 3, 6, 4, 9, 1, 7]
7726172次洗牌后回到原牌（每次运行，次数不一定相同）：
[1, 2, 3, 4, 5, 6, 7, 8, 9, 10]
```

图 4.21　Fisher-Yates 洗牌算法

Example4_18.java

```java
import java.util.Arrays;
public class Example4_18 {
    public static void main(String args[]) {
        int count = 0;
        int []card = {1,2,3,4,5,6,7,8,9,10};
        System.out.println("原牌:\n" + Arrays.toString(card));
        int [] copyCard = Arrays.copyOf(card,card.length);
        card = ShuffleCard.shuffle(card);
        count++;
        System.out.printf("第%d次洗牌:\n",count);
        System.out.println(Arrays.toString(card));
        card = ShuffleCard.shuffle(card);
        count++;
        System.out.printf("第%d次洗牌:\n",count);
        System.out.println(Arrays.toString(card));
        while(true) {
            if(Arrays.equals(card,copyCard)){
                System.out.println(count +
                "次洗牌后回到原牌(每次运行,次数不一定相同):");
                System.out.println(Arrays.toString(card));
                break;
            }
            card = ShuffleCard.shuffle(card);
            count++;
        }
    }
}
```

4.11　数组与生命游戏

生命游戏属于二维细胞自动机的一种，是英国数学家 John Horton Conway（约翰·何顿·康威）在 1970 年发明的一种特殊二维细胞自动机。它将二维平面上的每一个格子看成一个细胞生命体，每个细胞生命体都有"生"和"死"两种状态，每一个细胞的旁边都有邻居细胞存在，例如把 3×3 的 9 个格子构成的正方形看成一个基本单位，那么这个正方形中心的细胞的邻居就是它旁边的 8 个细胞（最多 8 个）。

一个细胞的下一代的生死状态变化遵循下面的生命游戏算法（如图 4.22 所示）：

（1）细胞的周围有 3 个细胞为生，下一代该细胞为生（当前细胞若原先为死，则转为生，若原先为生，则保持不变）。

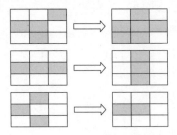

图 4.22　生命游戏规则

（2）细胞的周围有两个细胞为生，下一代该细胞的生死状态保持不变。

(3) 细胞的周围是其他情况,下一代该细胞为死(即该细胞若原先为生,则转为死,若原先为死,则保持不变)。

对于二维有限细胞空间(有限的格子(细胞)数目),从某个初始状态开始,经过一定时间运行后,细胞空间可能趋于一个空间平稳的构形,称为进入平稳状态,即每一个细胞处于固定状态,不随时间的变化而变化,但是有时也会进入一个周期状态,即在几个状态中周而复始。

例 4-19 生命游戏。

本例中的 AggregateOperation 类定义了一些关于二维数组的方法,以便 LifeGame 类调用使用,使得 LifeGame 类的代码更加简练,提高可读性。主类 Example4_19 使用 LifeGame 类输出了生命游戏中生命状态的变化,运行效果如图 4.23 所示。

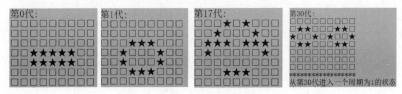

图 4.23 生命游戏

Example4_19.java

```java
import java.util.Arrays;
import java.util.TreeMap;
public class Example4_19 {
    public static void main(String args[]) {
        int [][]life = {{0,0,0,0,0,0,0,0,0},
                        {0,0,0,0,0,0,0,0,0},
                        {0,0,0,0,0,0,0,0,0},
                        {0,0,1,1,1,1,1,0,0},
                        {0,0,1,1,1,1,1,0,0},
                        {0,0,0,0,0,0,0,0,0},
                        {0,0,0,0,0,0,0,0,0}};   //生命的初始状态为第0代
        TreeMap<Integer,int[][]> map = new TreeMap<Integer,int[][]>();
        int period = 1;                          //周期稳定时的周期
        int iteration = 1;                       //生命状态进入稳定时的次数
        int key = 0;                             //找到每代生命状态的关键字
        map.put(key,AggregateOperation.copyOf(life));
        boolean isSame = false;
        while(isSame == false){
            System.out.println("第" + key + "代:");
            AggregateOperation.outPut(life);
            life = LifeGame.nextLifeState(life);
            for(int i = 0;i < map.size();i++){
                if(AggregateOperation.equals(life,map.get(i))){
                    iteration = i;
                    period = map.size() - i;     //周期值
                    isSame = true;
                    break;
                }
            }
            key++;
            map.put(key,AggregateOperation.copyOf(life));
        }
        System.out.printf("从第%d代进入一个周期为%d的状态:\n",iteration,period);
        System.out.printf("输出一个周期:\n",period);
        life = map.get(iteration);
        for(int m = 1;m <= period;m++){
            try{
```

```java
                    AggregateOperation.outPut(life);
                    Thread.sleep(1000);
                }
                catch(Exception exp){}
                life = LifeGame.nextLifeState(life);
            }
        }
    }
```

LifeGame.java

```java
public class LifeGame {
    public static int[][] nextLifeState(int [][]life) {        //返回生命life的下一代
        int m = life.length;
        int n = life[0].length;
        int [][]copy = AggregateOperation.copyOf(life);
        int liveCellsCounts = 0;
        for(int i = 0;i < m;i++) {
            for(int j = 0;j < n;j++){
                liveCellsCounts = 0;
                //检查cells[i][j]周围生(活的)的细胞个数
                if(i < m - 1) {
                    if(copy[i + 1][j] == 1)                    //检查当前细胞的下方
                        liveCellsCounts++;
                }
                if(i >= 1) {
                    if(copy[i - 1][j] == 1)                    //检查当前细胞的上方
                        liveCellsCounts++;
                }
                if(j < n - 1) {
                    if(copy[i][j + 1] == 1)                    //检查当前细胞的右方
                        liveCellsCounts++;
                }
                if(j >= 1) {
                    if(copy[i][j - 1] == 1)                    //检查当前细胞的左方
                        liveCellsCounts++;
                }
                if(i < m - 1&&j < n - 1){
                    if(copy[i + 1][j + 1] == 1)                //检查当前细胞的右下方
                        liveCellsCounts++;
                }
                if(i < m - 1&&j >= 1){
                    if(copy[i + 1][j - 1] == 1)                //检查当前细胞的左下方
                        liveCellsCounts++;
                }
                if(i >= 1&&j >= 1){
                    if(copy[i - 1][j - 1] == 1)                //检查当前细胞的左上方
                        liveCellsCounts++;
                }
                if(i >= 1&&j < n - 1){
                    if(copy[i - 1][j + 1] == 1)                //检查当前细胞的右上方
                        liveCellsCounts++;
                }
                if(liveCellsCounts == 3){
                    life[i][j] = 1;                            //生
                }
                else if(liveCellsCounts == 2){
                                                               //保持不变
                }
                else {
                    life[i][j] = 0;                            //死
                }
```

```
            }
        }
        return life;            //返回生命的下一代状态
    }
}
```

AggregateOperation.java

```
import java.util.Arrays;
public class AggregateOperation {                          //和二维数组相关的一组操作
    public static boolean equals(int[][]a,int[][]b){       //判断二维数组是否相同
        boolean isSame = true;
        if(a.length!= b.length){
            return false;
        }
        int i = 0;
        for(i = 0;i < a.length;i++){
            if(!Arrays.equals(a[i],b[i])){
                break;
            }
        }
        if(i < a.length){
            isSame = false;
        }
        return isSame;
    }
    public static int[][] copyOf(int[][]a){                //复制二维数组
        int [][]copy = new int[a.length][a[0].length];
        for(int i = 0;i < a.length;i++){
            copy[i] = Arrays.copyOf(a[i],a[i].length);
        }
        return copy;
    }
    public static void outPut(int[][]a){                   //输出二维数组
        for(int i = 0;i < a.length;i++){
            for(int j = 0;j < a[0].length;j++){
                if(a[i][j] == 1)
                    System.out.print("★");
                else
                    System.out.print("□");
            }
            System.out.println();
        }
        for(int i = 0;i < a[0].length;i++){
            System.out.print(" * *");
        }
        System.out.println();
    }
}
```

习题 4

扫一扫

习题

扫一扫

自测题

第 5 章 链表与LinkedList类

本章主要内容
- 链表的特点；
- 创建链表；
- 查询与相等；
- 添加节点；
- 删除节点；
- 更新节点；
- 链表的视图；
- 链表的排序；
- 遍历链表；
- 链表与数组；
- 不可变链表；
- 编写简单的类创建链表。

如果需要处理一些类型相同的数据，人们习惯使用数组这种数据结构，但数组在使用之前必须定义其元素的个数，即数组的大小，而且不能再改变数组的大小，因为改变数组的大小就意味着放弃原有的全部元素。有时可能给数组分配了太多的单元而浪费了宝贵的内存空间，而且程序运行时需要处理的数据可能多于数组的单元，当需要动态地减少或增加数据项时可以使用链表这种数据结构。

5.1 链表的特点

链表是由若干节点组成的，这些节点形成的逻辑结构是线性结构，节点的存储结构是链式存储，即节点的物理地址不必是依次相邻的。对于单链表，每个节点含有一个数据，并含有下一个节点的引用。对于双链表，每个节点含有一个数据，并含有上一个节点的引用和下一个节点的引用(Java 实现的是双链表)，图 5.1 所示的是有 5 个节点的双链表(省略了上一个节点的引用箭头)。注意，链表的节点的序号是从 0 开始的，每个节点的序号等于它前面的节点的个数。

链表中节点的物理地址不必是相邻的，因此链表的优点是不需要占用一块连续的内存存储空间。

1. 删除头、尾节点的时间复杂度 $O(1)$

在双链表中始终保存着头、尾节点的地址，因此删除头、尾节点的时间复杂度是 $O(1)$。

在删除头或尾节点后，新链表中节点的序号按新的链表长度从 0 开始排列。

例如，要删除如图 5.1 所示的链表的头节点(大象节点)，根据双链表保存的头节点的地址找到头节点，然后找到头节点的下一个节点(狮子节点)，将该节点中存储的上一个节点设置成 null，即该节点(狮子节点)变成头节点。删除头节点后的链表如图 5.2 所示。

第 5 章 链表与LinkedList类

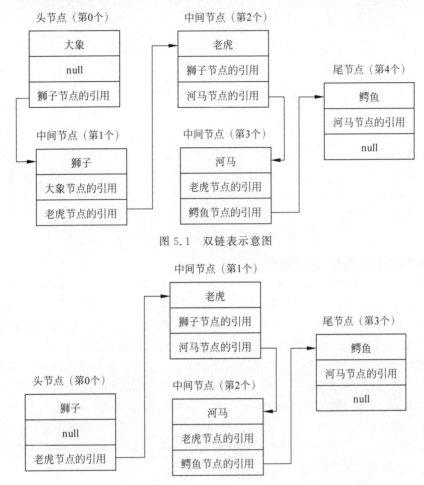

图 5.1　双链表示意图

图 5.2　删除头节点(大象节点)后的链表

2. 查询头、尾节点的时间复杂度 $O(1)$

在双链表中始终保存着头、尾节点的地址,因此查询头、尾节点的时间复杂度是 $O(1)$。

3. 添加头、尾节点的时间复杂度 $O(1)$

在双链表中始终保存着头、尾节点的地址,因此添加头、尾节点的时间复杂度是 $O(1)$。

在添加头或尾节点后,新链表中节点的序号按新的链表长度从 0 开始重新排列。

例如,要给如图 5.1 所示的链表添加新的尾节点(企鹅节点),根据双链表保存的尾节点的地址找到尾节点(鳄鱼节点),将这个尾节点中下一个节点的引用设置成新添加的节点(企鹅节点)的引用,将添加的新节点(企鹅节点)中的上一个节点的引用设置成鳄鱼节点的引用,将添加的新节点(企鹅节点)中的下一个节点的引用设置成 null,即让新添加的节点成为尾节点。添加新尾节点后的链表如图 5.3 所示。

4. 查询中间节点的时间复杂度 $O(n)$

链表中节点的物理地址不是相邻的,节点通过互相保存引用链接在一起。对于双链表,如果节点的索引 i 小于或等于链表的长度 n 的一半,那么就从头节点开始,根据每个节点中的下一个节点的引用依次向后查找节点,并通过计数的方法查找到第 i 个节点,如果节点的索引 i 大于链表的长度 n 的一半,那么就从尾节点开始,根据每个节点中上一个节点的引用依次向前查找节点,并通过倒计数的方法查找到第 i 个节点。查询中间节点的平均时间复杂度是 $O(n)$,一般就认为时间复杂度是 $O(n)$。

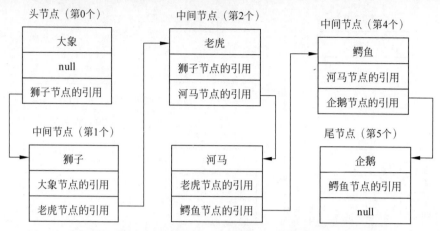

图 5.3 添加尾节点（企鹅节点）后的链表

5. 删除中间节点的时间复杂度 $O(n)$

查找到第 i 个节点，然后删除该节点：将第 $i-1$ 个节点中下一个节点的引用设置成第 $i+1$ 个节点的引用，将第 $i+1$ 个节点中上一个节点的引用设置成第 $i-1$ 个节点的引用。由于链表查询中间节点的平均时间复杂度是 $O(n)$，所以删除中间节点的时间复杂度是 $O(n)$。

在删除节点后，新链表中节点的序号按新的链表长度从 0 开始排列。

例如，要在如图 5.1 所示的链表中删除第 2 个节点（老虎节点），那么就要从头节点（大象节点）找到第 1 个节点（狮子节点），计数为 1，然后从狮子节点找到第 2 个节点（老虎节点），计数为 2，再将第 1 个节点（狮子节点）中的下一个节点的引用改成第 3 个节点（河马节点）的引用，将第 3 个节点（河马节点）中的上一个节点的引用改成第 1 个节点（狮子节点）的引用，至此完成了删除第 2 个节点（老虎节点）的操作。删除第 2 个节点（老虎节点）后的链表如图 5.4 所示。

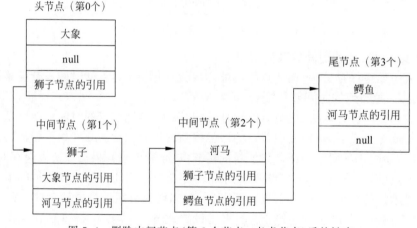

图 5.4 删除中间节点（第 2 个节点：老虎节点）后的链表

6. 插入中间节点的时间复杂度 $O(n)$

如果要在链表中插入新的第 i 个节点（i 大于 0 小于链表的长度），首先要找到第 i 个节点，然后在第 i 个节点的前面插入新的第 i 个节点：将第 $i-1$ 个节点中的下一个节点设置成新的第 i 个节点的引用，将新的第 i 个节点中的上一个节点的引用设置成第 $i-1$ 个节点的引用，下一个节点设置成原第 i 个节点的引用，原第 i 个节点中的上一个节点设置成新的第 i 个节点的引用。由于链表查询中间节点的平均时间复杂度是 $O(n)$，所以插入中间节点的时间复杂度是 $O(n)$。

在插入新节点后,新链表中节点的序号按新的链表长度从 0 开始排列。

例如,要在如图 5.1 所示的链表中插入新的第 2 个节点(羚羊节点),就要从头节点(大象节点)找到第 1 个节点(狮子节点),计数为 1,然后从狮子节点找到原第 2 个节点(老虎节点),计数为 2,再将第 1 个节点(狮子节点)中的下一个节点的引用改成新的第 2 个节点(羚羊节点)的引用,将新的第 2 个节点(羚羊节点)中的上一个节点的引用设置为第 1 个节点(狮子节点),将原第 2 个节点(老虎节点)中的上一个节点的引用设置为新的第 2 个节点(羚羊节点)的引用,插入新的第 2 个节点(羚羊节点)后的链表如图 5.5 所示。

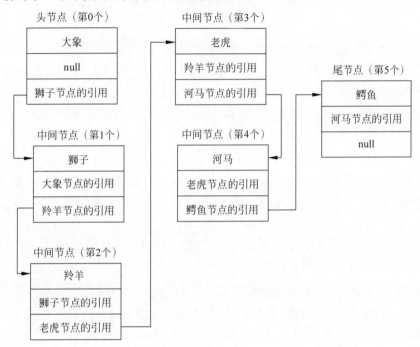

图 5.5　插入中间节点(第 2 个节点:羚羊节点)后的链表

5.2　创建链表

链表由 Java 集合框架(Java Collections Framework,JCF)中的 LinkedList＜E＞泛型类所实现。Java 集合框架中的类和接口在 java.util 包中,主要的接口有 Collection、Map、Set、List、Queue、SortedSet 和 SortedMap,其中 List、Queue、Set 是 Collection 的子接口,SortedSet 是 Set 的子接口,SortedMap 是 Map 的子接口,如图 5.6 所示。

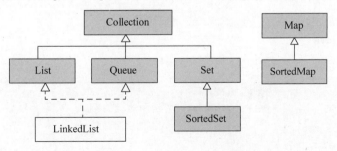

图 5.6　LinkedList 实现了 List 和 Queue 接口

LinkedList<E>泛型类实现了 Java 集合框架中的 List 和 Queue 泛型接口。LinkedList<E>泛型类继承了 List 和 Queue 泛型接口中的 default 关键字修饰的方法(去掉了该关键字),实现了 List 和 Queue 泛型接口中的抽象方法。

创建一个空链表,在使用 LinkedList<E>泛型类声明链表时必须要指定 E 的具体类型,类型是类或接口类型(不可以是基本类型,例如 int、float、char 等),即指定链表中节点里的对象的类型。例如,指定 E 是 String 类型:

```
LinkedList<String> listOne = new LinkedList<>();
```

或

```
LinkedList<String> listOne = new LinkedList<String>();
```

然后链表 listOne 就可以使用 add(E obj)方法依次添加节点,链表 listOne 在使用 add(E obj)方法添加节点时指定的节点中的对象是 String 对象,例如:

```
listOne.add("大象");
listOne.add("狮子");
listOne.add("老虎");
listOne.add("河马");
```

这时链表 listOne 就有了 4 个节点,节点中的数据都是 String 类型的对象,链表中的节点是自动链接在一起的,不需要做链接,也就是说不需要安排节点中所存放的下一个或上一个节点的引用。

链表使用 size()方法返回链表中节点的数目,如果链表中没有节点,size()方法返回 0。

当然也可以用其他链表,例如用链表 listOne 中的节点创建一个新的链表 listTwo:

```
LinkedList<String> listTwo = new LinkedList<>(listOne);
```

链表 listTwo 的节点中的数据和 listOne 的相同。如果链表 listTwo 修改了节点中的数据,不会影响 listOne 节点中的数据,同样,如果链表 listOne 修改了节点中的数据,也不会影响 listTwo 节点中的数据。

注意:链表的节点类型是 LinkedList 的内部类(Node),用户不能直接使用这个内部类,当链表使用 add(E obj)方法时,链表会自动用 Node 创建节点,并将数据 obj 放在节点中。

```
链表listOne节点中的数据:
[大象, 狮子, 老虎, 河马]
链表listTwo节点中的数据:
[大象, 狮子, 老虎, 河马, 鳄鱼, 企鹅]
链表listTwo修改了节点中的数据.
链表listTwo节点中的数据:
[elephant, lion, tiger, hippo, 鳄鱼, 企鹅]
链表listOne节点中的数据:
[大象, 狮子, 老虎, 河马]
```

图 5.7 创建链表

例 5-1 创建链表。

本例中的主类 Example5_1 首先创建一个空链表 listOne,然后向空链表 listOne 添加 4 个节点,再用 listOne 创建链表 listTwo,修改 listTwo 节点中的数据并不影响 listOne 节点中的数据,运行效果如图 5.7 所示。

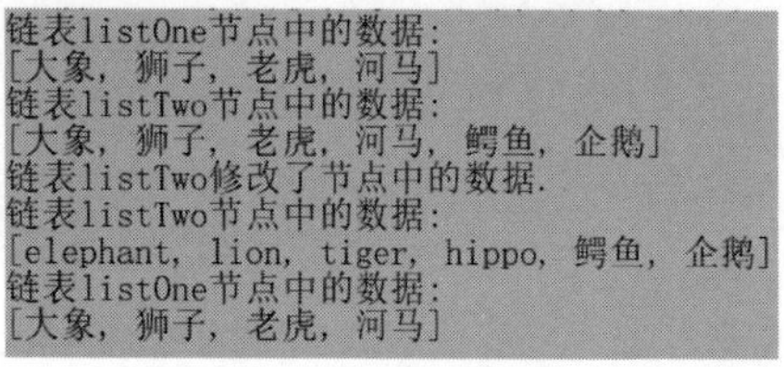

Example5_1.java

```java
import java.util.LinkedList;
public class Example5_1 {
    public static void main(String args[]) {
        LinkedList<String> listOne = new LinkedList<>();
        listOne.add("大象");
        listOne.add("狮子");
        listOne.add("老虎");
        listOne.add("河马");
        System.out.println("链表 listOne 节点中的数据:\n" + listOne);
```

第 5 章　链表与LinkedList类

```
            LinkedList<String> listTwo = new LinkedList<>(listOne);
            listTwo.add("鳄鱼");
            listTwo.add("企鹅");
            System.out.println("链表 listTwo 节点中的数据:\n" + listTwo);
            System.out.println("链表 listTwo 修改了节点中的数据.");
            listTwo.set(0,"elephant");
            listTwo.set(1,"lion");
            listTwo.set(2,"tiger");
            listTwo.set(3,"hippo");
            System.out.println("链表 listTwo 节点中的数据:\n" + listTwo);
            System.out.println("链表 listOne 节点中的数据:\n" + listOne);
      }
}
```

注意：LinkedList 类重写了 Object 类的 toString()方法，使得 System.out.println()能够输出链表节点中的数据。

5.3　查询与相等

查询链表节点中的数据常用的方法如下。

- public E getFirst()：返回链表的第一个节点中的数据(时间复杂度是 $O(1)$)。
- public E getLast()：返回链表的最后一个节点中的数据(时间复杂度是 $O(1)$)。
- public E get(int index)：返回链表中序号为 index 的节点中的数据(如果 index 不是头节点或尾节点，时间复杂度是 $O(n)$)。
- public int indexOf(Object obj)：返回链表中第一个含有对象 obj 的节点的序号，如果链表中没有节点包含对象 obj，返回-1(时间复杂度是 $O(n)$)。
- public int lastIndexOf(Object obj)：返回链表中最后一个含有对象 obj 的节点的序号，如果链表中没有节点包含对象 obj，返回-1(时间复杂度是 $O(n)$)。
- public boolean contains(Object obj)：判断链表中是否有节点包含对象 obj，如果有节点包含对象 obj 返回 true，否则返回 false(时间复杂度是 $O(n)$)。
- public boolean isEmpty()：如果当前链表没有节点，返回 true，否则返回 false(时间复杂度是 $O(1)$)。
- public boolean containsAll(Collection<?> c)：判断当前链表是否包含参数 c 指定的集合中的全部节点中的数据，例如 c 指定的链表中的全部节点中的数据，如果包含，返回 true，否则返回 false(时间复杂度是 $O(n)$)。
- List<E> subList(int fromIndex, int toIndex)：返回链表中序号为 fromIndex(含)～toIndex(不含)的节点构成的视图，此视图是实现了 List 接口的一个类的实例(时间复杂度是 $O(n)$)。对视图中任何节点的修改都会使当前链表发生同步改变。

判断两个链表是否相等的方法为 public boolean equals(Object list)。LinkedList<E>泛型类重写了 Object 类的 equals()方法，如果链表和 list 的长度相同，并且对应的每个节点中的对象也相等，那么该方法返回 true，否则返回 false。

注意：在使用 indexOf(Object obj)和 contains(Object obj)方法检索或判断链表中是否有节点含有对象 obj 时，节点中的对象会调用 equals(Object obj)方法检查链表节点中的对象是否等于 obj。equals(Object obj)方法是 Object 类提供的方法，默认比较对象的引用值。在实际编程时经常需要重写 equals(Object obj)方法，以便重新规定对象相等的条件。

例 5-2 查询链表中的数据。

本例中的主类 Example5_2 比较了 get(index)方法和 getLast()方法的运行时间,People 类重写了 boolean equals(Object o)方法,运行效果如图 5.8 所示。

```
得到最后一个节点,即第99999个节点中的数据99999,耗时3600纳秒.
得到第50000个节点中的数据50000,耗时501200纳秒.
list:[张山:58, 李四:58, 刘五:68, 周六:78]
链表中有体重78千克的人吗? true
链表中首次出现体重是58千克的节点是0,名字:张山
链表中最后出现体重是58千克的节点是1,名字:李四
listCopy:[张山:58, 李四:58, 刘五:68, 周六:78]
和list:[张山:58, 李四:58, 刘五:68, 周六:78]
相等吗? true
listCopy:[张山:58, 李四:58, 刘五:68, 周六:78, 孙林:78]
和list:[张山:58, 李四:58, 刘五:68, 周六:78]
相等吗? false
```

图 5.8 查询链表中的数据

Example5_2.java

```java
import java.util.LinkedList;
public class Example5_2 {
    public static void main(String args[]){
        int N = 100000;
        LinkedList<Integer> listInt = new LinkedList<>();
        for(int i=0;i<N;i++){
            listInt.add(i);
        }
        long startTime = System.nanoTime();
        int lastInt = listInt.getLast();
        long estimatedTime = System.nanoTime() - startTime;
        System.out.printf("得到最后一个节点,即第%d个节点中的数据%d,耗时%d纳秒.\n",
                          listInt.size()-1,lastInt,estimatedTime);
        startTime = System.nanoTime();
        int m = listInt.get(N/2);
        estimatedTime = System.nanoTime() - startTime;
        System.out.printf("得到第%d个节点中的数据%d,耗时%d纳秒.\n",
                          N/2,m,estimatedTime);
        LinkedList<People> list = new LinkedList<>();
        list.add(new People("张山",58));
        list.add(new People("李四",58));
        list.add(new People("刘五",68));
        list.add(new People("周六",78));
        System.out.println("list:" + list);
        LinkedList<People> listCopy = new LinkedList<>(list);
        int weight = 78;
        System.out.print("链表中有体重" + weight + "千克的人吗?");
        System.out.println(list.contains(new People("",weight)));
        weight = 58;
        int index = list.indexOf(new People("",weight));
        System.out.printf("链表中首次出现体重是%d千克的节点是%d,名字:%s\n",
                          weight,index,list.get(index).name);
        index = list.lastIndexOf(new People("",weight));
        System.out.printf("链表中最后出现体重是%d千克的节点是%d,名字:%s\n",
                          weight,index,list.get(index).name);
        System.out.println("listCopy:" + listCopy + "\n 和 list:" + list + "\n 相等吗?" + list.equals(listCopy));
        listCopy.add(new People("孙林",78));
        System.out.println("listCopy:" + listCopy + "\n 和 list:" + list + "\n 相等吗?" + list.equals(listCopy));
    }
}
```

People.java

```java
public class People {
    public int weight;
    public String name;
    People(String name, int m){
        weight = m;
        this.name = name;
    }
    public boolean equals(Object o) {
        People p = (People)o;
        return weight == p.weight;
    }
    public String toString(){
        return name + ":" + weight;
    }
}
```

例 5-3 模拟随机布雷。

本例中 RandomLayMines 类的 layMines(char [][] area,int amount)方法在数组 area[][]模拟的雷区中随机布雷,该方法使用链表判断某个点(x,y)是否已经布雷。

RandomLayMines.java

```java
import java.util.LinkedList;
import java.util.Random;
import java.awt.Point;
public class RandomLayMines {
    public static void layMines(char [][] area,int amount){
        LinkedList<Point> list = new LinkedList<>();
        Random random = new Random();
        while(amount > 0) {
            int x = random.nextInt(area.length);
            int y = random.nextInt(area[0].length);
            Point p = new Point(x,y);
            if(!list.contains(p)) {
                area[x][y] = '●';
                amount -- ;
                list.add(p);
            }
        }
    }
}
```

本例中的主类 Example5_3 使用 layMines(char [][] area,int amount)方法布 39 颗雷,运行效果如图 5.9 所示。

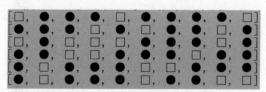

图 5.9 布雷

Example5_3.java

```java
import java.util.Arrays;
public class Example5_3 {
    public static void main(String args[]){
```

```
        char [][] area = new char[6][10];
        for(int i = 0;i < area.length;i++)
            Arrays.fill(area[i],'□');
        int amount = 39;
        RandomLayMines.layMines(area,amount);
        for(int i = 0;i < area.length;i++){
            System.out.println(Arrays.toString(area[i]));
        }
    }
}
```

例 5-4 球队的淘汰赛。

链表获得头节点和尾节点中的对象的时间复杂度都是 $O(1)$，链表删除头节点和尾节点的时间复杂度都是 $O(1)$。对于某些问题，可以利用链表的这一特点快速地处理数据。例如，若干球队要进行淘汰赛，但不采用抽签的办法，而是将球队存放到一个链表中，并按成绩高低排列，即让成绩最好的做链表的头节点、最差的做链表的尾节点。比赛过程是让头节点和尾节点进行淘汰赛，删除头节点和尾节点，重复这个过程，直到链表的长度是 0（如果剩下一个队，相当于该队轮空，自动晋级）。

本例中 TeamGame 类的 arrangeMatch(LinkedList < String > team) 方法使用链表来安排比赛。

TeamGame.java

```
import java.util.LinkedList;
public class TeamGame {
    public static void arrangeMatch(LinkedList < String > team){
        do {
            String one = team.pollFirst();
            String two = team.pollLast();
            if(two == null){                      //剩下一个队的情况
                System.out.println(one + "轮空");
                break;
            }
            System.out.println(one + "和" + two + "进行淘汰赛");
        }
        while(team.size()> 0 );
    }
}
```

本例中的主类使用 TeamGame 类的 arrangeMatch(LinkedList < String > team) 方法安排一些球队的淘汰赛，运行效果如图 5.10 所示。

Example5_4.java

```
import java.util.LinkedList;
public class Example5_4 {
    public static void main(String args[]){
        LinkedList < String > listTeam = new LinkedList <>();
        for(int i = 1;i <= 13;i++) {
            listTeam.add("球队" + i);
        }
        TeamGame.arrangeMatch(listTeam);
    }
}
```

球队1和球队13进行淘汰赛
球队2和球队12进行淘汰赛
球队3和球队11进行淘汰赛
球队4和球队10进行淘汰赛
球队5和球队9进行淘汰赛
球队6和球队8进行淘汰赛
球队7轮空

图 5.10 淘汰赛

5.4 添加节点

向链表添加节点常用的方法如下。

- public boolean add(E e)：向链表的末尾添加一个新的节点，该节点中的对象是参数 e 指定的对象(时间复杂度是 $O(1)$)。
- public void add(int index, E e)：向链表的 index 指定位置添加一个新的节点，该节点中的对象是参数 e 指定的对象(时间复杂度是 $O(n)$)。
- public boolean addAll(Collection<? extends E> c)：将参数 c 指定的链表中的节点按照节点序号依次添加到当前链表的尾部(时间复杂度是 $O(n)$)。
- public void addFirst(E e)：向链表添加新的头节点，头节点中的对象是参数 e 指定的对象(时间复杂度是 $O(1)$)。
- public void addLast(E e)：向链表的末尾添加一个新的节点，该节点中的对象是参数 e 指定的对象(时间复杂度是 $O(1)$)。

例 5-5 向链表添加节点。

本例中的主类 Example5_5 比较了 void addLast(E e)方法和 void add(int index, E e)方法的运行时间，运行效果如图 5.11 所示。

```
插入第999999个节点,节点中的数据是8,耗时7864700纳秒.
添加最后一个节点,即第2000000个节点,节点中的数据是12,耗时5500纳秒.
将链表listOne添加到listTwo的末尾.
链表listTwo修改了节点.
链表listOne节点中的数据:
[how, are, you]
链表listTwo节点中的数据:
[你, 好]
```

图 5.11 向链表添加节点

Example5_5.java

```java
import java.util.LinkedList;
public class Example5_5 {
    public static void main(String args[]){
        int N = 1999999;
        LinkedList<Integer> listInt = new LinkedList<Integer>();
        for(int i = 0;i < N;i++){
            listInt.add(i);
        }
        int m = 8;
        long startTime = System.nanoTime();
        listInt.add(N/2,m);
        long estimatedTime = System.nanoTime() - startTime;
        System.out.printf("插入第 %d 个节点,节点中的数据是 %d,耗时 %d 纳秒.\n",
                          N/2,m,estimatedTime);
        m = 12;
        startTime = System.nanoTime();
        listInt.addLast(m);
        estimatedTime = System.nanoTime() - startTime;
        System.out.printf("添加最后一个节点,即第 %d 个节点,节点中的数据是 %d,耗时 %d 纳秒.",
                          listInt.size()-1,m,estimatedTime);
        LinkedList<String> listOne = new LinkedList<String>();
        LinkedList<String> listTwo = new LinkedList<String>();
        listOne.add("how");
```

```
        listOne.add("are");
        listOne.add("you");
        System.out.println("\n将链表 listOne 添加到 listTwo 的末尾.");
        listTwo.addAll(listOne);
        System.out.println("链表 listTwo 修改了节点.");
        listTwo.set(0,"你");
        listTwo.set(1,"好");
        listTwo.removeLast();
        System.out.println("链表 listOne 节点中的数据:\n" + listOne);
        System.out.println("链表 listTwo 节点中的数据:\n" + listTwo);
    }
}
```

5.5 删除节点

从链表中删除节点常用的方法如下。

- public E poll()：返回链表的第一个节点中的对象，并删除链表的第一个节点(时间复杂度是 $O(1)$)。
- public E pollFirst()：返回链表的第一个节点中的对象，并删除链表的第一个节点，如果此链表为空，则返回 null(时间复杂度是 $O(1)$)。
- public E pollLast()：返回链表的最后一个节点中的对象，并删除链表的最后一个节点(时间复杂度是 $O(1)$)。
- public E remove()：返回链表的第一个节点中的对象，并删除链表的第一个节点(时间复杂度是 $O(1)$)。
- public E remove(int index)：返回链表的第 index 个节点中的对象，并删除链表的第 index 个节点(时间复杂度是 $O(n)$)。
- public boolean remove(Object obj)：删除链表中首次出现的含有对象 obj 的节点，若删除成功返回 true，否则返回 false(时间复杂度是 $O(n)$)。
- public E removeFirst()：返回链表的第一个节点中的对象，并删除链表的第一个节点(时间复杂度是 $O(1)$)。
- public boolean removeFirstOccurrence(Object obj)：删除链表中首次出现的含有对象 obj 的节点，若删除成功返回 true，否则返回 false(时间复杂度是 $O(n)$)。
- public E removeLast()：返回链表的最后一个节点中的对象，并删除链表的最后一个节点(时间复杂度是 $O(1)$)。
- boolean removeLastOccurrence(Object obj)：删除链表中最后出现的含有对象 obj 的节点，若删除成功返回 true，否则返回 false(时间复杂度是 $O(n)$)。
- public void clear()：删除链表的全部节点(时间复杂度是 $O(1)$)。
- public boolean removeAll(Collection<?> c)：删除和参数 c 指定的链表中某节点值相同的节点(时间复杂度是 $O(n)$)。
- public boolean retainAll(Collection<?> c)：仅保留和参数 c 指定的链表中某节点值相同的节点(时间复杂度是 $O(n)$)。
- public boolean removeIf(Predicate<? super E> filter)：删除满足 filter 给出的条件的节点(时间复杂度是 $O(n)$)。Predicate 是一个函数接口，其中唯一的抽象方法是 boolean test(T t)，在使用 removeIf(Predicate<? super E> filter)方法时可以将一

Lambda 表达式传递给参数 filter,该 Lambda 表达式有一个参数,类型和节点中对象的类型一致,Lambda 表达式的返回值的类型是 boolean 型。
- boolean isEmpty():判断链表是否不含任何节点,即链表是否为空链表,如果是空链表,返回 true,否则返回 false(时间复杂度是 $O(1)$)。

例 5-6　模拟双色球并过滤链表。

本例中 RandomNumber 类的 getRandom(int number,int amount)方法通过随机删除链表中的节点得到若干随机数。

RandomNumber.java

```java
import java.util.Random;
import java.util.LinkedList;
public class RandomNumber {
    //获得[1,number]中 amount 个互不相同的随机数
    public static int[] getRandom(int number,int amount) {
        if(number <= 0 || amount <= 0)
            throw new NumberFormatException("数字不是正整数");

        int [] result = new int[amount];              //存放得到的随机数
        LinkedList<Integer> list = new LinkedList<Integer>();
        for(int i = 1;i <= number;i++) {
            list.add(i);                              //时间复杂度是 O(1)
        }
        Random random = new Random();
        for(int i = 0;i < result.length;i++){
            int m = random.nextInt(list.size());
            result[i] = list.remove(m);               //时间复杂度是 O(n)
        }
        return result;                                //返回数组,数组的每个元素是一个随机数
    }
}
```

双色球的每个投注号码由 6 个红色球的号码和 1 个蓝色球的号码组成。6 个红色球的号码互不相同,红色球的号码是 1～33 的随机数;蓝色球的号码是 1～16 的随机数。本例中的主类 Example5_6 使用 RandomNumber 类的 getRandom(int number,int amount)方法模拟双色球,同时过滤一个链表,运行效果如图 5.12 所示。

```
红色球:[10, 7, 32, 24, 33, 23]蓝色球:[1]
红色球:[15, 25, 14, 16, 28, 11]蓝色球:[1]
红色球:[2, 21, 27, 10, 24, 25]蓝色球:[10]
链表intList:
[1, 2, 3, 4, 5, 6, 7, 8, 9, 10, 11, 12, 13, 14, 15, 16, 17,
18, 19, 20, 21, 22, 23, 24, 25, 26, 27, 28, 29, 30, 31, 32]
链表intList过滤掉偶数后:
[1, 3, 5, 7, 9, 11, 13, 15, 17, 19, 21, 23, 25, 27, 29, 31]
链表intList保留3的倍数:
[3, 9, 15, 21, 27]
链表intList保留5的倍数:
[15]
```

图 5.12　双色球以及过滤链表

Example5_6.java

```java
import java.util.Arrays;
import java.util.LinkedList;
public class Example5_6 {
    public static void main(String args[]) {
```

```java
        for(int i = 1;i <= 3;i++){
            int [] red = RandomNumber.getRandom(33,6);      //双色球中的6个红色球
            int [] blue = RandomNumber.getRandom(16,1);     //双色球中的1个蓝色球
            System.out.print("\n红色球:" + Arrays.toString(red));
            System.out.println("蓝色球:" + Arrays.toString(blue));
        }
        LinkedList< Integer > intList = new LinkedList< Integer >();
        LinkedList< Integer > filterList = new LinkedList< Integer >();
        LinkedList< Integer > retainList = new LinkedList< Integer >();
        for(int i = 1;i <= 32;i++) {
            intList.add(i);
            if(i%2 == 0)
                filterList.add(i);
            if(i%3 == 0)
                retainList.add(i);
        }
        System.out.println("链表 intList:\n" + intList);
        intList.removeAll(filterList);
        System.out.println("链表 intList 过滤掉偶数后:\n" + intList);
        intList.retainAll(retainList);
        System.out.println("链表 intList 保留 3 的倍数:\n" + intList);
        intList.removeIf((m) ->{ if(m%5!= 0)
                                    return true;
                                 else
                                    return false;});
        System.out.println("链表 intList 保留 5 的倍数:\n" + intList);
    }
}
```

注意：读者可以把本例和第 4 章中的例 4-8 进行比较，因为使用了链表，这里的代码更加简练，两个例子中获得随机数的算法的时间复杂度都是 $O(n^2)$。

例 5-7 处理链表中重复的数据。

本例中 HandleRecurring 类的 handleRecurring(LinkedList< String > list)方法处理链表 list 中重复的数据，该方法返回的链表中没有重复的数据(对于重复的数据，保留其中一个)。

HandleRecurring.java

```java
import java.util.LinkedList;
public class HandleRecurring {
    public static LinkedList< String > handleRecurring(LinkedList< String > list) {
        LinkedList< String > result = new LinkedList< String >();
        while(list.size()>0){
            String ojb = list.removeFirst();
            if(!result.contains(ojb)){
                result.add(ojb);
            }
        }
        return result;                              //返回没有重复数据的数组
    }
}
```

链表 list:
[大象, 狮子, 老虎, 狮子, 老虎, 河马]
处理重复数据后,链表 list:
[大象, 狮子, 老虎, 河马]
删除用'子'结尾的节点,链表 list:
[大象, 老虎, 河马]

本例中的主类 Example5_7 使用 HandleRecurring 类的 handleRecurring (LinkedList< String > list)方法处理链表中重复的数据，然后删除名字中有"子"的动物的节点，运行效果如图 5.13 所示。

图 5.13 处理重复的数据

Example5_7.java

```java
import java.util.LinkedList;
public class Example5_7 {
    public static void main(String args[]){
        LinkedList<String> list = new LinkedList<String>();
        list.add("大象");
        list.add("狮子");
        list.add("老虎");
        list.add("狮子");
        list.add("老虎");
        list.add("河马");
        System.out.println("链表list:\n" + list);
        list = HandleRecurring.handleRecurring(list);
        System.out.println("处理重复数据后,链表list:\n" + list);
        list.removeIf((s) ->{if(s.endsWith("子"))
                                return true;
                             else
                                return false;});
        System.out.println("删除用\'子\'结尾的节点,链表list:\n" + list);
    }
}
```

注意：读者可以把本例和第 4 章中的例 4-10 进行比较，因为使用了链表，这里的代码更加简练。本例中去掉重复数据的算法的时间复杂度是 $O(n^2)$。

5.6 更新节点

更新链表节点的常用方法如下。

- public E set(int index, E element)：将当前链表 index 序号的节点中的对象替换为参数 element 指定的对象，并返回被替换的对象，如果 index 是 0 或尾节点的序号，该方法的时间复杂度是 $O(1)$，否则时间复杂度是 $O(n)$。
- Collections 类的静态方法 static <T> void fill(List<? super T> list, T obj)：将链表 list 的每个节点中的对象都设置为参数 obj 指定的对象。

更新节点只是更新链表节点中的数据，不是更改链表节点的结构，因为没有删除链表的节点或给链表添加新节点。

例 5-8 更新链表节点中的数据。

本例中的主类 Example5_8 使用 set(int index, E element)方法和 fill(List<? super T> list, T obj)方法更新链表节点中的数据，运行效果如图 5.14 所示。

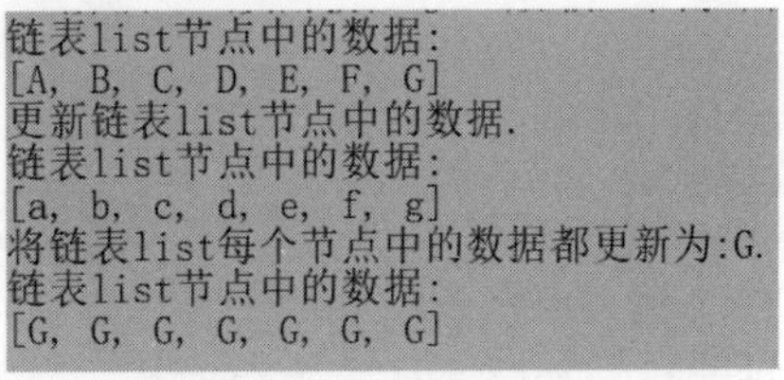

```
链表list节点中的数据:
[A, B, C, D, E, F, G]
更新链表list节点中的数据.
链表list节点中的数据:
[a, b, c, d, e, f, g]
将链表list每个节点中的数据都更新为:G.
链表list节点中的数据:
[G, G, G, G, G, G, G]
```

图 5.14 更新链表节点中的数据

Example5_8.java

```java
import java.util.Collections;
import java.util.LinkedList;
public class Example5_8 {
    public static void main(String args[]){
        LinkedList<String> list = new LinkedList<String>();
        for(char c = 'A';c <= 'G';c++) {
            list.add("" + c);
        }
```

```
            System.out.println("链表list节点中的数据:\n" + list);
            System.out.println("更新链表list节点中的数据.");
            for(char c = 'a',i = 0;c <= 'g';c++,i++) {
                list.set(i,"" + c);
            }
            System.out.println("链表list节点中的数据:\n" + list);
            System.out.println("将链表list每个节点中的数据都更新为:G.");
            Collections.fill(list,"G");
            System.out.println("链表list节点中的数据:\n" + list);
        }
    }
```

5.7 链表的视图

链表的视图由链表中的若干节点所构成,其状态变化和链表是同步的。

得到链表的视图的一个常用方法是 List<E> subList(int fromIndex, int toIndex),该方法是 AbstractList 类所实现的 List 接口中的一个方法(AbstractList 类是 LinkedList 的间接父类)。该方法返回一个当前链表中序号为 fromIndex(含)~toIndex(不含)的节点构成的视图,此视图是 AbstractList 类的子类 SubList<E>的实例(SubList<E>也是 AbstractList 类的内部类)。更改视图的节点(增加或删除节点)或对节点的数据进行修改都会使当前链表发生同步改变。需要特别注意的是,一旦链表添加或删除节点,就会破坏视图的索引,就会影响之前链表用 subList()方法返回的视图,这个视图将无法再被继续使用(如果继续使用,在运行时会触发 ConcurrentModificationException 异常),链表必须用 subList()方法重新返回一个新的视图。

使用视图的好处是可以将经常需要修改的节点放在一个视图中,有利于数据的一致性处理。

在使用视图时要注意视图中节点和原链表节点的对应关系。例如,假如链表 list 中有 6 个节点,如图 5.15 所示。

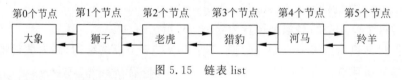

图 5.15 链表 list

链表 list 的一个视图 listView

```
List listView = list.subList(1,4);
```

有 3 个节点,如图 5.16 所示。

图 5.16 链表 list 的视图 listView

需要注意的是,在原链表 list 中狮子节点是第 1 个节点,但在视图 listView 中狮子节点是第 0 个节点;在原链表 list 中老虎节点是第 2 个节点,但在视图 listView 中老虎节点是第 1 个节点;在原链表 list 中猎豹节点是第 3 个节点,但在视图 listView 中猎豹节点是第 2 个节点。这种对应关系依赖于链表 list 使用 subList(int fromIndex, int toIndex)方法得到视图 listView 时参数 fromIndex 和 toIndex 的取值情况。

如果视图 listView 增加一个节点,例如尾节点鬣狗,如图 5.17 所示,那么原链表 list 会同步更新,发生变化,如图 5.18 所示(猎豹节点和河马节点之间多了一个鬣狗节点):

第 5 章 链表与LinkedList类

图 5.17　listView 发生变化

图 5.18　原链表 list 同步发生变化

例 5-9　使用视图更新链表节点中的数据。

本例中的主类 Example5_9 使用链表的视图更新链表节点中的天气信息，运行效果如图 5.19 所示。

```
链表list节点中的数据：
[北京天气预报，最高气温，最高气温，北京气象局.]
使用视图更新链表list节点中的数据.
链表list节点中的数据：
[北京天气预报，最高气温36度，最低气温23度，南风5-6级，夜间有小雨，北京气象局.]
使用视图更新链表list节点中的数据.
链表list节点中的数据：
[北京天气预报，最高气温32度，最低气温20度，傍晚有大雨，北京气象局.]
```

图 5.19　使用视图更新链表节点中的数据

Example5_9.java

```java
import java.util.LinkedList;
import java.util.List;
public class Example5_9 {
    public static void main(String args[]){
        LinkedList<String> list = new LinkedList<String>();
        list.add("北京天气预报");
        list.add("最高气温");
        list.add("最高气温");
        list.add("北京气象局.");
        List<String> listView = list.subList(1,3);
        System.out.println("链表 list 节点中的数据:\n" + list);
        System.out.println("使用视图更新链表 list 节点中的数据.");
        listView.set(0,"最高气温 36 度");
        listView.set(1,"最低气温 23 度");
        listView.add("南风 5～6 级");
        listView.add("夜间有小雨");
        System.out.println("链表 list 节点中的数据:\n" + list);
        System.out.println("使用视图更新链表 list 节点中的数据.");
        listView.set(0,"最高气温 32 度");
        listView.set(1,"最低气温 20 度");
        listView.set(2,"傍晚有大雨");
        listView.remove(listView.size() - 1);
        System.out.println("链表 list 节点中的数据:\n" + list);
    }
}
```

5.8　链表的排序

　　public default void sort(Comparator<? super E>c)方法是 List 接口的默认排序方法（用 default 关键字修饰的方法），LinkedList 继承了该排序方法（去掉了关键字 default）。该排序

方法的参数 c 是 Comparator 泛型接口,Comparator 泛型接口是一个函数接口,即此接口中的抽象方法只有一个——int compare(T a,T b),该方法比较两个参数 a 和 b 的顺序,返回值是正数表示 a 大于 b,返回值是负数表示 a 小于 b,返回 0 表示 a 等于 b。

Comparator 是一个函数接口,因此在使用该方法时可以向参数 c 传递一个 Lambda 表达式,该 Lambda 表达式必须有两个参数,在 Lambda 表达式中必须有 return 语句,返回的值是 int 型数据(和其代表的 int compare(T a,T b)方法保持一致)。例如:

```
sort((a,b)->{if(a.height > b.height)
        return 1;
    else if(a.height < b.height)
        return -1;
    else
        return 0; } )
```

sort()方法在执行过程中让 a 和 b 取链表节点中的对象,以便根据 Lambda 表达式规定的对象的大小关系对链表节点中的对象排序(升序)。List 接口的 sort()方法是归并排序、是稳定排序,其时间复杂度为 $O(n\log n)$。

例 5-10 排序链表。

本例中的主类 Example5_10 分别按学生的数学和英语成绩升序排序链表、按数学和英语成绩降序排序链表,运行效果如图 5.20 所示。

```
链表节点中的数据:
[张山:数学:89 英语:78, 李四:数学:58 英语:77, 刘五:数学:68 英语:90, 周六:数学:78 英语:77]
按数学成绩升序,链表节点中的数据:
[李四:数学:58 英语:77, 刘五:数学:68 英语:90, 周六:数学:78 英语:77, 张山:数学:89 英语:78]
按英语成绩升序,链表节点中的数据:
[李四:数学:58 英语:77, 周六:数学:78 英语:77, 张山:数学:89 英语:78, 刘五:数学:68 英语:90]
按数学成绩降序,链表节点中的数据:
[张山:数学:89 英语:78, 周六:数学:78 英语:77, 刘五:数学:68 英语:90, 李四:数学:58 英语:77]
按英语成绩降序,链表节点中的数据:
[刘五:数学:68 英语:90, 张山:数学:89 英语:78, 周六:数学:78 英语:77, 李四:数学:58 英语:77]
```

图 5.20 链表的排序

Example5_10.java

```java
import java.util.LinkedList;
public class Example5_10 {
    public static void main(String args[]){
        LinkedList<Student> list = new LinkedList<Student>();
        list.add(new Student("张山",89,78));
        list.add(new Student("李四",58,77));
        list.add(new Student("刘五",68,90));
        list.add(new Student("周六",78,77));
        System.out.println("链表节点中的数据:\n" + list);
        list.sort((a,b)->{return a.math-b.math;});
        System.out.println("按数学成绩升序,链表节点中的数据:\n" + list);
        list.sort((a,b)->{return a.english-b.english;});
        System.out.println("按英语成绩升序,链表节点中的数据:\n" + list);
        list.sort((a,b)->{if(a.math-b.math < 0)        //所谓的大小由比较器来规定
                    return 1;
                else if(a.math-b.math > 0)
                    return -1;
                else
                    return 0; });
        System.out.println("按数学成绩降序,链表节点中的数据:\n" + list);
        list.sort((a,b)->{return b.english-a.english;});
        System.out.println("按英语成绩降序,链表节点中的数据:\n" + list);
    }
}
```

Student.java

```
public class Student {
    public int math,english;
    public String name;
    public Student(String name, int math, int english){
        this.name = name;
        this.math = math;
        this.english = english;
    }
    public String toString(){
        return name + ":" + "数学:" + math + " 英语:" + english;
    }
}
```

5.9 遍历链表

无论何种集合,都应该允许用户以某种方法遍历集合中的对象,而不需要知道这些对象在集合中是如何表示及存储的,Java 集合框架为各种数据结构的集合(例如链表、散列表等不同存储结构的集合)提供了迭代器。

某些集合根据其数据存储结构和所具有的操作也会提供返回数据的方法,例如 LinkedList 类中的 get(int index)方法将返回当前链表中第 index 个节点中的对象。LinkedList 的存储结构不是顺序结构,即节点的物理地址不必是依次相邻的,因此链表调用 get(int index)方法的速度比顺序存储结构的集合调用 get(int index)方法的速度慢。

当用户需要遍历集合中的节点时,应当使用该集合提供的迭代器,而不是让集合本身来遍历其中的节点。

1. 单向迭代器

单向迭代器是从链表的头节点开始遍历到尾节点的。

链表对象可以使用 Iterator<E> iterator()方法获取一个实现 Iterator 接口的对象,该对象就是针对当前链表的单向迭代器。在迭代器内部使用了游标技术,单向迭代器的游标的初始状态是指向链表的头节点的前面,如果游标可以向后移动(向链表的尾节点方向),单向迭代器调用 hasNext()方法返回 true,否则返回 false。连续地调用 next()方法会将游标移动到尾节点,这时游标将无法向后移动,再调用 next()方法会触发运行异常 NoSuchElementException(链表是空链表,直接调用 next()方法也会触发运行异常 NoSuchElementException)。

2. 双向迭代器

链表对象可以使用 ListIterator<E> listIterator()方法获取一个实现 ListIterator 接口的对象(ListIterator 接口是 Iterator 的子接口),该对象就是针对当前链表的双向迭代器。双向迭代器是双游标迭代器,一个是向后游标(向链表的尾节点方向),一个是向前游标(向链表的头节点方向)。双游标同时移动,向前游标在向后游标的后面,如图 5.21 所示(实心箭头是向后游标,空心箭头是向前游标),即当向后游标指向第 i 个节点时,向前游标指向第 $i+1$ 个节点,如图 5.21(b)所示。初始状态向后游标指向头节点的前面,向前游标指向头节点,如图 5.21(a)所示。当向后游标指向尾节点时,向前游标指向尾节点的后面,如图 5.21(c)所示。

如果向后游标可以向后移动,即通过移动可以让向后游标指向链表中的一个节点,双向迭代器调用 hasNext()方法返回 true,否则返回 false。如果向前游标可以向前移动,即通过移动可以让向前游标指向链表中的一个节点,双向迭代器调用 hasPrevious()方法返回 true,否则

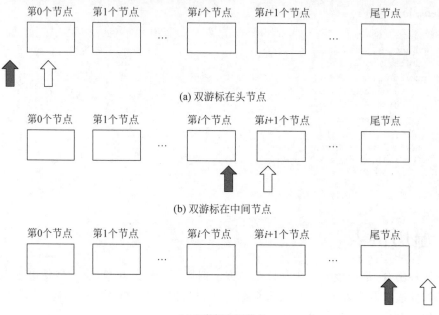

图 5.21 双游标移动的 3 种状态

返回 false。如果链表不是空链表，迭代器第一次调用 hasNext()方法返回 true，但调用 hasPrevious()方法会返回 false，原因是向后游标的初始状态是指向链表的头节点的前面，可以向后移动，向前游标指向头节点，不能再向前移动。

双向迭代器调用 next()方法可以将双游标向后移动一个位置，即让向后游标指向下一个节点，并返回向后游标所指向的节点中的对象，连续地调用 next()方法会将向后游标指向尾节点，这时游标将无法向后移动，再调用 next()方法会触发运行异常 NoSuchElementException（链表是空链表，直接调用 next()方法也会触发运行异常 NoSuchElementException）。双向迭代器调用 previous()方法可以将双游标向前移动一个位置，即让向前游标指向上一个节点，并返回向前游标所指向的节点中的对象，如果游标无法向前移动（连续地调用 previous()方法会将向前游标移动到头节点，这时游标将无法向前移动），再调用 previous()方法会触发运行异常 NoSuchElementException（链表是空链表，直接调用 previous()方法也会触发运行异常 NoSuchElementException）。

双向迭代器调用 int nextIndex()方法可以返回向后游标将要向后移动、要指向的下一个节点的索引序号，如果游标不能向后移动，该方法返回链表的长度。双向迭代器调用 int previousIndex()方法可以返回向前游标将要向前移动、要指向的上一个节点的索引序号，如果游标不能向前移动，该方法返回 −1。

3. 遍历与更新

双向迭代器在遍历链表时可以同时更新链表。双向迭代器调用 next()或 previous()方法返回节点中的数据后紧接着调用 add(E obj)方法，可以在该节点后插入一个节点（新节点的序号从当前节点开始递增），调用 set(E obj)方法可以更新该节点中的数据，调用 remove()方法可以删除该节点。单向迭代器在遍历链表时也可以同时更新链表，但只能删除节点。单向迭代器调用 next()方法返回节点中的数据后紧接着调用 remove()方法可以删除该节点。迭代器对链表实施的添加、删除、更新节点等操作一直等到迭代器遍历链表完毕才生效。

第 5 章 链表与LinkedList类

4. 遍历与锁定

单向或双向迭代器在遍历链表时不允许链表本身调用方法更改链表节点的结构,即不允许链表调用方法增加节点、删除节点、排序链表,但允许链表调用 set(int index,E obj)方法更新节点中的数据,因为更新节点只是更新链表节点中的数据,不是更改链表节点的结构。在迭代器没有结束遍历之前,如果链表进行增加节点、删除节点、排序链表等操作,程序运行时(无编译错误)将触发 java.util.ConcurrentModificationException 异常。程序必须等到迭代器被使用完毕才允许链表调用 add()、remove()方法添加节点、删除节点或排序链表。

5. for-each 语句

在使用 for-each 语句遍历一个链表时,禁止当前链表调用 add()、remove()方法添加节点、删除节点或排序链表,其原因是 for-each 算法的内部中启用了迭代器(用户知道即可,但用户程序不能显式地看见相应的代码)。例如,下列代码遍历一个链表 list(节点类型是 String)无编译错误,但运行时将触发 ConcurrentModificationException 异常。

```
for(String s:list) {
    if(s.length() == 5) {
        list.add("Javahello");              //添加节点操作会触发异常
    }
}
```

注意:链表获得迭代器后,在使用迭代器之前又对链表进行了更新,例如添加节点、删除节点或排序链表,那么将无法再使用该迭代器遍历链表。如果想使用迭代器,必须让链表重新返回一个新的迭代器。

例 5-11 使用单向迭代器和双向迭代器遍历链表。

本例中的主类 Example5_11 分别使用单向迭代器和双向迭代器遍历了链表,在遍历的过程中还更新了链表,运行效果如图 5.22 所示。

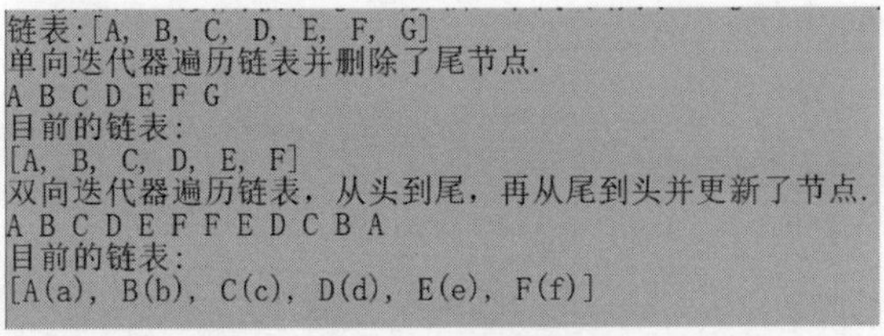

```
链表:[A, B, C, D, E, F, G]
单向迭代器遍历链表并删除了尾节点.
A B C D E F G
目前的链表:
[A, B, C, D, E, F]
双向迭代器遍历链表,从头到尾,再从尾到头并更新了节点.
A B C D E F F E D C B A
目前的链表:
[A(a), B(b), C(c), D(d), E(e), F(f)]
```

图 5.22 遍历链表

Example5_11.java

```java
import java.util.Iterator;
import java.util.ListIterator;
import java.util.LinkedList;
public class Example5_11 {
    public static void main(String args[]){
        LinkedList<String> list = new LinkedList<String>();
        for(char c = 'A';c <= 'G';c++) {
            list.add("" + c);
        }
        System.out.println("链表:" + list);
        Iterator<String> iterOneWay = list.iterator();        //单向迭代器
        System.out.println("单向迭代器遍历链表并删除了尾节点.");
        while(iterOneWay.hasNext()){
            String item = iterOneWay.next();
            System.out.print(item + " ");
```

```java
            if(item.equals("G"))
                iterOneWay.remove();
        }
        System.out.println("\n目前的链表:\n" + list);
        ListIterator<String> iterTwoWay = list.listIterator();   //双向迭代器
        System.out.println("双向迭代器遍历链表,从头到尾,再从尾到头并更新了节点.");
        while(iterTwoWay.hasNext()){
            String item = iterTwoWay.next();
            System.out.print(item + " ");
            if(iterTwoWay.nextIndex() == list.size()) {          //向后游标指向尾节点
                while(iterTwoWay.hasPrevious()){
                    item = iterTwoWay.previous();
                    System.out.print(item + " ");
                    char c = item.charAt(0);
                    c = (char)(c + 32);                          //小写
                    iterTwoWay.set(item + "(" + c + ")");
                }
                break;
            }
        }
        System.out.println("\n目前的链表:\n" + list);
    }
}
```

例 5-12 使用链表解决约瑟夫问题。

约瑟夫问题(也称围圈留一问题):若干人围成一圈,从某个人开始顺时针(或逆时针)数到第 3 个人,该人从圈中退出,然后继续顺时针(或逆时针)数到第 3 个人,该人从圈中退出,以此类推,程序输出圈中最后剩下的一个人。

第 4 章中的例 4-9 使用数组解决了约瑟夫问题,本例中 LeaveOneAround 类的 leaveOne (LinkedList<Integer> people)方法通过遍历链表解决约瑟夫问题,在遍历链表的过程中删除相应节点模拟退出圈的人。

LeaveOneAround.java

```java
import java.util.ListIterator;
import java.util.LinkedList;
public class LeaveOneAround {
    public static void leaveOne(LinkedList<Integer> people) {
        int number = 3;
        ListIterator<Integer> iterTwoWay = people.listIterator();    //双向迭代器
        while(people.size()>1){                                      //圈中的人数超过 1
            int peopleNumber = -1;
            for(int count = 1;count <= number;count++){
                peopleNumber = iterTwoWay.next();
                if(count == 3){
                    iterTwoWay.remove();                             //数到第 3 个人,该人退出
                }
                if(iterTwoWay.nextIndex() == people.size()) {        //如果向后游标指向尾节点
                    while(iterTwoWay.hasPrevious()){
                        iterTwoWay.previous();                       //将向前游标移到头节点
                    }
                }
            }
            System.out.printf("号码 %d 退出圈\n",peopleNumber);
        }
        System.out.printf("最后剩下的号码是 %d\n",people.getFirst());
    }
}
```

本例中的主类 Example5_12 演示了 11 个人的约瑟夫问题,运行效果如图 5.23 所示。

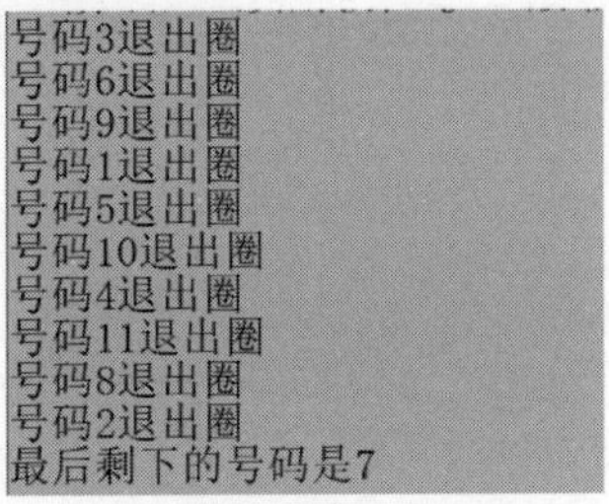

```
号码3退出圈
号码6退出圈
号码9退出圈
号码1退出圈
号码5退出圈
号码10退出圈
号码4退出圈
号码11退出圈
号码8退出圈
号码2退出圈
最后剩下的号码是7
```

图 5.23 约瑟夫问题

Example5_12.java

```java
import java.util.LinkedList;
public class Example5_12 {
    public static void main(String args[]) {
        LinkedList<Integer> people = new LinkedList<Integer>();
        for(int i=1;i<=11;i++){
            people.add(i);
        }
        LeaveOneAround.leaveOne(people);
    }
}
```

6. 动态遍历

一个遍历链表的方法(算法)在遍历链表时,让链表的每个节点中的对象参与某种运算,并输出运算后的结果,称这样的遍历方法为动态遍历方法。

public default void forEachRemaining(Consumer<? super E> action) 方法是 Iterator 接口中的默认方法,链表返回的迭代器(单向或双向)可以使用该方法动态地遍历链表。此方法的参数类型是 Consumer 函数接口,该接口中的抽象方法 void accept(T t)的返回类型是 void 型。那么在调用此方法时可以将一个 Lambda 表达式传递给 action,该 Lambda 表达式的参数类型和链表节点中的数据类型一致,不需要 return 语句(如果有 return,不允许返回任何值)。例如,可以将下列 Lambda 表达式

```
(value) ->{ System.out.println(value);}
```

传递给 action。此方法在执行过程中将使用这个 Lambda 表达式,让 Lambda 表达式的参数 value 依次取迭代器返回的节点中的对象,直到迭代器的游标无法向后或向前移动为止。

注意：如果再次使用 forEachRemaining()方法,必须要重新返回迭代器。

```
鸡蛋：12¥,牛奶：59¥,饼干：16¥
总消费：87¥
牛肉：82¥,猪肉：159¥,香肠：66¥
总消费：307¥
螃蟹：52¥,大虾：529¥,海螺：76¥
总消费：657¥
```

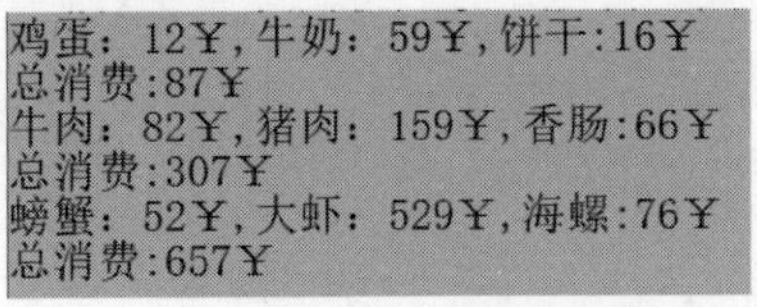

图 5.24 动态遍历链表计算总消费

例 5-13 动态遍历链表计算总消费。

本例中的主类 Example5_13 动态遍历节点中是 String 对象的一个链表,在遍历这个链表时让节点中的 String 对象参与运算,计算出购物小票的消费总额,运行效果如图 5.24 所示。

Example5_13.java

```java
import java.util.Iterator;
import java.util.LinkedList;
import java.util.function.Consumer;
public class Example5_13 {
    public static void main(String args[]) {
        LinkedList<String> shoppingReceipt = new LinkedList<String>();
```

```java
shoppingReceipt.add("鸡蛋:12¥,牛奶:59¥,饼干:16¥");
shoppingReceipt.add("牛肉:82¥,猪肉:159¥,香肠:66¥");
shoppingReceipt.add("螃蟹:52¥,大虾:529¥,海螺:76¥");
Iterator<String> iter = shoppingReceipt.iterator();     //单向迭代器
String regex = "\\D+";                                  //匹配任何非数字字符序列
Consumer<String> action =
        (String value) ->{ String price[] = value.split(regex);
                           int sumPrice = 0;
                           for(String s:price) {
                               if(s.length()>0)
                                   sumPrice += Integer.parseInt(s);
                           }
                           System.out.println(value + "\n总消费:" + sumPrice + "¥");
                         };
iter.forEachRemaining(action);
    }
}
```

例 5-14 动态遍历链表计算数组元素值的和。

本例中的主类 Example5_14 动态遍历节点中是数组的一个链表,在遍历这个链表时让节点中的数组参与运算,计算数组的元素值之和,运行效果如图 5.25 所示。

```
链表节点中的数组:
[9, 1, 6, 1, 5]
[3, 6, 9, 8, 0]
[9, 4, 6, 7, 4]
[7, 4, 8, 4, 8]
[1, 1, 1, 2, 7]
[6, 5, 3, 2, 2]
[9, 9, 1, 4, 0]
[8, 7, 3, 6, 7]
各个数组的元素值之和依次是:
22 26 30 31 12 18 16 31
```

图 5.25 动态遍历链表计算数组元素值的和

Example5_14.java

```java
import java.util.LinkedList;
import java.util.Arrays;
import java.util.Random;
import java.util.Iterator;
public class Example5_14 {
    public static void main(String args[]) {
        LinkedList<int[]> list = new LinkedList<int[]>();
        Random random = new Random();
        for(int i = 1;i<=8;i++) {
            int[] number = new int[5];
            for(int k = 0;k<number.length;k++) {
                number[k] = random.nextInt(10);
            }
            list.add(number);
        }
        System.out.println("链表节点中的数组:");
        for(int[] a:list){
            System.out.println(Arrays.toString(a));
        }
        Iterator<int[]> iter = list.iterator();       //单向迭代器
        System.out.println("各个数组的元素值之和依次是:");
        iter.forEachRemaining((int[] v) ->{
                           int sum = 0;
                           for(int i = 0;i<v.length;i++){
```

```
                              sum += v[i];
                            }
                            System.out.print(sum + " ");});
   }
}
```

> **注意**：在链表的节点中可以是任何引用型的数据，例如类、数组、接口等类型的数据。

5.10　链表与数组

链表调用 public < T > T[] toArray(T[] a) 方法可以把节点中的对象放到一个数组中。在使用这个方法之前要事先预备一个数组，长度为 1 即可，将这个数组传递给 toArray(T[] a) 方法的参数 a，此参数仅是通知该方法再创建一个新的数组，将链表节点中的对象放到新数组中，并返回这个新数组的引用。

例 5-15　将链表节点中的对象放到新数组中。

本例中的主类 Example5_15 将链表节点中的对象放到新数组中，运行效果如图 5.26 所示。

```
链表list:
[1, 2, 3, 4, 5, 6, 7, 8, 9, 10, 11, 12]
数组arr:
[1, 2, 3, 4, 5, 6, 7, 8, 9, 10, 11, 12]
数组arr更改了数据:
[101, 102, 103, 104, 105, 106, 107, 108, 109, 110, 111, 112]
链表list:
[101, 102, 103, 104, 105, 106, 107, 108, 109, 110, 111, 112]
```

图 5.26　将链表节点中的对象放到新数组中

Example5_15.java

```java
import java.util.LinkedList;
import java.util.Arrays;
public class Example5_15 {
    public static void main(String args[]) {
        LinkedList < Student > list = new LinkedList < Student >();
        for(int i = 1;i < = 12;i++) {
            list.add(new Student(i));
        }
        System.out.println("链表 list:\n" + list);
        Student []a = new Student[1];
        Student []arr = list.toArray(a);
        System.out.println("数组 arr:\n" + Arrays.toString(arr));
        for(int i = 0;i < arr.length;i++)
            arr[i].number = arr[i].number + 100;
        System.out.println("数组 arr 更改了数据:\n" + Arrays.toString(arr));
        System.out.println("链表 list:\n" + list);
    }
}
class Student {
    int number;
    Student(int n){
        number = n;
    }
    public String toString(){
        return number + "";
    }
}
```

5.11 不可变链表

所谓不可变链表是指，这种链表一旦诞生，用户不可以再改变链表的节点，既不允许删除节点、添加节点，也不允许排序链表，如果用户进行这些操作会触发运行异常（UnsupportedOperationException）。

List 接口的 static＜E＞List＜E＞of(E… elements)静态方法返回一个不可变链表。不可变链表由 ImmutableCollections 类负责提供，该类不是给用户程序的 API，只是 Java 集合框架自己使用。

图 5.27 不可变链表

例 5-16 把数组的元素值放到不可变链表中。

本例中的主类 Example5_16 把一个数组的元素值放到一个不可变链表中，并把几个 String 对象放到一个不可变链表中，运行效果如图 5.27 所示。

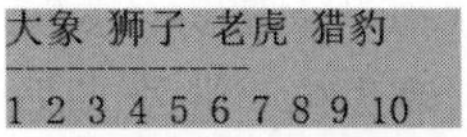

Example5_16.java

```
import java.util.List;
public class Example5_16 {
    public static void main(String args[]) {
        List< String > list = List.of("大象","狮子","老虎","猎豹");
        for(String m:list) {
            System.out.print(m+" ");
        }
        Integer [] a = {1,2,3,4,5,6,7,8,9,10};
        List< Integer > listInt = List.of(a);
        System.out.println("\n------------- ");
        for(Integer m:listInt) {
            System.out.print(m+" ");
        }
    }
}
```

5.12 编写简单的类创建链表

Java 集合框架（Java Collections Framework，JCF）中的 LinkedList 类不仅提供了丰富的方法，而且和整个 JCF 融为一体。LinkedList 类使得用户可专注于在程序设计中怎样使用链表解决问题，而不必再编写繁杂的实现链表的代码，这正是使用框架的目的。

本节通过编写简单的链表类加深了解链表的特点（见 5.1 节），所编写的链表类 LinkedInt（见例 5-17）简单到节点中只能存储 int 型数据，LinkedInt 类提供的方法也只是 5.1 节中提到的最基本的操作，例如添加节点、删除节点、查询节点等。在所编写的 LinkedInt 类中多写了一个旋转方法，以便程序用该 LinkedInt 类解决约瑟夫问题。

建议读者参考 5.1 节中的有关文字内容和示意图阅读例 5-17 的代码，毕竟这里编写的 LinkedInt 类相对 java.util 包提供的 LinkedList 类要简单很多，理解这里的 LinkedInt 类主要是为了进一步了解链表的特点。

例 5-17 编写简单的类创建链表。

本例中的 Node 类负责封装 LinkedInt 类中需要的节点。

第5章 链表与LinkedList类

Node.java

```java
public class Node {
    public Integer data;
    public Node previous;
    public Node next;
    public Node(Integer number){
        data = number;
    }
}
```

LinkedInt.java

```java
public class LinkedInt {                            //参考本章5.1节的内容阅读本代码
    int size = 0;                                   //链表的长度
    private Node head;                              //链表的头
    private Node tail;                              //链表的尾
    public LinkedInt(){                             //创建一个空链表
        head = null;
        tail = null;
    }
    public void addFirst(Integer m) {
        Node node = new Node(m);
        if(head!= null) {
            node.next = head;
            head = node;
        }
        else {
            head = node;
        }
        if(tail == null)
            tail = head;
        size++;
    }
    public void addLast(Integer m) {
        Node node = new Node(m);
        if(tail != null){
            node.previous = tail;
            tail.next = node;
            tail = node;
        }
        else {
            tail = node;
            head = node;
        }
        size++;
    }
    public Integer getFirst() {
        if(head != null){
            return head.data;
        }
        else {
            return null;
        }
    }
    public Integer removeFirst() {
        Integer data = null;
        if(head != null){
            data = head.data;
            head = head.next;
            head.previous = null;
            size -- ;
        }
```

```java
            return data;
        }
        public Integer removeLast() {
            Integer data = null;
            if(tail != null){
                data = tail.data;
                tail = tail.previous;
                tail.next = null;
                size -- ;
            }
            return data;
        }
        public Integer getLast() {
            if(tail != null){
                return tail.data;
            }
            else {
                return null;
            }
        }
        public Integer get(int index) {
            if(index < 0 || index > size - 1){
                throw new IndexOutOfBoundsException("下标越界");
            }
            if(index == 0)
                return head.data;
            if(index == size - 1)
                return tail.data;
            Node node = null;
            if(index <= size/2) {
                for(int i = 0; i < index; i++){
                    node = head.next;
                }
            }
            else{
                for(int i = size - 1; i > index; i-- ){
                    node = tail.previous;
                }
            }
            return node.data;
        }
        public boolean add(int index, Integer m) {
            if(index == 0){
                addFirst(m);
                return true;
            }
            if(index == size - 1){
                addLast(m);
                return true;
            }
            if(index < 0 || index > size - 1){
                throw new IndexOutOfBoundsException("下标越界");
            }
            Node node = null;
            Node newNode = new Node(m);
            node = head;
            for(int i = 0; i < index - 1; i++){
                node = node.next;
            }
            newNode.previous = node;
            newNode.next = node.next;
```

```java
            node.next.previous = newNode;
            node.next = newNode;
            size++;
            return true;
    }
    public Integer remove(int index) {
        if(index == 0){
                return removeFirst();
        }
        if(index == size - 1)
                return removeLast();
        if(index < 0 || index > size - 1){
                throw new IndexOutOfBoundsException("下标越界");
        }
        Node node = null;

        if(index <= size/2) {
            node = head;
            for(int i = 0;i < index - 1;i++){
                node = node.next;
            }
        }
        else{
            node = tail;
            for(int i = size - 1;i > index;i-- ){
                node = node.previous;
            }
        }
        node.previous.next = node.next;
        node.next.previous = node.previous;
        size -- ;
        return node.data;
    }
    public int size(){
        return size;
    }
    public boolean isEmpty(){
        return size > 0;
    }
    public boolean contains(Integer m){
        if(head == null || tail == null)
            return false;
        if(head.data.intValue() == m.intValue()
            ||tail.data.intValue() == m.intValue())
            return true;
        boolean boo = false;
        Node node = null;
        node = head;
        for(int i = 0;i < size - 1;i++){
            if(node.data.intValue() == m){
                boo = true;
                break;
            }
            node = node.next;
        }
        return boo;
    }
    public void rotate(){
        Integer temp = head.data;
        Node node = head;
        for(int i = 0;i < size - 1; i++){         //节点的数据依次向左移动
```

```
                node.data = node.next.data;
                node = node.next;
            }
            tail.data = temp;                    //头节点的数据放入尾节点中
    }
    public String toString(){
        Node node = head;
        String str = new String("[ ");
        str = str + node.data + " ";
        for(int i = 0;i < size - 1;i++){
            node = node.next;
            str = str + node.data + " ";
        }
        str = str + "]";
        return str;
    }
}
```

本例中的主类 Example5_17 使用本例中自己编写的 LinkedInt 类创建链表,并使用了该链表的方法,运行效果如图 5.28 所示。

```
链表大小:8
[ 10 11 12 13 14 15 16 17 ]
头节点:10,尾节点:17.
第6个节点中的数据:16
删除头节点:10,删除尾节点:17.
链表大小:6
[ 11 12 13 14 15 16 ]
插入第3个节点999:true
链表大小:7
[ 11 12 13 999 14 15 16 ]
插入第1个节点888:true
链表大小:8
[ 11 888 12 13 999 14 15 16 ]
删除第5个节点:14.
链表大小:7
[ 11 888 12 13 999 15 16 ]
链表包含888:true
链表包含14:false
```

图 5.28 用自己编写的类创建链表

Example5_17. java

```java
public class Example5_17 {
    public static void main(String args[]) {
        LinkedInt list = new LinkedInt();
        list.addFirst(13);
        list.addFirst(12);
        list.addFirst(11);
        list.addFirst(10);
        list.addLast(14);
        list.addLast(15);
        list.addLast(16);
        list.addLast(17);
        System.out.println("链表大小:" + list.size() + "\n" + list);
        System.out.print("头节点:" + list.getFirst());
        System.out.println(",尾节点:" + list.getLast() + ".");
        int index = 6;                          //下标索引从 0 开始
        System.out.println("第" + index + "个节点中的数据:" + list.get(index));
        System.out.print("删除头节点:" + list.removeFirst());
        System.out.println(",删除尾节点:" + list.removeLast() + ".");
        System.out.println("链表大小:" + list.size() + "\n" + list);
        index = 3;
        int number = 999;
        System.out.println("插入第" + index + "个节点" + number + ":" + list.add(index,number));
```

第 5 章 链表与LinkedList类

```
            System.out.println("链表大小:" + list.size() + "\n" + list);
            index = 1;
            number = 888;
            System.out.println("插入第" + index + "个节点" + number + ":" + list.add(index,number));
            System.out.println("链表大小:" + list.size() + "\n" + list);
            index = 5;
            System.out.println("删除第" + index + "个节点:" + list.remove(index) + ".");
            System.out.println("链表大小:" + list.size() + "\n" + list);
            number = 888;
            System.out.println("链表包含" + number + ":" + list.contains(number));
            number = 14;
            System.out.println("链表包含" + number + ":" + list.contains(number));
        }
    }
```

例 5-18 编写 LinkedInt 类解决约瑟夫问题。

在例 5-12 中曾使用集合框架中的 LinkedList 类解决了约瑟夫问题，在本例中使用自己编写的 LinkedInt 类解决约瑟夫问题，运行效果如图 5.29 所示。

```
号码3退出圈
号码6退出圈
号码9退出圈
号码1退出圈
号码5退出圈
号码10退出圈
号码4退出圈
号码11退出圈
号码8退出圈
号码2退出圈
最后剩下的号码是7
```

图 5.29 用 LinkedInt 链表解决约瑟夫问题

Example5_18.java

```java
public class Example5_18 {
    public static void main(String args[]) {
        LinkedInt list = new LinkedInt();
        for(int i = 1; i <= 11; i++){
            list.addLast(i);
        }
        while(list.size() > 1){                    //圈中的人数超过1
            list.rotate();                          //向左旋转 list
            list.rotate();
            int m = list.removeFirst();            //数到第 3 个人,该人退出
            System.out.printf("号码%d退出圈\n",m);
        }
        System.out.printf("最后剩下的号码是%d\n",list.getFirst());
    }
}
```

习题 5

扫一扫

习题

扫一扫

自测题

第 6 章 顺序表与ArrayList类

本章主要内容
- 顺序表的特点；
- 创建顺序表；
- 顺序表的常用方法；
- 遍历顺序表；
- 顺序表与筛选法；
- 顺序表与全排列；
- 顺序表与组合；
- 顺序表与记录；
- Vector 类。

第 5 章中学习了链表，链表是线性表的一种具体体现，节点的物理地址不必是依次相邻的。顺序表也是线性表的一种具体体现，顺序表节点形成的逻辑结构是线性结构、节点的存储结构是顺序存储，即节点的物理地址是依次相邻的。

6.1 顺序表的特点

1. 查询节点

顺序表使用数组来实现，顺序表节点的物理地址是依次相邻的，因此可以随机访问任何一个节点，不必从头节点计数查找其他节点。如果是按序号查找顺序表节点中的对象，时间复杂度是 $O(1)$。如果经常需要查找一组数据，可以考虑用顺序表存储这些数据。如果是按对象查找顺序表中的某个对象，那么就要从顺序表的头节点开始依次向后查找，时间复杂度是 $O(n)$。

注意：链表查询头、尾节点的时间复杂度是 $O(1)$，查询其他节点的时间复杂度为 $O(n)$。

2. 添加节点

和链表不同，顺序表没有单独添加头节点的操作，但是有添加尾节点的操作，如果顺序表存放节点的初始数组还有没被占用的元素，那么添加一个尾节点的时间复杂度为 $O(1)$，如果数组已满，则要创建一个新数组（新数组的长度通常为原数组的两倍），并将原数组的元素值复制到新数组中，再添加新节点，那么时间复杂度就是 $O(n)$。如果是在指定序号处添加新节点（插入），则需要移动其他节点中的数据，时间复杂度就是 $O(n)$。如果数组已满，同样要创建新数组，时间复杂度也是 $O(n)$。

3. 删除节点

如果是按序号删除某个节点，尽管找到该节点的时间复杂度是 $O(1)$，但是在删除该节点后需要移动其他节点中的数据，导致时间复杂度还是 $O(n)$，如果删除的是尾节点，时间复杂度是 $O(1)$。如果是按对象删除节点，那么就要在顺序表中查找该对象，按对象查找的时间复杂度是 $O(n)$，然后删除，总的时间复杂度仍然是 $O(n)$。

和链表相比,顺序表擅长查找操作,按索引查找的时间复杂度是 $O(1)$,但不擅长删除和插入操作,时间复杂度是 $O(n)$。链表更适合删除和插入操作(删除头、尾节点的时间复杂度都是 $O(1)$),但不擅长查找操作,除了头、尾节点以外,查找的时间复杂度都是 $O(n)$。

6.2 创建顺序表

顺序表由 Java 集合框架(Java Collections Framework,JCF)中的 ArrayList<E>泛型类所实现。Java 集合框架中的类和接口在 java.util 包中,主要的接口有 Collection、Map、Set、List、Queue、SortedSet 和 SortedMap,其中 List、Queue、Set 是 Collection 的子接口,SortedSet 是 Set 的子接口,SortedMap 是 Map 的子接口,如图 6.1 所示。

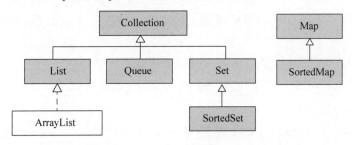

图 6.1　ArrayList 实现了 List 接口

ArrayList<E>泛型类实现了 Java 集合框架中的 List 泛型接口(和链表不同,没有实现 Queue 泛型接口。有关链表的内容见第 5 章中的 5.2 节)。ArrayList<E>泛型类继承了 List 泛型接口中的 default 关键字修饰的方法(去掉了该关键字),实现了 List 泛型接口中的抽象方法。

ArrayList<E>泛型类的实例属于顺序表,即其中节点的逻辑结构是线性结构,节点的存储结构是顺序存储。ArrayList<E>泛型类的实例使用数组管理节点,因此节点就是对象,后面的叙述不再说节点中的对象。

创建空顺序表,在使用 ArrayList<E>泛型类声明顺序表时必须要指定 E 的具体类型,类型是类或接口类型(不可以是基本类型,例如 int、float、char 等),即指定顺序表中节点(对象)的类型。例如,指定 E 是 String 类型:

```
ArrayList<String> arrlistOne = new ArrayList<>();
```

或

```
ArrayList<String> arrlistOne = new ArrayList<String>();
```

上面代码创建的顺序表是空顺序表,其默认的内部数组的长度是 10(可以将内部数组理解为一块连续的内存空间)。在创建空顺序表时也可以指定内部数组的长度,例如:

```
ArrayList<String> arrlistOne = new ArrayList<>(20);
```

指定内部数组的长度是 20。

然后顺序表 arrlistOne 就可以使用 add(E obj)方法依次添加节点,顺序表 arrlistOne 在使用 add(E obj)方法添加节点时指定的节点是 String 对象,例如:

```
arrlistOne.add("硬座车厢 1");
arrlistOne.add("硬座车厢 2");
arrlistOne.add("硬座车厢 3");
```

这时顺序表 arrlistOne 就有了 3 个节点,节点中都是 String 类型的数据,顺序表中的节点是自动按顺序放到一个数组中的,在程序中不需要有安排节点顺序的代码。不断地添加节点,原数组的元素会被使用完,这时系统会自动进行扩容:创建一个新数组(新数组的长度通常为原数组的两倍),并将原数组的元素值复制到新数组中,再添加新节点。在程序中也可以让顺序表调用 ensureCapacity(int minCapacity)方法主动扩容。顺序表使用 size()方法返回顺序表中节点的数目(返回的不是内存容量,即返回的不是内部数组的长度),如果顺序表中没有节点,size()方法返回 0。

当然也可以用其他集合中的节点(例如 arrlistOne 中的节点)创建一个新的顺序表 arrlistTwo:

```
ArryList<String> arrlistTwo = new ArryList<String>(arrlist);
```

顺序表 arrlistTwo 的节点和 arrlistOne 的相同。如果顺序表 arrlistTwo 修改了节点不会影响 arrlistOne 的节点,同样,如果顺序表 arrlistOne 修改了节点也不会影响 arrlistTwo 的节点。

注意:顺序表内部使用 Object 类型的数组管理顺序表的节点,用户不能直接使用这个数组,当顺序表使用 add(E obj)方法时,顺序表会自动将 obj 存放到数组的元素中。

例 6-1 创建顺序表。

本例中的主类 Example6_1 首先创建一个空顺序表 arrlistOne,然后向空顺序表 arrlistOne 添加 3 个节点,再用 arrlistOne 中的节点创建顺序表 arrlistTwo,修改 arrlistTwo 的节点并不影响 arrlistOne 的节点,运行效果如图 6.2 所示。

```
顺序表arrlistOne的长度:3
顺序表arrlistOne的节点:
[硬座车厢1, 硬座车厢2, 硬座车厢3]
顺序表arrlistTwo的节点:
[硬座车厢1, 硬座车厢2, 餐车, 卧铺车厢4, 卧铺车厢5]
顺序表arrlistOne的节点:
[硬座车厢1, 硬座车厢2, 硬座车厢3]
```

图 6.2 创建顺序表

Example6_1.java

```java
import java.util.ArrayList;
public class Example6_1 {
    public static void main(String args[]) {
        ArrayList<String> arrlistOne = new ArrayList<String>();
        arrlistOne.add("硬座车厢 1");
        arrlistOne.add("硬座车厢 2");
        arrlistOne.add("硬座车厢 3");
        System.out.println("顺序表 arrlistOne 的长度:" + arrlistOne.size());
        System.out.println("顺序表 arrlistOne 的节点:\n" + arrlistOne);
        ArrayList<String> arrlistTwo = new ArrayList<String>(arrlistOne);
        arrlistTwo.add("卧铺车厢 4");
        arrlistTwo.add("卧铺车厢 5");
        arrlistTwo.set(2,"餐车");
        System.out.println("顺序表 arrlistTwo 的节点:\n" + arrlistTwo);
        System.out.println("顺序表 arrlistOne 的节点:\n" + arrlistOne);
    }
}
```

注意:ArrayList 类重写了 Object 类的 toString()方法,使得 System.out.println()输出顺序表的节点。

6.3　顺序表的常用方法

　　顺序表和链表类似,区别是存储方式不同,并且一些方法的时间复杂度(即效率)不同。第5章中的很多例子可以改成用顺序表来完成。

　　顺序表的常用方法如下。

- public boolean add(E *e*):向顺序表的末尾添加一个新的节点*e*(时间复杂度是$O(1)$)。
- public void add(int index,E *e*):向顺序表的index指定位置添加一个新的节点*e*(时间复杂度是$O(n)$)。
- public boolean addAll(Collection<? extends E> *c*):将参数*c*指定的顺序表的节点按照节点序号依次添加到该顺序表的尾部(时间复杂度是$O(n)$)。
- public void clear():删除顺序表中的全部节点(时间复杂度是$O(1)$)。
- public boolean contains(Object obj):判断顺序表中是否有对象obj,如果有节点是对象obj,返回true,否则返回false(时间复杂度是$O(n)$)。
- public void ensureCapacity(int minCapacity):如果有需要,可以使用该方法增加顺序表的容量(内部数组的长度),以确保它可以至少保存最小容量参数指定的节点数目,但不会增加顺序表的长度,即不会增加新节点。
- public void forEach(Consumer<? super E> action):对顺序表中的每个节点执行给定的操作,直到所有节点都被处理或动作引发异常。其时间复杂度通常为$O(n)$,时间复杂度会依赖于动作的时间复杂度。
- public E get(int index):返回顺序表中序号为index的节点,时间复杂度是$O(1)$。
- int indexOf(Object obj):返回顺序表中第一个是obj的节点的序号,如果顺序表中没有节点是obj,返回-1(时间复杂度是$O(n)$)。
- public boolean isEmpty():如果该顺序表没有节点,返回true,否则返回false,其时间复杂度是$O(1)$。
- public Iterator<E> iterator():返回该顺序表的单向迭代器。
- public int lastIndexOf(Object o):返回顺序表中最后一个是obj的节点的序号,如果顺序表中没有节点是obj,返回-1(时间复杂度是$O(n)$)。
- public ListIterator<E> listIterator():返回顺序表中的双向迭代器。
- public E remove(int index):返回顺序表中的第index个节点,并删除该节点(时间复杂度是$O(n)$)。
- public boolean remove(Object o):删除顺序表中首次出现的是obj的节点,如果删除成功返回true,否则返回false(时间复杂度是$O(n)$)。
- public boolean removeAll(Collection<?> *c*):删除和参数*c*指定的集合中某节点相同的节点(时间复杂度是$O(n)$)。
- public boolean removeIf(Predicate<? super E> filter):删除满足filter给出的条件的全部节点(时间复杂度是$O(n)$)。Predicate是一个函数接口,其中唯一的抽象方法是boolean test(T *t*),在使用removeIf(Predicate<? super E> filter)方法时可以将一个Lambda表达式传递给参数filter,该Lambda表达式有一个参数,类型和节点的类型一致,Lambda表达式的返回值的类型是boolean型。

- public boolean retainAll(Collection<?> c)：仅保留和参数 c 指定的集合中某节点相同的节点(时间复杂度是 $O(n)$)。
- E set(int index, E element)：将当前顺序表中 index 序号的节点替换为参数 element 指定的节点，并返回被替换的节点，时间复杂度是 $O(1)$。
- public void sort(Comparator<? super E> c)：List 接口的默认排序方法(用 default 关键字修饰的方法)，ArrayList 继承了该排序方法(去掉了关键字 default)。该排序方法的参数 c 是 Comparator 泛型接口，Comparator 泛型接口是一个函数接口，即此接口中的抽象方法只有一个——int compare(T a, T b)，该方法比较两个参数 a 和 b 的顺序，返回值是正数表示 a 大于 b，返回值是负数表示 a 小于 b，返回值是 0 表示 a 等于 b。Comparator 是一个函数接口，因此在使用该方法时可以向参数 c 传递一个 Lambda 表达式，该 Lambda 表达式必须有两个参数，在 Lambda 表达式中必须有 return 语句，返回的值是 int 型数据。
- public List<E> subList(int fromIndex, int toIndex)：返回一个当前顺序表中序号为 fromIndex(含)~toIndex(不含)的节点构成的视图，此视图是 AbstractList 类的子类 SubList<E>的实例(SubList<E>也是 AbstractList 类的内部类)。更改视图的节点(增加或删除节点)或对节点进行修改都会使当前顺序表发生同步改变。需要特别注意的是，一旦顺序表添加或删除节点，就会破坏视图的索引，就会影响之前顺序表用 subList()方法返回的视图，这个视图将无法再被继续使用(如果继续使用，在运行时会触发 ConcurrentModificationException 异常)，顺序表必须用 subList()方法重新返回一个新的视图(细节参见第 5 章中的 5.7 节)。
- public <T> T[] toArray(T[] a)：返回一个包含顺序表中所有节点中的对象的数组(从第一个到最后一个元素)，返回的数组的类型是指定数组的类型。
- public boolean equals(Object list)：如果顺序表和 list 的长度相同，并且对应的每个节点也相等，那么该方法返回 true，否则返回 false(ArrayList<E>泛型类重写了 Object 类的 equals()方法)。

> **注意**：在使用 indexOf(Object obj)和 contains(Object obj)方法检索或判断顺序表中是否有节点是对象 obj 时会调用 equals(Object obj)方法检查节点是否等于 obj。equals(Object obj)方法是 Object 类提供的方法，默认是比较对象的引用值。在实际编程时经常需要重写 equals(Object obj)方法，以便重新规定节点相等的条件。

例 6-2 比较顺序表和链表的耗时。

本例中的主类 Example6_2 比较了顺序表的 get(int index)方法和链表的 get(int index)方法的运行耗时，可以看出顺序表的耗时明显小于链表的耗时，运行效果如图 6.3 所示。

> 顺序表按序号获得全部100000个节点耗时1226000(纳秒)。
> 链表按序号获得全部100000个节点耗时5522100900(纳秒)。

图 6.3 比较顺序表和链表的耗时

Example6_2.java

```java
import java.util.ArrayList;
import java.util.LinkedList;
public class Example6_2 {
    public static void main(String args[]){
```

第6章 顺序表与ArrayList类

```java
        int N = 100000;
        ArrayList<Integer> arrlist = new ArrayList<Integer>(100010);
                                            //容量初始值比实际需要的多10
        LinkedList<Integer> linkedlist = new LinkedList<Integer>();
        for(int i = 0;i < N;i++){
            arrlist.add(i);
            linkedlist.add(i);
        }
        long startTime = System.nanoTime();
        for(int i = 0;i < arrlist.size();i++) {
            arrlist.get(i);
        }
        long estimatedTime = System.nanoTime() - startTime;
        System.out.printf("顺序表按序号获得全部%d个节点耗时%d(纳秒).\n",
                         arrlist.size(),estimatedTime);
        startTime = System.nanoTime();
        for(int i = 0;i < arrlist.size();i++) {
            linkedlist.get(i);
        }
        estimatedTime = System.nanoTime() - startTime;
        System.out.printf("链表按序号获得全部%d个节点耗时%d(纳秒).\n",
                         linkedlist.size(),estimatedTime);
    }
}
```

例 6-3 顺序表的常用方法的使用。

本例中的主类 Example6_3 使用了顺序表的一些常用方法,运行效果如图 6.4 所示。

```
得到55个随机数放入顺序表arrlistOne.顺序表arrlistOne的长度:55
顺序表arrlistOne:
[72, 24, 26, 41, 87, 2, 90, 74, 97, 19, 75, 65, 56, 92, 63, 74, 29, 65,
 35, 22, 49, 56, 97, 78, 32, 75, 77, 29, 85, 20, 58, 57, 32, 82, 92, 97,
 60, 82, 71, 92, 88, 24, 80, 50, 16, 44, 28, 82, 21, 26, 79, 16, 78, 10,
 54]
去掉重复的随机数的顺序表arrlistTwo的长度:39,顺序表arrlistTwo:
[54, 10, 78, 16, 79, 26, 21, 82, 28, 44, 50, 80, 24, 88, 92, 71, 60, 97,
 32, 57, 58, 20, 85, 29, 77, 75, 56, 49, 22, 35, 65, 74, 63, 19, 90, 2,
 87, 41, 72]
排序顺序表arrlistTwo:
[2, 10, 16, 19, 20, 21, 22, 24, 26, 28, 29, 32, 35, 41, 44, 49, 50, 54,
 56, 57, 58, 60, 63, 65, 71, 72, 74, 75, 77, 78, 79, 80, 82, 85, 87, 88,
 90, 92, 97]
顺序表arrlistTwo删除节点中是偶数的节点后:
[19, 21, 29, 35, 41, 49, 57, 63, 65, 71, 75, 77, 79, 85, 87, 97]
顺序表arrlistTwo有节点中的数字是37的吗? false
```

图 6.4 顺序表的常用方法的使用

Example6_3.java

```java
import java.util.ArrayList;
import java.util.Random;
public class Example6_3 {
    public static void main(String args[]){
        int N = 55;
        ArrayList<Integer> arrlistOne = new ArrayList<Integer>(N);   //容量初始值是N
        ArrayList<Integer> arrlistTwo = new ArrayList<Integer>(N);
        Random random = new Random();
        System.out.print("得到" + N + "个随机数放入顺序表 arrlistOne.");
        for(int i = 0;i < N;i++){
            arrlistOne.add(random.nextInt(100) + 1);
        }
        System.out.println("顺序表 arrlistOne 的长度:" + arrlistOne.size());
        System.out.println("顺序表 arrlistOne :\n" + arrlistOne);
```

```
        while(arrlistOne.size()>0){                       //去掉重复的随机数
            int m = arrlistOne.remove(arrlistOne.size()-1);//删除尾节点
            if(!arrlistTwo.contains(m)){
                arrlistTwo.add(m);
            }
        }
        arrlistOne.trimToSize();                          //释放 arrlistOne 多余的容量
        System.out.print("去掉重复的随机数的顺序表 arrlistTwo 的长度:" + arrlistTwo.size());
        System.out.print(",顺序表 arrlistTwo:\n" + arrlistTwo + "\n");
        arrlistTwo.sort((a,b) ->{return a - b;});
        System.out.println("排序顺序表 arrlistTwo:\n" + arrlistTwo);
        arrlistTwo.removeIf((m) ->{if(m % 2 == 0)
                                        return true;
                                   else
                                        return false;});
        System.out.println("顺序表 arrlistTwo 删除节点中是偶数的节点后:\n" + arrlistTwo);
        int number = 37;
        boolean isContains = arrlistTwo.contains(number);
        System.out.println("顺序表 arrlistTwo 有节点中的数字是" + number + "的吗?" + isContains);
    }
}
```

6.4 遍历顺序表

ArrayList 的存储结构是顺序结构,即节点的物理地址是依次相邻的,因此顺序表完全可以调用 get(int index)方法来遍历节点。

无论何种集合,都应该允许用户以某种方法遍历集合中的对象,而不需要知道这些对象在集合中是如何表示及存储的,即无须知道其逻辑结构和存储结构,例如无须知道节点的序号或顺序,链式存储等信息。Java 集合框架为各种数据结构的集合(例如链表、散列表等不同存储结构的集合)提供了迭代器。

迭代器分为单向迭代器和双向迭代器,对于线性表,单向迭代器只能向尾节点方向依次遍历节点(称向后遍历),双向迭代器既可以向尾节点方向依次遍历节点,也可以向头节点方向依次遍历节点(称向前遍历)。有关单向迭代器和双向迭代器的详细知识点参见第 5 章中的 5.9 节。

例 6-4 遍历顺序表并添加新节点。

本例中的主类 Example6_4 使用双向迭代器遍历一个顺序表,该顺序表的每个节点是一个小写英文字母。双向迭代器在遍历节点的过程中动态地添加新的节点,当向后遍历时(尾部节点方向),在当前节点的遍历方向的前面(尾节点方向)依次插入两个新节点,一个新节点是当前节点的 ASCII 的值(即在 Unicode 表中的顺序位置),另一个新节点是当前节点的大写字母,运行效果如图 6.5 所示。

```
顺序表:[a, b, c, d, e, f, g, h, i, j, k, l, m, n, o, p, q, r, s, t, u, v, w, x, y, z]
迭代器从头到尾遍历顺序表,并插入新节点。
a b c d e f g h i j k l m n o p q r s t u v w x y z
目前的顺序表:
[a, 97, A, b, 98, B, c, 99, C, d, 100, D, e, 101, E, f, 102, F, g, 103, G, h, 104, H,
i, 105, I, j, 106, J, k, 107, K, l, 108, L, m, 109, M, n, 110, N, o, 111, O, p, 112, P
, q, 113, Q, r, 114, R, s, 115, S, t, 116, T, u, 117, U, v, 118, V, w, 119, W, x, 120,
X, y, 121, Y, z, 122, Z]
```

图 6.5 遍历顺序表并添加新节点

第6章　顺序表与ArrayList类

Example6_4.java

```java
import java.util.ArrayList;
import java.util.ListIterator;
public class Example6_4 {
    public static void main(String args[]){
        ArrayList<String> list = new ArrayList<String>(26);
        for(char c = 'a';c<='z';c++) {
            list.add(c + "");
        }
        System.out.println("顺序表:" + list);
        ListIterator<String> iterTwoWay = list.listIterator();        //双向迭代器
        System.out.println("迭代器从头到尾遍历顺序表,并插入新节点.");
        while(iterTwoWay.hasNext()){
            String item = iterTwoWay.next();
            iterTwoWay.add(String.valueOf((int)item.charAt(0)));      //插入新节点
            iterTwoWay.add(item.toUpperCase());                       //插入新节点
            System.out.print(item + " ");
        }
        System.out.println("\n目前的顺序表:\n" + list);
    }
}
```

　　和链表不同的是,顺序表可以不使用迭代器 Iterator 接口中的默认方法 public default void forEachRemaining(Consumer<? super E> action)动态地遍历顺序表。

　　ArrayList 类有自己的动态遍历顺序表的方法,该方法不是 List 接口的方法。ArrayList 类提供的 public void forEach(Consumer<? super E> action) 方法的参数类型是 Consumer 函数接口,该接口中的抽象方法 void accept(T t)的返回类型是 void 型。那么在调用 forEach (Consumer<? super E> action)方法时可以将一个 Lambda 表达式传递给 action,该 Lambda 表达式的参数类型和顺序表的节点类型一致,不需要 return 语句(如果有 return,不允许返回任何值)。例如,可以将下列 Lambda 表达式

```
(value) ->{ System.out.println(value);}
```

传递给 action。

　　forEach(Consumer<? super E> action)方法在执行过程中将使用这个 Lambda 表达式,让 Lambda 表达式的参数 value 依次取迭代器返回的节点中的对象,直到迭代器的游标无法向后或向前移动为止。

　　注意：forEach()方法在执行过程中不允许顺序表调用方法添加或删除节点,否则会触发 ConcurrentModificationException 异常。

　　例 6-5　动态遍历顺序表输出二进制、八进制和十六进制码值。

　　本例中的主类 Example6_5 动态遍历节点是 Integer 对象的一个顺序表,在遍历这个顺序表时让 Integer 对象参与运算,输出 Integer 对象的二进制、八进制和十六进制码值,运行效果如图 6.6 所示。

```
顺序表:[8893, 8894, 8895, 8896, 8897, 8898]
8893:
二进制:10001010111101,八进制:21275,十六进制:22bd.
8894:
二进制:10001010111110,八进制:21276,十六进制:22be.
8895:
二进制:10001010111111,八进制:21277,十六进制:22bf.
8896:
二进制:10001011000000,八进制:21300,十六进制:22c0.
8897:
二进制:10001011000001,八进制:21301,十六进制:22c1.
8898:
二进制:10001011000010,八进制:21302,十六进制:22c2.
```

图 6.6　动态遍历顺序表输出二进制、八进制和十六进制码值

Example6_5.java

```java
import java.util.ArrayList;
public class Example6_5 {
    public static void main(String args[]){
        int N = 6;
        int start = 8893;
        ArrayList<Integer> list = new ArrayList<Integer>(N);
        for(int i = 0;i<N;i++) {
            list.add(i + start);
        }
        System.out.println("顺序表:" + list);
        list.forEach ((v) ->
                        { System.out.println(v + ":");
                          System.out.print("二进制:" + Integer.toBinaryString(v) + ",");
                          System.out.print("八进制:" + Integer.toOctalString(v) + ",");
                          System.out.println("十六进制:" + Integer.toHexString(v) + ".");
                        });
    }
}
```

6.5 顺序表与筛选法

素数是指在大于 1 的自然数中，除了 1 和它本身以外，不再有其他因数的自然数。

筛选法又称筛法，是由希腊数学家埃拉托斯特尼提出的一种简单检定素数的算法。因为希腊人是把数写在涂了蜡的板上，每要划去一个数，就在上面记 1 小点，在寻找素数的工作完毕后，板上留下很多小点就像一个筛子，所以把埃拉托斯特尼的方法叫作筛选法，简称筛法。由于 1 不是素数，筛选法的做法是，先把 2～n 的自然数按次序排列起来，筛选法的算法从 2 开始：

2 是素数，把素数 2 保存，然后把 2 后面所有能被 2 整除的数都划去。
数字 2 后面第 1 个没被划去的数是素数 3，把素数 3 保存，然后把 3 后面所有能被 3 整除的数都划去。
3 后面第 1 个没被划去的数是素数 5，把素数 5 保存，然后把 5 后面所有能被 5 整除的数都划去。
……

按照筛选法，每次留下的数字中的第 1 个数字一定是素数，如此继续进行，就会把不超过 n 的全部合数（合数指除素数以外的数）都筛掉，保存的就是不超过 n 的全部素数。

例 6-6 用筛选法求素数。

本例中 PrimeFilter 类的 ArrayList<Integer> primeFilter(int n) 方法是筛选法，返回不超过正整数 n 的全部素数。

PrimeFilter.java

```java
import java.util.ArrayList;
public class PrimeFilter {
    public static ArrayList<Integer> primeFilter(int n){
        ArrayList<Integer> list = new ArrayList<Integer>(n);
        for(int i = 2;i<=n;i++) {
            list.add(i);
        }
        ArrayList<Integer> prime = new ArrayList<Integer>();        //存放素数
        while(list.size()>0) {
            int primeNumber = list.remove(0);    //按照筛选法,首节点中是素数
            prime.add(primeNumber);
            for(int j = 0;j<list.size();j++){
                if(list.get(j) % primeNumber == 0)
```

第6章 顺序表与ArrayList类

```
                list.remove(j); //划掉大于 primeNumber 的能被 primeNumber 整除的数字
            }
        }
        return prime;
    }
}
```

孪生素数猜想是数论中著名的未解决问题,是数学家希尔伯特在1900年国际数学家大会上提出的23个问题中的第8个问题:"是否存在无穷多个素数 p,并且对每个 p 而言,$p+2$ 也是素数"。孪生素数就是相差为2的一对素数。例如3和5、5和7、11和13、……227和229等都是孪生素数。由于孪生素数猜想的高知名度以及它与哥德巴赫猜想的联系,导致很多人在研究孪生素数猜想,然而孪生素数猜想至今未能被解决。

1849年,波利尼亚克(Alphonse de Polignac)提出了更一般的猜想:对所有自然数 k,存在无穷多个素数对 $(p,p+2k)$,$k=1$ 的情况就是孪生素数猜想。数学家们相信波利尼亚克的这个猜想也是成立的。

2013年5月,数学家张益唐的论文"素数间的有界距离"在《数学年刊》上发表,破解了困扰数学界长达一个半世纪的难题。张益唐证明了孪生素数猜想的弱化形式,即发现存在无穷多差小于7000万的素数对。这是第一次有人证明存在无穷多组间距小于定值的素数对。

本例中的主类 Example6_6 使用 ArrayList<Integer> primeFilter(int n) 方法输出200以内的全部素数以及200以内的孪生素数,运行效果如图6.7所示。

```
不超过200的全部素数:
[2, 3, 5, 7, 11, 13, 17, 19, 23, 29, 31, 37, 41, 43, 47, 53,
 59, 61, 67, 71, 73, 79, 83, 89, 97, 101, 103, 107, 109, 113
, 127, 131, 137, 139, 149, 151, 157, 163, 167, 173, 179, 181
, 191, 193, 197, 199]
200内的全部孪生素数:
(3, 5)  (5, 7)  (11, 13)  (17, 19)  (29, 31)  (41, 43)  (59, 61)  (71, 73)
(101, 103)  (107, 109)  (137, 139)  (149, 151)  (179, 181)  (191, 193)
(197, 199)
```

图6.7 用筛选法求素数

Example6_6.java

```java
import java.util.ArrayList;
public class Example6_6 {
    public static void main(String args[]){
        int N = 200;
        ArrayList<Integer> list = new ArrayList<Integer>(N);
        for(int i = 2;i <= N;i++) {
            list.add(i);
        }
        ArrayList<Integer> primeList = PrimeFilter.primeFilter(N);
        System.out.println("不超过" + N + "的全部素数:\n" + primeList + "\n");
        System.out.println(N + "内的全部孪生素数:");
        for(int i = 0;i < primeList.size() - 1;i++) {
            int twin1 = primeList.get(i),
                twin2 = primeList.get(i + 1);
            if(twin2 - twin1 == 2) {
                System.out.print("(" + twin1 + "," + twin2 + ") ");
            }
        }
    }
}
```

6.6 顺序表与全排列

1. 用递归法求全排列

求全排列很容易想到用递归算法。例如(1)!是1,对于(12)!,首先降低规模,即将1固定在首位,计算(2)!,然后将2固定在首位,计算(1)!,示意如下:

12　　21

对于(123)!,首先降低规模,即将1固定在首位,计算(23)!,然后将2固定在首位,计算(13)!,再将3固定在首位,计算(12)!,示意如下:

123　　132　　213　　231　　312　　321

用递归法求全排列,时间复杂度是 $O(n!)$,这里求全排列的方法是把全排列存放在某种数据结构的集合中,例如顺序表中,然后返回该集合,以便其他用户使用全排列,因此求全排列的空间复杂度是 $O(n!)$。

在求全排列的递归算法中使用了顺序表,其优点是使得递归的代码更加简洁。例如,对于求(123)!,递归法返回的 ArrayList 顺序表中的节点中依次存放着(123)!中的某一个,即 ArrayList 顺序表中的节点依次是:

123　　132　　213　　231　　312　　321

例 6-7 用递归法返回 n 个不同元素的全排列。

本例中 FullPermutation 类的递归方法 permutation(ArrayList < String > source)返回 n 个不同元素的全排列,时间复杂度是 $O(n!)$,空间复杂度是 $O(n!)$。

FullPermutation.java

```java
import java.util.ArrayList;
public class FullPermutation {
    public static ArrayList<String> permutation(ArrayList<String> source){
        if(source.size() == 1) {
            return source;
        }
        else {
            ArrayList<String> list = new ArrayList<String>();
            for(int k = 0;k< source.size();k++){
                ArrayList<String> copyList = new ArrayList<String>(source);
                String index_k = copyList.remove(k);   //copyList 删除第 k 个节点
                ArrayList<String> listNext = permutation(copyList);         //递归
                for(int i = 0;i< listNext.size();i++) {
                    list.add(index_k + "" + listNext.get(i));
                                    //得到的各个排列放到顺序表 list 中
                }
            }
            return list;
        }
    }
}
```

本例中的主类 Example6_7 使用 FullPermutation 类的递归方法得到(5)!并输出,运行效果如图 6.8 所示。

第6章　顺序表与ArrayList类

```
12345 12354 12435 12453 12534 12543 13245 13254 13425 13452 13524 13542 14235 14253 14325
14352 14523 14532 15234 15243 15324 15342 15423 15432 21345 21354 21435 21453 21534 21543
23145 23154 23415 23451 23514 23541 24135 24153 24315 24351 24513 24531 25134 25143 25314
25341 25413 25431 31245 31254 31425 31452 31524 31542 32145 32154 32415 32451 32514 32541
34125 34152 34215 34251 34512 34521 35124 35142 35214 35241 35412 35421 41235 41253 41325
41352 41532 41523 42135 42153 42351 42513 42531 43125 43152 43215 43251 43512 43521
45132 45213 45231 45312 45321 51234 51243 51324 51342 51423 51432 52134 52143 52314
52341 52413 52431 53124 53142 53214 53241 53412 53421 54123 54132 54213 54231 54312 54321
```

图 6.8　用递归法求全排列

Example6_7.java

```java
import java.util.ArrayList;
public class Example6_7 {
    public static void main(String args[]){
        int N = 5;
        ArrayList<String> list = new ArrayList<String>();
        for(int i = 1;i <= N;i++){
            list.add("" + i);
        }
        for(String item:FullPermutation.permutation(list)){
            System.out.print(item + " ");
        }
    }
}
```

2. 数字填空

1~9个数字的填空问题有很多，不同的问题可能有各自的算法。因为最大数是9，复杂度$O(n!)$是完全可以接受的，所以可以用全排列来解决1~9个数字的填空问题。

九宫格的填数问题是经典的数字填空问题。把1~9的数字填入九宫格（横、竖都有3个格），使每行、每列以及两个对角线上的3个数之和都等于15。可能有很多种填数方案，例如有m种方案可以满足九宫格的填数要求。但是，如果九宫格没有定义方向，那么一个人站在左上角的格子里看到的某个方案的效果会和他站在右下角的格子里看到的某个方案的效果一样，其他点以此类推。按照这种逻辑去掉相同的，那么应该还剩$m/8$种方案（即考虑旋转、镜像相同的属于同一种）。

例 6-8　九宫格填数字。

本例中的主类 Example6_8 使用全排列的办法给出了所有满足九宫格填数字要求的 8 种方案，运行效果如图 6.9 所示。如果考虑旋转、镜像相同的属于同一种，那么这 8 种方案都是一样的。

```
[2, 7, 6]
[9, 5, 1]
[4, 3, 8]
--------
[2, 9, 4]
[7, 5, 3]
[6, 1, 8]
--------
[4, 3, 8]
[9, 5, 1]
[2, 7, 6]
--------
[4, 9, 2]
[3, 5, 7]
[8, 1, 6]
--------
[6, 1, 8]
[7, 5, 3]
[2, 9, 4]
--------
[6, 7, 2]
[1, 5, 9]
[8, 3, 4]
--------
[8, 1, 6]
[3, 5, 7]
[4, 9, 2]
--------
[8, 3, 4]
[1, 5, 9]
[6, 7, 2]
```

图 6.9　九宫格填数字

Example6_8.java

```java
import java.util.ArrayList;
import java.util.Arrays;
public class Example6_8 {
```

```java
public static void main(String args[]){
    int [][] a = new int[3][3];
    int N = 9;
    ArrayList<String> list = new ArrayList<String>();
    for(int i = 1;i <= N;i++){
        list.add("" + i);
    }
    list = FullPermutation.permutation(list);
    for(int i = 0;i < list.size();i++) {
        fill(a,list.get(i));                        //将一个排列放入数组 a
        if(isSuccess(a)) {                          //是否填数成功
            for(int k = 0;k < a.length;k++) {
                System.out.println(Arrays.toString(a[k]));
            }
            System.out.println("----------------");
        }
    }
}
static void fill(int[][] a,String s){
    int k = 0;
    for(int i = 0;i < a.length;i++) {
        for(int j = 0;j < a[0].length;j++) {
            a[i][j] = Integer.parseInt(s.charAt(k) + "");
            k++;
        }
    }
}
static boolean isSuccess(int[][] a){
    int sum[] = new int[8];
    sum[0] = a[0][0] + a[0][1] + a[0][2];           //第 1 行
    sum[1] = a[1][0] + a[1][1] + a[1][2];
    sum[2] = a[2][0] + a[2][1] + a[2][2];
    sum[3] = a[0][0] + a[1][0] + a[2][0];           //第 1 列
    sum[4] = a[0][1] + a[1][1] + a[2][1];
    sum[5] = a[0][2] + a[1][2] + a[2][2];
    sum[6] = a[0][0] + a[1][1] + a[2][2];           //正对角线
    sum[7] = a[2][0] + a[1][1] + a[0][2];
    boolean boo = true;
    for(int i = 0;i < sum.length;i++){
        if(sum[i]!= 15) {
            boo = false;
            break;
        }
    }
    return boo;
}
```

3. 用迭代法求全排列

按照字符串的字典序可以求全排列。按字典序比较大小就是比较字符串中字符的大小。每个字符在 Unicode 表中都有自己的位置，例如字符 a 的位置是 97，即表达式(int)'a'的值是 97。字符 1～9 的位置分别是 49～57，即表达式'1'＜'2'的值是 true。对于 String 对象的字符序列（即字符串），可以按字典序比较大小。比较大小的规则是：如果二者含有的字符完全相同，就称二者相等，否则从左（从 0 索引位置开始）向右比较字符串中的字符，当在某个位置出现不相同的字符时停止比较，二者根据该位置上字符的大小关系确定字典序的大小关系。例如按字典序 125364 小于 126453、6521 大于 65。

对于字符 1、2、3、5、6、7、8 组成的全排列,按字典序最小的是 12345678,最大的是 87654321。从最小的全排列(或最大的全排列)开始,按照字典序依次寻找下一个全排列,直到找到最大的(最小的)全排列为止,就可以给出全部的全排列。

这里通过找

34587621

的下一个全排列,介绍基于字典序找全排列的算法。

(1) 寻找正序相邻对。在全排列的相邻对中找到最后一对"正序相邻对"(小的在前,大的在后),例如 58 就是相邻对 34、45、58、76、62、21 中的最后一对"正序相邻对",记作 pairLast。假设 pairLast 的起始位置是 k,那么这个全排列从位置 $k+1$ 开始的字符是按从大到小排列的(相邻对是反序的,即大的在前,小的在后)。例如,34587621 的 pairLast"58"的起始位置是 2(字符串的起始位置是 0),从位置 2(图 6.10 中数字 4 所在的位置)后面开始是反序的 87621,如图 6.10 所示。

图 6.10　最后一对"正序相邻对"的起始位置

注意,如果找不到 pairLast,那么这个全排列一定是最大的那个全排列,例如 87654321 中就没有 pairLast。

(2) 寻找最小字符。在全排列的字符串中从 $k+1$ 位置开始找比 pairLast 的首字符大的字符中的最小字符,一定能找到这个最小字符,因为 $k+1$ 位置的字符就比 pairLast 的首字符大。最小字符以后的字符(假如有)都比 pairLast 的首字符小。例如,对于 pairLast"58",找到的字符是 6。字符 6 以后的字符(假如有)都比字符 5 小,如图 6.11 所示。

图 6.11　找到比 pairLast 的首字符大的字符的最小字符

(3) 最小字符与 pairLast 的首字符互换。将步骤(2)中找到的最小字符与 pairLast 的首字符(k 位置上的字符)互换,例如对于 pairLast"58",找到的最小字符 6 和 58 的首字符 5 互换,互换后如图 6.12 所示。

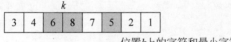

图 6.12　最小字符和 pairLast 的首字符互换

(4) 反转子序列。把步骤(3)得到的全排列从 $k+1$ 位置开始的字符子序列反转(该字符子序列中也可能只有一个字符),反转后如图 6.13 所示。

图 6.13　反转从 $k+1$ 位置开始的子序列

最后一步,即步骤(4)得到的全排列刚好是当前全排列按照字典序的下一个全排列,例如步骤(4)得到的 34612578 是 34587621(当前全排列)的下一个全排列。按照前面的步骤可知,原来的全排列和步骤(4)得到的全排列刚好在位置 k 出现了不相同的字符,而两个不相同的字符中前者小于后者。步骤（4）得到的全排列刚好是当前全排列按照字典序的下一个全排列的理由是，原来的全排列从位置 $k+1$ 开始的字符是从小到大排列的，那么按照字典序，最后一步得到的全排列，例如 34612578，是刚好大于原来的全排列"34587621"的一个全排列。

例 6-9 用迭代法求全排列。

本例中 DictionaryPermutation 类的方法 findPermutation(ArrayList<Character>list)返回全排列 list 的下一个全排列，时间复杂度是 $O(n)$，空间复杂度是 $O(n)$（因为仅是得到一个排列，所以此方法比前面的递归方法的时间复杂度和空间复杂度低）。

DictionaryPermutation.java

```java
import java.util.ArrayList;
import java.util.List;
import java.util.Collections;
public class DictionaryPermutation {
    public static ArrayList<Character> findPermutation(ArrayList<Character> list){
        int k = -1;
        for(int i = 0;i<list.size()-1;i++) {        //寻找最后的正序相邻对 pairLast
            if(list.get(i)<list.get(i+1)){
                k = i;                              //k 是 pairLast 的起始位置
            }
        }
        if(k ==-1) {                                //找不到 pairLast
            return null;
        }
        char ch = list.get(k);                      //ch 存放 pairLast 的首字符
        char max = list.get(k+1);                   //k+1 位置的字符比 ch 中的字符大
        int position = -1;
        for(int i = k+1;i<list.size();i++) {        //寻找比 pairLast 首字符大的最小字符
            if(list.get(i)>ch&&list.get(i)<= max){
                position = i;
                max = list.get(i);
            }
        }
        char findChar = list.get(position);         //得到最小字符
        list.set(position,ch);                      //k 位置上的字符，即 pairLast 的首字符和
                                                    //最小字符互换
        list.set(k,findChar);
        List<Character> listView = list.subList(k+1,list.size());
        Collections.reverse(listView);              //把从 k+1 位置开始的节点中的字符序列反转
        return list;
    }
}
```

本例中的主类 Example6_9 使用 DictionaryPermutation 类的迭代方法逐项输出(4)!，运行效果如图 6.14 所示。

```
[1, 2, 3, 4][1, 2, 4, 3][1, 3, 2, 4][1, 3, 4, 2][1, 4, 2, 3][1, 4, 3, 2]
[2, 1, 3, 4][2, 1, 4, 3][2, 3, 1, 4][2, 3, 4, 1][2, 4, 1, 3][2, 4, 3, 1]
[3, 1, 2, 4][3, 1, 4, 2][3, 2, 1, 4][3, 2, 4, 1][3, 4, 1, 2][3, 4, 2, 1]
[4, 1, 2, 3][4, 1, 3, 2][4, 2, 1, 3][4, 2, 3, 1][4, 3, 1, 2][4, 3, 2, 1]
```

图 6.14 用迭代法求全排列

Example6_9.java

```java
import java.util.ArrayList;
public class Example6_9{
    public static void main(String args[]){
        ArrayList<Character> list = new ArrayList<Character>();
```

```
            for(char i = '1';i <= '4';i++){
                list.add(i);
            }
            System.out.print(list + "");
            for(int i = 0;i < SumMulti.multi(list.size());i++) {
                                            //用到第3章中例3-3的类,计算阶乘
                ArrayList<Character> nextList = DictionaryPermutation.findPermutation(list);
                if(nextList == null){
                    break;
                }
                list = nextList;
                System.out.print(nextList + "");
            }
        }
    }
```

6.7 顺序表与组合

从 n 个不同的元素中取 r 个不同元素的组合数目,等价于从 n 个连续的自然数中取 r 个不同数的组合数目,这种等价性有利于描述算法,简化代码。本节不是给出组合的数目,而是给出全部的具体组合。

例如,从 1、2、3、4、5、6 中取 3 个数的组合如下:

[1, 2, 3] [1, 2, 4] [1, 2, 5] [1, 2, 6] [1, 3, 4] [1, 3, 5] [1, 3, 6] [1, 4, 5] [1, 4, 6] [1, 5, 6]
[2, 3, 4] [2, 3, 5] [2, 3, 6] [2, 4, 5] [2, 4, 6] [2, 5, 6] [3, 4, 5] [3, 4, 6] [3, 5, 6] [4, 5, 6]

1. 用迭代法求组合

和排列不同,[1,2,3]和[1,3,2]是不同的排列,但却是相同的组合。因此,在表示组合时可以让组合中的数字都是升序的,这样一个组合就有如下的特点。

假设从 n 个自然数中取 r 个不同数的一个组合如下:

$$c_0 c_1 \cdots c_i \cdots c_{r-1}$$

该组合中的每个数按顺序存放到一个顺序表 list 中。这个组合(注意是升序的)有这样的特点:

$$c_{r-1} \leqslant n, c_{r-2} \leqslant n-1 \cdots c_0 \leqslant n-(r-1)$$

即

$$c_i \leqslant n-(r-1)+i (i=0,1,\cdots,r-1)$$

根据组合的这个特点,从一个组合生成一个刚好比该组合大的组合(按字典序)的算法如下。

(1) 寻找满足(注意是小于)

$$c_i < n-(r-1)+i$$

的最大的 i。如果这样的 i 不存在,进行步骤(3)。对于组合[1,3,6],

$$n=6, c_0=1, c_1=3, c_2=6 (r=3)$$

满足

$$c_i < n-(r-1)+i$$

的最大的 i 是 1。

假设满足

$$c_i < n-(r-1)+i$$

的最大的 i 是 k:

$$k = \max\{i : c_i < n - (r-1) + i\}(i = 0, 1, \cdots, r-1)$$

进行步骤(2)。如果这样的 i 不存在,那么这个组合已经是最大的组合。例如,对于最大的组合 $[4,5,6]$,

$$n = 6, c_0 = 4, c_1 = 5, c_2 = 6 (r = 3)$$

显然,

$$c_i = n - (r-1) + i (i = 0, 1, 2)$$

(2) 将顺序表 list 中第 k 个节点的值自增,然后从第 $k+1$ 个节点开始,将每个节点的值设置为它的前置节点的值加 1,即得到当前组合的下一个组合。例如,从组合 $[1,3,6](k=1)$ 得到下一个组合 $[1,4,5]$。

(3) 结束。

例 6-10 用迭代法求从 n 个数中取 r 个数的组合。

本例中 Combination 类的方法 C(int n, int r, List < Integer > start) 返回 start 组合的下一个组合,时间复杂度是 $O(n)$,空间复杂度是 $O(n)$。

Combination. java

```java
import java.util.List;
public class Combination {
    public static List< Integer > C(int n, int r, List< Integer > start){
        int k =-1;
        for(int i = 0;i < r;i++) {          //寻找满足 start.get(i)<n-(r-1)+i 的最大 i
            if(start.get(i)<n-r+i+1){
                k = i;                       //start.get(i)<n-r+i+1 的最大 i 是 k
            }
        }
        if(k ==- 1)
            return null;
        int m = start.get(k);
        start.set(k,m+1);
        for(int i = k+1;i < r;i++){
            m = start.get(i-1);
            start.set(i,m+1);
        }
        return start;
    }
}
```

本例中的主类 Example6_10 使用 Combination 类的方法输出从 7 个数中取 5 个数的全部组合,运行效果如图 6.15 所示。

```
[1, 2, 3, 4, 5][1, 2, 3, 4, 6][1, 2, 3, 4, 7][1, 2, 3, 5, 6]
[1, 2, 3, 5, 7][1, 2, 3, 6, 7][1, 2, 4, 5, 6][1, 2, 4, 5, 7]
[1, 2, 4, 6, 7][1, 2, 5, 6, 7][1, 3, 4, 5, 6][1, 3, 4, 5, 7]
[1, 3, 4, 6, 7][1, 3, 5, 6, 7][1, 4, 5, 6, 7][2, 3, 4, 5, 6]
[2, 3, 4, 5, 7][2, 3, 4, 6, 7][2, 3, 5, 6, 7][2, 4, 5, 6, 7]
[3, 4, 5, 6, 7]
```

图 6.15 输出组合

Example6_10. java

```java
import java.util.ArrayList;
import java.util.List;
public class Example6_10{
    public static void main(String args[]){
        int n = 7;                           //从 n 个数中取 r 个数的组合
        int r = 5;
```

```
            List < Integer > start = new ArrayList < Integer >();
            for(int i = 1;i <= r;i++){
                start.add(i);
            }
            //从n个数中取r个数的组合的总数是杨辉三角形中第n行第r列上的值(见例3-9)
            long m = YanghuiTriangle.Y(n,r);
            System.out.print(start);
            for(int i = 0;i < m;i++) {
                List < Integer > nextList = Combination.C(n,r,start);
                if(nextList == null){
                    break;
                }
                start = nextList;
                System.out.print(nextList + "");
            }
        }
    }
```

2．用递归法求组合

参考用递归法求杨辉三角形的算法(见例3-9)，可以写出用递归法求组合的算法(作者反复画递归图，找出了递归的规律，见例6-11中的RecurrenceCom类)。

例 6-11 用递归法求从 n 个数中取 r 个数的组合。

本例中 RecurrenceCom 类的 List < List < Integer >> C(int n,int r)方法把从 n 个自然数中取 r 个数的组合中的各个数放在一个 List < Integer >顺序表中，然后把全部组合放在一个 List < List < Integer >>顺序表中。List < List < Integer >>顺序表的节点中依次是一个 List < Integer >对象，即一个组合。例如，C(6,3)返回的顺序表中节点依次是：

[1, 2, 3] [1, 2, 4] [1, 3, 4] [2, 3, 4] [1, 2, 5] [1, 3, 5] [2, 3, 5] [1, 4, 5] [2, 4, 5] [3, 4, 5]
[1, 2, 6] [1, 3, 6] [2, 3, 6] [1, 4, 6] [2, 4, 6] [3, 4, 6] [1, 5, 6] [2, 5, 6] [3, 5, 6] [4, 5, 6]

即从6个自然数中取3个数的全部组合。

List < List < Integer >> C(int n,int r)方法的时间复杂度是 $O(n^2)$，空间复杂度是 $O(n!)$。

RecurrenceCom.java

```
import java.util.ArrayList;
import java.util.List;
public class RecurrenceCom {
    public static List < List < Integer >> C(int n,int r){
                                          //参考求杨辉三角形的思想,用递归法求组合
        List < List < Integer >> list = new ArrayList < List < Integer >>();
        if(r == 1){            //第1列上的排列,即n个数取1个数的组合
            for(int i = 1;i <= n;i++){
                List < Integer > listR = new ArrayList < Integer >();
                listR.add(i);
                list.add(listR);
            }
        }
        else if(r == n){       //第n列上的排列,即n个数取n个数的组合
            List < Integer > listN = new ArrayList < Integer >();
            for(int i = 1;i <= r;i++){
                listN.add(i);
            }
            list.add(listN);
        }
        else {
            List < List < Integer >> list1 = C(n-1,r-1);
```

```
            List < List < Integer >> list2 = C(n-1,r);
            for(int i = 0;i < list1.size();i++){
                list1.get(i).add(n);
            }
            list.addAll(list2);
            list.addAll(list1);
        }
        return list;
    }
}
```

注意：可以参考第 3 章中的例 3-14,优化 List < List < Integer >> C(int n, int r) 方法,使得时间复杂度为 $O(n)$。

本例中的主类 Example6_11 使用 RecurrenceCom 类的方法得到从 6 个数中取 3 个数的全部组合,并输出了这些组合,运行效果如图 6.16 所示。

```
[1, 2, 3] [1, 2, 4] [1, 3, 4] [2, 3, 4] [1, 2, 5] [1, 3, 5] [2, 3, 5]
[1, 4, 5] [2, 4, 5] [3, 4, 5] [1, 2, 6] [1, 3, 6] [2, 3, 6] [1, 4, 6]
[2, 4, 6] [3, 4, 6] [1, 5, 6] [2, 5, 6] [3, 5, 6] [4, 5, 6]
```

图 6.16 得到全部的组合并输出

Example6_11.java

```java
import java.util.List;
public class Example6_11{
    public static void main(String args[]) {
        List < List < Integer >> list = RecurrenceCom.C(6,3);
        for(int i = 0;i < list.size();i++) {
            List < Integer > a = list.get(i);
            System.out.print(a+" ");
        }
    }
}
```

3. 组合与砝码称重

大家可能会经常遇到称重问题:假设有 n 个重量不同的砝码各一枚,例如 4 个重量分别为 1 克、3 克、5 克和 8 克的砝码。

(1) 能给出多少不同的称重方案?

(2) 能称出多少种重量?

问题(1)属于组合数学问题,相对比较简单,答案就是下列组合数目的和:

$$C_n^0 + C_n^1 + \cdots + C_n^r + \cdots + C_n^n = 2^n$$

其中,C_n^r 是从 n 个不同的元素中取 r 个不同元素的组合数目,C_n^r 刚好是杨辉三角形中第 n 行第 r 列上的值(行和列从 0 开始),即杨辉三角形中第 n 行的数字之和是 2^n。数学上认为 C_n^0 等于 1,等价于称 0 重的特体,即不拿任何砝码也算一种称重方案,但是在实际应用中一般不考虑 0 重的物体,因此问题(1)的答案就是有 2^n-1 种方案。就称重方案而言,认为用一个 5 克的砝码称出 5 克的重量,和用一个两克的砝码、一个 3 克的砝码称出 5 克的重量是两种不同的方案。

问题(2)属于组合数学和编程的综合问题。如果一共有 m 种方案,一共能称出 n 种重量,那么一定有 $n \leqslant m$,理由是有些组合可能称出相同的重量,例如用一个 5 克的砝码可以称出 5 克的重量,用一个两克的砝码和一个 3 克的砝码同样也可以称出 5 克的重量。

第6章 顺序表与ArrayList类

解决问题(2)的一个算法就是遍历全部的组合,当发现能称出相同的重量的组合(即方案)时保留一个即可。

如果允许砝码放在天平的两端(允许放在被称重的物体一端),那么就把另一端(被称重的物体一端)的砝码拿回到放置砝码的一端并变成"负码"(重量是负数),则将问题转化为砝码只放天平一端的情况。

例 6-12 用天平称重量。

本例中 Weight 类的 List < Integer > weighting (int [ ] weight)方法返回 n 个重量不同的砝码各一枚能称出的各种重量,时间复杂度是 $O(n^3)$,空间复杂度是 $O(n)$。

Weight.java

```java
import java.util.ArrayList;
import java.util.List;
public class Weight {
    public static List < Integer > weighting(int [ ] weight){
        int n = weight.length;
        int r = 0;                                              //从 n 个数中取 r 个数的组合
        List < Integer > allWeight = new ArrayList < Integer >();
        for(r = 1;r < = n;r++) {
            List < List < Integer >> list = RecurrenceCom.C(n,r);  //从 n 个数中取 r 个数的全部组合
            for(int i = 0;i < list.size();i++){
                int m = getWeight(list.get(i),weight);   //得到组合的重量
                if(m > 0){
                    if(!allWeight.contains(m)){
                        allWeight.add(m);
                    }
                }
            }
        }
        return allWeight;
    }
    private static int getWeight(List < Integer > list,int [ ]weight) {
        int sum = 0;
        for(int i = 0;i < list.size();i++){
            for(int j = 1;j < = weight.length;j++){
                if(list.get(i) == j) {
                    sum += weight[j-1];
                }
            }
        }
        return Math.abs(sum);                              //返回绝对值,允许有负码
    }
}
```

本例中的主类显示了用重量是 1、3、5、8 的砝码(这里省去重量单位)能称出的各种重量(包括砝码放天平两端的情况),运行效果如图 6.17 所示。

```
4个砝码: [1, 3, 5, 8]
砝码只放在天平的一端,可以称出13种重量,这些重量是:
[1, 3, 4, 5, 6, 8, 9, 11, 12, 13, 14, 16, 17]
砝码可以放在天平的两端,可以称出17种重量,这些重量是:
[1, 2, 3, 4, 5, 6, 7, 8, 9, 10, 11, 12, 13, 14, 15, 16, 17]
```

图 6.17 用天平称重量

Example6_12.java

```java
import java.util.Arrays;
import java.util.List;
```

```java
public class Example6_12 {
    public static void main(String args[]){
        int []weight = {1,3,5,8};
        System.out.println(weight.length + "个砝码:" +
                           Arrays.toString(weight));
        List<Integer> allWeight = Weight.weighting(weight);
        allWeight.sort((a,b) ->{return a-b;});
        System.out.print("砝码只放在天平的一端,可以称出" +
                         allWeight.size() + "种重量,");
        System.out.println("这些重量是:\n" + allWeight);
        int [] weightAndNegative = {1,3,5,8,-1,-3,-5,-8};//有负码,砝码可以放在天平的两端
        allWeight = Weight.weighting(weightAndNegative);
        allWeight.sort((a,b) ->{return a-b;});
        System.out.print("砝码可以放在天平的两端,可以称出" +
                         allWeight.size() + "种重量,");
        System.out.println("这些重量是:\n" + allWeight);
    }
}
```

6.8 顺序表与记录

有时需要将一维数组,例如一个记录学生成绩的一维数组,看作一个整体,称作一条记录(在数据库中,相当于表中的一条记录)。借助顺序表,可以批量处理记录,例如排序记录。

1. 顺序表与一维数组

Arrays 类的静态方法 static<T>List<T> asList(T…a)返回一个顺序表。该方法的参数是可变参数,可以把若干类型相同的对象放入一个顺序表,也可以把一个数组放入一个顺序表。

asList(T…a)方法创建一个顺序表,然后按 List 接口类型返回顺序表的引用,asList(T…a)方法的源代码如下:

```java
public static <T> List<T> asList(T... a) {
    return new ArrayList<>(a);
}
```

和链表一样,顺序表调用 public<T>T[] toArray(T[]a)方法可以把节点存到一个数组中。在使用这个方法之前要事先预备一个数组,长度为 1 即可,将这个数组传递给 toArray(T[] a)方法的参数 a,此参数仅是通知该方法再创建一个新的一维数组,将顺序表的节点放到新数组中,并返回这个新的数组的引用。

例 6-13 顺序表与一维数组。

本例中的主类 Example6_13 把顺序表节点中的对象放入新数组中,把一个一维数组放入一个顺序表,把若干对象放入顺序表,运行效果如图 6.18 所示。

```
顺序表list:
[1, 2, 3, 4, 5, 6, 7, 8, 9, 10, 11]
数组arry:
[1, 2, 3, 4, 5, 6, 7, 8, 9, 10, 11]
数组aDouble:[12.56, 78.98, 567.0, 99.8]
顺序表listDouble:[12.56, 78.98, 567.0, 99.8]
顺序表listStr:[hello, 你好, nice]
```

图 6.18 顺序表与一维数组

Example6_13.java

```java
import java.util.ArrayList;
```

第6章 顺序表与ArrayList类

```java
import java.util.Arrays;
import java.util.List;
public class Example6_13 {
    public static void main(String args[]) {
        List<Integer> list = new ArrayList<Integer>(11);
        for(int i = 1;i<=11;i++) {
            list.add(i);
        }
        System.out.println("顺序表 list:\n" + list);
        Integer []a = {0};
        Integer []array = list.toArray(a);
        System.out.println("数组 array:\n" + Arrays.toString(array));
        Double [] aDouble = {12.56,78.98,567.0,99.8};
        System.out.println("数组 aDouble:" + Arrays.toString(aDouble));
        List<Double> listDouble = Arrays.asList(aDouble);
        System.out.println("顺序表 listDouble:" + listDouble);
        List<String> listStr = Arrays.asList("hello","你好","nice");
        System.out.println("顺序表 listStr:" + listStr);
    }
}
```

2．顺序表与二维数组

二维数组由若干一维数组构成，即由若干条记录构成。例如，二维数组 a：

```
int [][] a = { {90,89,77,68},
               {72,50,97,69},
               {52,50,67,79}
             };
```

由 3 条记录构成。假设记录中的数字代表一个学生的数学、物理、化学和英语 4 科考试的成绩，如果按数学成绩重新排序(升序)，那么二维数组 a 会变成：

```
int [][] a = { {52,50,67,79},
               {72,50,97,69},
               {90,89,77,68}
             };
```

将记录放入一个顺序表可以方便地对记录进行排序。

例 6-14 顺序表与记录。

本例中的主类 Example6_14 把一个二维数组中的记录放入顺序表，并对顺序表中的记录进行排序，运行效果如图 6.19 所示。

```
记录(未排序):
[90, 89, 77, 68]
[80, 50, 97, 69]
[88, 60, 67, 79]
记录(按第0列排序):
[80, 50, 97, 69]
[88, 60, 67, 79]
[90, 89, 77, 68]
记录(按第2列排序):
[88, 60, 67, 79]
[90, 89, 77, 68]
[80, 50, 97, 69]
```

图 6.19 顺序表与记录

Example6_14.java

```java
import java.util.ArrayList;
import java.util.Arrays;
import java.util.List;
public class Example6_14 {
    public static void main(String args[]) {
        Integer [][]record = { {90,89,77,68},
                               {80,50,97,69},
                               {88,60,67,79}
                             };
        System.out.println("记录(未排序):");
        outPutRecord(record);
        List<Integer[]> list = Arrays.asList(record); //相当于 Arrays.asList(a[0],a[1],a[2])
        list.sort((a,b) ->{ return a[0] - b[0];});    //按第 0 列的值排序记录
        for(int i = 0;i< list.size();i++)
```

```java
            record[i] = list.get(i);
        }
        System.out.println("记录(按第 0 列的值排序):");
        outPutRecord(record);
        list.sort((a,b) ->{ return a[2] - b[2];}); //按第 2 列的值排序记录
        for(int i = 0;i < list.size();i++){
            record[i] = list.get(i);
        }
        System.out.println("记录(按第 2 列的值排序):");
        outPutRecord(record);
    }
    static void outPutRecord(Integer [][]record){
        for(int i = 0;i < record.length;i++){
            System.out.println(Arrays.toString(record[i]));
        }
    }
}
```

6.9 Vector 类

Vector<E>泛型类实现了 Java 集合框架中的 List 泛型接口(和链表不同,没有实现 Queue 泛型接口)。Vector<E>泛型类继承了 List 泛型接口中 default 关键字修饰的方法(去掉了该关键字),实现了 List 泛型接口中的抽象方法。

Vector<E>泛型类的实例也属于顺序表,即其中节点的逻辑结构是线性结构,节点的存储结构是顺序存储。

Vector<E>泛型类和 ArrayList<E>泛型类的主要区别是,Vector<E>泛型类提供的方法都是同步(synchronized)方法,即是线程安全的,而 ArrayList<E>泛型类不是线程安全的。当有多个线程访问同一个 ArrayList 类型的顺序表时,用户必须考虑多线程带来的问题,例如一个线程修改顺序表时是否允许另一个线程访问顺序表。

Vector<E>泛型类和 ArrayList<E>泛型类的许多方法都类似,这里不再列出 Vector<E>泛型类的有关方法。

但是,Vector<E>泛型类有一个方法——public int capacity(),该方法可以返回 Vector<E>泛型类的实例占用的内存空间,即分配给 Vector 顺序表的数组的大小(不是顺序表中节点的数目),而 ArrayList<E>没有提供这样的方法。

例 6-15 Vector 顺序表的常用方法。

本例中的主类 Example6_15 使用了 Vector 顺序表的一些常用方法,运行效果如图 6.20 所示。

```
arrlistOne的内存容量:10,arrlistOne的节点数目(即长度):0.
arrlistTwo的内存容量:60,arrlistTwo的节点数目:0.
随机得到60个英文小写字母放入顺序表arrlistTwo
arrlistOne的内存容量:80,arrlistOne的节点数目:60
arrlistOne :
[a, s, g, g, n, b, y, m, t, l, h, a, d, v, b, t, d, c, i, m, d, t, v, g, a, g, j, h, m, g, k,
w, v, z, j, a, r, j, h, g, v, y, f, s, b, r, m, y, y, d, n, l, t, l, m, w, b, z, l, y]
释放arrlistTwo多余的容量,arrlistTwo的内存容量:20.
去掉重复的字母的arrlistTwo的节点数目:20,顺序表arrlistTwo:
[y, l, z, b, w, m, n, d, r, s, f, v, g, h, j, a, k, i, c]
排序顺序表arrlistTwo:
[a, b, c, d, f, g, h, i, j, k, l, m, n, r, s, t, v, w, y, z]
arrlistTwo有节点中的字母是w的吗? true
动态遍历arrlistTwo,添加字母的大写:
a(A) b(B) c(C) d(D) f(F) g(G) h(H) i(I) j(J) k(K) l(L) m(M) n(N) r(R) s(S) t(T) v(V) w(W) y(Y)
 z(Z)
```

图 6.20 Vector 顺序表的常用方法

第6章 顺序表与ArrayList类

Example6_15. java

```java
import java.util.Vector;
import java.util.Random;
public class Example6_15 {
    public static void main(String args[]){
        int N = 60;
        Vector<Character> arrlistOne = new Vector<Character>();
        System.out.print("arrlistOne 的内存容量:" + arrlistOne.capacity() + ",");
        System.out.println("arrlistOne 的节点数目(即长度):" + arrlistOne.size() + ".");
        Vector<Character> arrlistTwo = new Vector<Character>(N);
        System.out.print("arrlistTwo 的内存容量:" + arrlistTwo.capacity() + ",");
        System.out.println("arrlistTwo 的节点数目:" + arrlistTwo.size() + ".");
        Random random = new Random();
        System.out.println("随机得到" + N + "个英文小写字母放入顺序表 arrlistOne.");
        for(int i = 0; i < N; i++){
            int number = 97 + random.nextInt(26);
            arrlistOne.add((char)number);
        }
        System.out.print("arrlistOne 的内存容量:" + arrlistOne.capacity() + ",");
        System.out.println("arrlistOne 的节点数目:" + arrlistOne.size());
        System.out.println("arrlistOne :\n" + arrlistOne);
        while(arrlistOne.size()> 0){                       //去掉重复的字母
            char m = arrlistOne.remove(arrlistOne.size() - 1);  //删除尾节点
            if(!arrlistTwo.contains(m)){
                arrlistTwo.add(m);
            }
        }
        System.out.print("释放 arrlistTwo 多余的容量,");
        arrlistTwo.trimToSize();                            //释放 arrlistTwo 多余的容量
        System.out.println("arrlistTwo 的内存容量:" + arrlistTwo.capacity() + ".");
        System.out.print("去掉重复的字母的 arrlistTwo 的节点数目:" + arrlistTwo.size());
        System.out.print(",顺序表 arrlistTwo:\n" + arrlistTwo + "\n");
        arrlistTwo.sort((a,b) ->{return a - b;});
        System.out.println("排序顺序表 arrlistTwo:\n" + arrlistTwo);
        char c = 'w';
        boolean isContains = arrlistTwo.contains(c);
        System.out.println("arrlistTwo 有节点中的字母是" + c + "的吗?" + isContains);
        System.out.println("动态遍历 arrlistTwo,添加字母的大写:");
        arrlistTwo.forEach ((v) ->
                        { char upperChar = Character.toUpperCase(v);
                          System.out.print(v + "(" + upperChar + ") ");
                        });
    }
}
```

例 6-16 访问线程安全和不安全的顺序表。

在本例中主类 Example6_16Main1 中的 fArray()方法使用两个线程访问 Array 顺序表，两个线程各自遍历 Array 顺序表,由于 Array 顺序表不是线程安全的,在一个线程遍历 Array 顺序表的过程中,另一个线程也可以遍历 Array 顺序表。主类 Example6_16Main2 中的 fVector()方法使用两个线程访问 Vector 顺序表,两个线程各自遍历 Vector 顺序表,由于 Vector 顺序表是线程安全的,在一个线程遍历 Vector 顺序表的过程中,另一个线程无法遍历 Vector 顺序表。主类 Example6_16Main1 的运行效果如图 6.21 所示，主类 Example6_16Main2 的运行效果如图 6.22 所示。

```
访问Array顺序表线程1输出节点中的数据:101
访问Array顺序表线程2输出节点中的数据:101
访问Array顺序表线程1输出节点中的数据:102
访问Array顺序表线程2输出节点中的数据:102
访问Array顺序表线程1输出节点中的数据:103
访问Array顺序表线程2输出节点中的数据:103
访问Array顺序表线程1输出节点中的数据:104
访问Array顺序表线程2输出节点中的数据:104
访问Array顺序表线程1输出节点中的数据:105
访问Array顺序表线程2输出节点中的数据:105
```

```
访问Vector顺序表线程2输出节点中的数据:A
访问Vector顺序表线程2输出节点中的数据:B
访问Vector顺序表线程2输出节点中的数据:C
访问Vector顺序表线程2输出节点中的数据:D
访问Vector顺序表线程2输出节点中的数据:E
访问Vector顺序表线程1输出节点中的数据:A
访问Vector顺序表线程1输出节点中的数据:B
访问Vector顺序表线程1输出节点中的数据:C
访问Vector顺序表线程1输出节点中的数据:D
访问Vector顺序表线程1输出节点中的数据:E
```

图 6.21 访问线程不安全的 Array 顺序表

图 6.22 访问线程安全的 Vector 顺序表

Example6_16Main1.java

```java
import java.util.ArrayList;
import java.util.List;
public class Example6_16Main1 {
    public static void main(String args[]) {
        List<Integer> listArray = new ArrayList<Integer>();
        for(int i = 101;i <= 105;i++){
            listArray.add(i);
        }
        fArray(listArray);
    }
    static void fArray(List<?> list) {
        Target target1 = new Target(list);
        Target target2 = new Target(list);
        Thread t1 = new Thread(target1);
        Thread t2 = new Thread(target2);
        t1.setName("访问 Array 顺序表线程 1");
        t2.setName("访问 Array 顺序表线程 2");
        t1.start();
        t2.start();
    }
}
```

Example6_16Main2.java

```java
import java.util.Vector;
import java.util.List;
public class Example6_16Main2 {
    public static void main(String args[]) {
        List<Character> listVector = new Vector<Character>();
        for(char c = 'A';c <= 'E';c++){
            listVector.add(c);
        }
        fVector(listVector);
    }
    static void fVector(List<?> list) {
        Target target1 = new Target(list);
        Target target2 = new Target(list);
        Thread t1 = new Thread(target1);
        Thread t2 = new Thread(target2);
        t1.setName("访问 Vector 顺序表线程 1");
        t2.setName("访问 Vector 顺序表线程 2");
        t1.start();
        t2.start();
    }
}
```

第 6 章　顺序表与ArrayList类

Target.java

```java
import java.util.List;
import java.util.Iterator;
public class Target implements Runnable {
    List<?> list;
    Target(List<?> list){
        this.list = list;
    }
    public void run(){
        String s = Thread.currentThread().getName();
        Iterator<?> iter = list.iterator();
        iter.forEachRemaining((v) ->{System.out.println(s + "输出节点中的数据:" + v);});
    }
}
```

习题 6

扫一扫

习题

扫一扫

自测题

第 7 章　栈与Stack类

本章主要内容

- 栈的特点；
- 栈的创建与独特的方法；
- 栈与回文串；
- 栈与递归；
- 栈与 undo 操作；
- 栈与括号匹配；
- 栈与深度优先搜索；
- 栈与后缀表达式。

第 5 章和第 6 章分别学习了链表和顺序表，二者都是线性表，其中链表是链式存储，顺序表是顺序存储。本章讲解栈，栈也是线性表的一种具体体现，可以是顺序存储也可以是链式存储，即节点的物理地址是依次相邻或不相邻的。

7.1　栈的特点

栈(stack)又名堆栈，节点的逻辑结构是线性结构，即是一个线性表。栈的特点是擅长在线性表的尾端(节点序列的尾)进行有关的操作，例如添加、删除尾节点，查看尾节点中的对象(数据)。由于栈擅长在尾端进行有关的操作，把尾端称为栈顶，即栈顶节点是尾节点。相对地，把另一端(节点序列的头)称为栈底，即栈底节点是头节点。

向栈尾(线性表的尾端)添加新的尾节点被称作压栈操作(push())，简称为压栈，压栈是把新节点放到栈顶，使之成为新的栈顶节点。向栈尾添加新的尾节点也被称作进栈、入栈。删除栈尾节点被称作弹栈操作(pop())，简称为弹栈，弹栈是把栈顶节点删除掉，使其相邻的节点成为新的栈顶节点。删除栈尾节点也被称作出栈、退栈。查看栈顶节点中的对象但不删除栈顶节点被称作窥看操作(peep())，简称为窥看。

栈擅长在线性表的尾端(即栈顶)操作，甚至可以将线性表实现成只在尾端操作，所以人们也称栈是受限的线性表。在压栈时，最先进栈的节点在栈底，最后进栈的节点在栈顶(俗话说，垒墙的砖，后来者居上)；在弹栈时，从栈顶开始弹出节点，最后一个弹出的节点是栈底节点。

栈是一种后进先出的数据结构，简称为 LIFO(Last In First Out)，如图 7.1 所示。为了形象，图 7.1 把线性结构竖立，尾节点是栈顶，头节点是栈底。

第7章　栈与Stack类

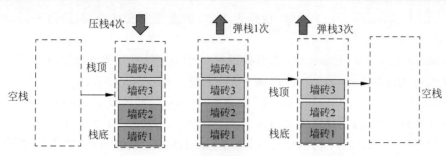

图 7.1　栈的特点

7.2　栈的创建与独特的方法

栈由 Java 集合框架（Java Collections Framework，JCF）中的 Stack＜E＞泛型类所实现。Stack＜E＞泛型类是 Java 集合框架中的 Vector＜E＞泛型类的子类，Vector＜E＞泛型类实现了 Java 集合框架中的 List 接口，如图 7.2 所示（有关 Vector 类的知识见第 6 章中的 6.9 节）。Stack＜E＞泛型类继承了 Vector 泛型类的方法，又添加了自己独特的方法。

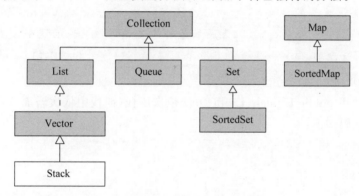

图 7.2　Stack 是 Vector 类的子类

Stack＜E＞是 Vector＜E＞的子类，因此 Stack＜E＞类的实例属于顺序表，即其中节点的逻辑结构是线性结构，节点的存储结构是顺序存储。Stack＜E＞泛型类的实例使用数组管理节点，因此节点就是对象，后面的叙述不再说节点中的对象。

注意：如果只在尾端操作链表，就可以把链表当作栈来使用，那么这样的栈就是链式存储。

1．创建栈

创建空栈，在使用 Stack＜E＞泛型类声明栈时，必须要指定 E 的具体类型，类型是类或接口类型（不可以是基本类型，例如 int、float、char 等），即指定栈中节点的类型。例如，指定 E 是 String 类型：

```
Stack＜String＞ stack = new Stack＜＞();
```

或

```
Stack＜String＞ stack = new Stack＜String＞();
```

空栈默认的内部数组的长度是 10（可以将内部数组理解为一块连续的内存空间）。

2．独特的方法

栈的独特方法如下。

- public boolean empty()：判断栈是否为空，如果栈中没有节点，返回 true，否则返回 false (时间复杂度是 $O(1)$)。
- public synchronized E peek()：查看栈顶节点，但不删除栈顶节点 (时间复杂度是 $O(1)$)。在当前栈是空栈时，如果栈调用该方法会触发 EmptyStackException 异常。
- public synchronized E pop()：删除栈顶节点，同时返回该节点（时间复杂度是 $O(1)$)。在当前栈是空栈时，如果栈调用该方法会触发 EmptyStackException 异常。
- public E push(E obj)：向栈压入一个新节点 obj，同时返回该节点 (时间复杂度是 $O(1)$)。
- public synchronized int search(Object obj)：从栈顶向栈底搜索，如果出现第 1 个是 obj 的节点，返回该节点从栈顶到栈底的序号，如果没有节点是对象 obj，该方法返回 -1 (时间复杂度是 $O(n)$)。注意 search() 方法给出的序号是从 1 开始依次向栈底递增的序号，栈底节点的序号刚好就是栈的长度。如果用继承的方法 public E elementAt(int index) 返回节点，参数 index 的序号是线性表节点本身的序号，是从头节点到尾节点的序号，而且序号是从 0 开始的。
- public void clear()：删除全部节点 (时间复杂度是 $O(1)$)。

注意：上面列出的 6 个方法，除了 empty()、clear() 和 push() 方法以外，其他方法都是用关键字 synchronized 修饰的方法，属于线程安全的方法。Stack 从 Vector 类继承的 boolean add(E e) 方法的作用也是压栈 (给线性表添加新的尾节点)，但继承的这个方法是线程安全的 (Vector 类是线程安全的，见第 6 章中的 6.9 节)。empty() 方法和继承的 isEmpty() 方法的作用相同，继承的 isEmpty() 方法是线程安全的。

例如 stack 使用 public E push(E obj) 方法依次压栈 (向栈中依次增加节点)，指定的节点是 String 对象，代码如下：

```
stack.push("墙砖 1");
stack.push("墙砖 2");
stack.push("墙砖 3");
stack.push("墙砖 4");
```

这时栈 stack 中就有了 4 个节点 (如前面的图 7.1)，节点都是 String 对象。不断地向栈中压入节点，原数组的元素会被使用完，这时系统会自动进行扩容：创建一个新数组 (新数组的长度为原数组的两倍)，并将原数组的元素值复制到新数组中，再添加新节点。在程序中也可以让栈调用从 Vector 类继承的 ensureCapacity(int minCapacity) 方法主动扩容。栈使用 size() 方法返回栈中节点的数目 (返回的不是内存容量，即返回的不是内部数组的长度)，如果栈中没有节点，size() 方法返回 0。和 ArrayList 顺序表不同，栈可以随时调用从 Vector 类继承的 public int capacity() 方法返回自己目前占用的内存空间的大小。

例 7-1　使用栈的独特方法。

本例中的主类 Example7_1 使用了栈的独特方法，运行效果如图 7.3 所示。

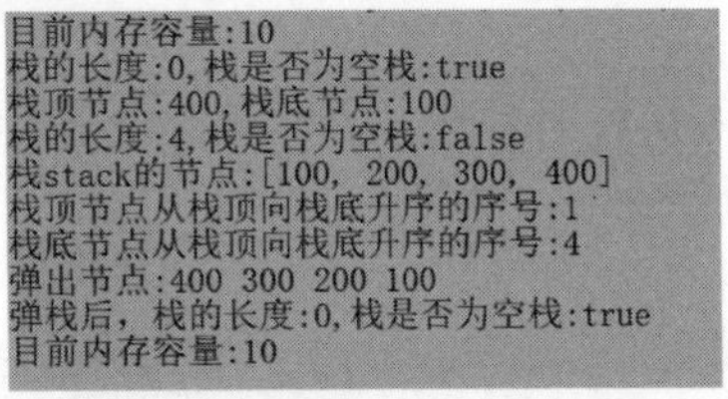

```
目前内存容量:10
栈的长度:0,栈是否为空栈:true
栈顶节点:400,栈底节点:100
栈的长度:4,栈是否为空栈:false
栈stack的节点:[100, 200, 300, 400]
栈顶节点从栈顶向栈底升序的序号:1
栈底节点从栈顶向栈底升序的序号:4
弹出节点:400 300 200 100
弹栈后,栈的长度:0,栈是否为空栈:true
目前内存容量:10
```

图 7.3　使用栈的独特方法

Example7_1. java

```java
import java.util.Stack;
public class Example7_1 {
    public static void main(String args[]) {
        Stack<Integer> stack = new Stack<Integer>();
```

第 7 章　栈与Stack类

```
            System.out.println("目前内存容量:" + stack.capacity());
            System.out.print("栈的长度:" + stack.size() + ",");
            System.out.println("栈是否为空栈:" + stack.empty());
            stack.push(100);
            stack.push(200);
            stack.push(300);
            stack.push(400);
            System.out.print("栈顶节点:" + stack.peek() + ",");
            System.out.println("栈底节点:" + stack.elementAt(0));
            System.out.print("栈的长度:" + stack.size() + ",");
            System.out.println("栈是否为空栈:" + stack.empty());
            System.out.println("栈 stack 的节点:" + stack);
            int m = stack.search(400);
            System.out.println("栈顶节点从栈顶向栈底升序的序号:" + m);
            m = stack.search(100);
            System.out.println("栈底节点从栈顶向栈底升序的序号:" + m);
            System.out.print("弹出节点:");
            while(!stack.empty()) {
                System.out.print(stack.pop() + " ");
            }
            System.out.print("\n弹栈后,栈的长度:" + stack.size() + ",");
            System.out.println("栈是否为空栈:" + stack.empty());
            System.out.println("目前内存容量:" + stack.capacity());
        }
    }
```

注意：Stack 类重写了 Object 类的 toString()方法,使得 System.out.println()方法能够输出栈中的节点。

7.3　栈与回文串

回文串是指和其反转(倒置)相同的字符串,例如:

"racecar", "123321","level","toot","civic","pop","eye","rotator","pip"

都是回文串。第 3 章中的例 3-4 曾使用递归方法判断一个字符串是否为回文串。

注意,如果一个字符串的长度是偶数,只要判断字符串的前一半和后一半是否相同即可;如果一个字符串的长度是奇数,只要忽略字符串中间的字符,然后判断字符串的前一半和后一半是否相同即可。那么利用栈的特点,首先将字符串中的全部字符逐个进栈,然后弹出栈中的一半多个字符压入另一个栈,再比较两个栈中的字符是否相同,就可以判断一个字符串是否为回文串。

Stack<E>泛型类重写了 Object 类的 equals()方法——public boolean equals(Object stack),如果栈和 stack 长度相同,并且对应的每个节点也相等,那么该方法返回 true,否则返回 false。

例 7-2　利用栈判断一个字符串是否为回文串。

本例中的主类 Example7_2 利用栈判断一个字符串是否为回文串,运行效果如图 7.4 所示。

```
racecar是回文串
123321是回文串
level是回文串
civic是回文串
rotator是回文串
java不是回文串
A是回文串
```

图 7.4　利用栈判断是否为回文串

Example7_2.java

```java
import java.util.Stack;
public class Example7_2 {
    public static boolean isPalindrome(String s){
```

```java
            Stack<Character> stack1 = new Stack<Character>();
            Stack<Character> stack2 = new Stack<Character>();
            int n = s.length();
            for(int k = 0;k < n;k++){
                stack1.push(s.charAt(k));
            }
            int count = n/2;
            while(count > 0) {
                stack2.push(stack1.pop());
                count -- ;
            }
            if(n % 2!= 0){
                stack1.pop();                      //不要中间的字符
            }
            return stack1.equals(stack2);
        }
        public static void main(String args[]){
            String [] str = {"racecar","123321","level","civic","rotator","java","A"};
            for(int i = 0;i < str.length;i++) {
                if(isPalindrome(str[i])){
                    System.out.println(str[i] + "是回文串");
                }
                else {
                    System.out.println(str[i] + "不是回文串");
                }
            }
        }
}
```

7.4 栈与递归

递归过程就是方法地址被压栈、弹栈的过程,所以也可以利用栈把某些递归算法改写为迭代算法。

例 7-3 利用栈输出 Fibonacci 数列的前几项。

本例中的主类 Example7_3 利用栈输出 Fibonacci 数列的前 16 项(有关 Fibonacci 数列的知识点和递归算法参见第 3 章中的例 3-2),运行效果如图 7.5 所示。

1 1 2 3 5 8 13 21 34 55 89 144 233 377 610 987

图 7.5 利用栈输出 Fibonacci 数列的前 16 项

Example7_3.java

```java
import java.util.Stack;
import java.util.ListIterator;
public class Example7_3 {
    public static void main(String args[]){
        Stack<Long> stack = new Stack<Long>();
        long f1 = 1;
        long f2 = 1;
        stack.push(f2);
        stack.push(f1);
        System.out.print(f1 + " ");
        int k = 1;
        while(k <= 15) {
            f1 = stack.pop();
            f2 = stack.pop();
```

```
            System.out.print(f2 + " ");
            long next = f1 + f2;
            stack.push(next);
            stack.push(f2);
            k++;
        }
    }
}
```

例 7-4 利用栈描述汉诺塔搬运盘子的过程。

本例中的主类 Example7_4 利用栈描述汉诺塔搬运盘子的过程。本例中的迭代算法尽管比第 3 章中的例 3-12 简单，但却无法显示盘子的号码，所以不是严格意义上的替代递归的迭代算法（有关汉诺塔的知识点和递归、迭代算法，参见第 3 章中的例 3-11 和例 3-12），运行效果如图 7.6 所示。

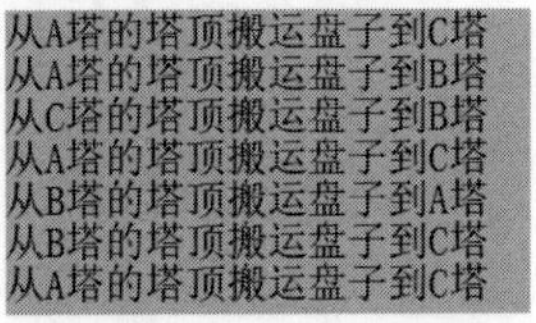

从A塔的塔顶搬运盘子到C塔
从A塔的塔顶搬运盘子到B塔
从C塔的塔顶搬运盘子到B塔
从A塔的塔顶搬运盘子到C塔
从B塔的塔顶搬运盘子到A塔
从B塔的塔顶搬运盘子到C塔
从A塔的塔顶搬运盘子到C塔

图 7.6 利用栈描述汉诺塔搬运盘子

Example7_4.java

```java
import java.util.Stack;
public class Example7_4 {
    public static void main(String args[]){
        int N = 3;
        Stack<Integer[]> stack = new Stack<Integer[]>();
        Integer [] tower = {65,66,67,N};         //大写字母A在Unicode表中的位置是65
        stack.push(tower);
        while(!stack.empty()) {
            tower = stack.pop();
            int n = tower[3];
            int a = tower[0];
            int b = tower[1];
            int c = tower[2];
            if(n == 1){
                System.out.println(
                "从" + (char)a + "塔的塔顶搬运盘子到" + (char)c + "塔");
            }
            else {
                Integer [] copyA = new Integer[]{b,a,c,n-1};
                stack.push(copyA);                //和递归比较,注意压栈的顺序
                Integer [] copyB = new Integer[]{a,b,c,1};
                stack.push(copyB);
                Integer [] copyC = new Integer[]{a,c,b,n-1};
                stack.push(copyC);
            }
        }
    }
}
```

7.5 栈与 undo 操作

栈的"后进先出"特点，使得它适合用于设计 undo 操作，即撤销操作。撤销操作就是取消当前操作结果、恢复到上一次操作的结果。大家经常进行撤销操作，对此并不陌生，例如在编辑文本时经常单击编辑器提供的"撤销"按钮撤销刚输入的文字，让文档恢复到上一次编辑文档时的样子。

可以用栈实现 undo 操作，即把一系列操作结果压入栈中，当想回到上一个步骤时进行弹

栈，那么弹出的栈顶节点刚好是上一次的操作结果，程序恢复这个结果就完成了撤销操作。可以不断地进行弹栈操作，直到栈为空，即恢复到最初的操作结果。

例 7-5 使用栈实现撤销操作。

在本例中，主类中的窗体内有一个标签组件，用户单击"显示一个汉字"按钮可以在标签上显示一个汉字，但标签上只保留最近一次显示的汉字。当用户单击"撤销"按钮时，将取消用户最近一次单击"显示一个汉字"按钮产生的操作结果，即将标签上的汉字恢复为上一次单击"显示一个汉字"按钮所得到的汉字。用户可以多次单击"撤销"按钮来依次取消单击"显示一个汉字"按钮所产生的操作结果，运行效果如图 7.7 所示。

图 7.7 使用栈实现撤销操作

Example7_5.java

```java
import javax.swing.*;
import java.awt.*;
import java.util.Stack;
public class Example7_5 extends JFrame {
    JLabel labelShow;                                    //显示汉字的标签
    JButton button;                                      //单击按钮显示一个汉字
    JButton cancel;                                      //"撤销"按钮
    Stack<String> stack;                                 //存放汉字
    int m = 20320;                                       //起始汉字
    Example7_5(){
        setLayout(new FlowLayout());
        stack = new Stack<String>();
        button = new JButton("显示一个汉字");
        cancel = new JButton("撤销");
        labelShow = new JLabel();
        labelShow.setFont(new Font("",Font.BOLD,72));
        add(button);
        add(labelShow,BorderLayout.CENTER);
        add(cancel);
        button.addActionListener((e) ->{
                          String saveStr = "" + (char)m;
                          labelShow.setText(saveStr);
                          stack.push(saveStr);           //压栈
                          m++;
                     });
        cancel.addActionListener((e) ->{
                     if(!stack.empty()){
                          String saveStr = stack.pop();  //弹栈
                          System.out.println(saveStr);
                          labelShow.setText(saveStr);
                          labelShow.repaint();
                     }});
    }
    public static void main(String args[]) {
        Example7_5 win = new Example7_5();
        win.setBounds(10,10,300,300);
        win.setVisible(true);
        win.setDefaultCloseOperation(JFrame.EXIT_ON_CLOSE);
    }
}
```

7.6 栈与括号匹配

括号总是成对出现的,大家在编写程序的源文件时应该养成好习惯,当输入一个左括号时就应该随后输入一个右括号,再输入其他内容。在使用 IDE 开发工具编写源文件时,每输入一个左括号,IDE 的编辑器就会自动补上一个对应的右括号,这是为了防止大家忘记输入相应的右括号,从而引起不必要的编译错误。

栈的特点使得它很适合被用来检查一个字符串中的括号是否匹配,即左、右括号是否成对。算法描述如下:

(1)遍历字符串中的每个字符,遇到左括号时压栈。

(2)遇到右括号,如果此时栈为空,字符串中就出现了括号不匹配的现象。如果栈不空,弹栈。如果字符串中的括号是匹配的,按照栈的特点,当遍历字符串遇到右括号时,此刻栈顶节点中的括号一定是和它相匹配的左括号,如果不是这样,字符串中的括号就出现了不匹配的现象。

(3)在遍历完字符串后,栈必须成为空栈,否则说明有剩余的左括号,字符串中的括号就出现了不匹配的现象。

例 7-6 检查括号是否匹配。

本例中 Match 类的 isMatch(String s)方法判断字符串中的括号是否匹配。

Match.java

```java
import java.util.Stack;
public class Match {
    public static boolean isMatch(String s){
        boolean isOk = true;
        Stack<Character> stack = new Stack<Character>();
        for(int i = 0;i < s.length();i++){
            char c = s.charAt(i);
            if(c == '('||c == '('||c == '['||c == '{'){//如果是左括号,压栈
                stack.push(c);                    //压栈
            }
            else if(c == ')'||c == ')'||c == ']'||c == '}'){   //如果是右括号,弹栈
                if(stack.empty()){
                    return false;                 //括号不匹配
                }
                else {
                    char left = stack.pop();      //弹栈出来的左括号应该和 c 匹配成对
                    char ch = switch(c) {         //开关表达式,把右括号转化为左括号
                      case ')' -> '(';            //英文小括号
                    case ')' -> '(';              //中文小括号
                    case ']' -> '[';
                    case '}' -> '{';
                    default -> '\0';
                    };
                    if(left != ch) {
                        isOk = false;
                        break;
                    }
                }
            }
        }
        if(!stack.empty()){
```

```
                    return false;
            }
            return isOk;
    }
}
```

本例中的主类 Example7_6 检查了几个字符串中的括号是否匹配,运行效果如图 7.8 所示。

```
(hello {boy}[java])中的括号都是匹配的吗?
true
class{ void f() {} int a[]}中的括号都是匹配的吗?
true
if(x>0 {}中的括号都是匹配的吗?
false
```

图 7.8 检查括号是否匹配

Example7_6.java

```
public class Example7_6{
    public static void main(String args[]){
        String str = "(hello {boy}[java])";
        System.out.println(str+"中的括号都是匹配的吗?");
        System.out.println(Match.isMatch(str));
        str = "class{ void f() {} int a[]}";
        System.out.println(str+"中的括号都是匹配的吗?");
        System.out.println(Match.isMatch(str));
        str = "if(x>0 {}";
        System.out.println(str+"中的括号都是匹配的吗?");
        System.out.println(Match.isMatch(str));
    }
}
```

7.7　栈与深度优先搜索

深度优先搜索(Depth First Search,DFS)和广度优先搜索(Breadth First Search,BFS)都是图论中关于图的遍历的算法(见第 13 章中的 13.5 节),但 DFS 算法的思想可以用于任何恰好适合使用 DFS 的数据搜索问题,不仅仅限于图论中的问题。

深度优先搜索算法,在进行遍历或者搜索的时候选择一个没有被搜过的节点,按照深度优先,一直往该节点的后续路径节点进行访问,直到该路径的最后一个节点,然后从未被访问的邻节点进行深度优先搜索,重复以上过程,直到所有点都被访问或搜索到指定的某些特殊节点,算法结束。

讲解 DFS 思想的一个很好的例子是老鼠走迷宫。老鼠走迷宫的一个策略就是见路就走,一直走到出口或无路可走,如果无路可走就要回到上一个路口,再选择一条路走下去,一直走到出口或无路可走,如此这般,如果有出口,老鼠一定能走到出口,如果没有出口,老鼠一定会尝试了所有的路口,发现无法到达出口。用生活中的话讲,深度优先搜索算法的思想就是"不撞南墙不回头"。

前面曾用递归算法模拟过老鼠走迷宫,见第 3 章中的例 3-10。本节使用栈模拟老鼠走迷宫,所实现的算法属于迭代算法。

栈的特点是后进先出(先进后出),恰好能体现深度优先。队列的特点是先进先出(后进先出),恰好能体现广度优先(见第 8 章中的 8.6 节)。

老鼠走迷宫的算法描述如下。

初始化:将老鼠的出发点(入口)压入栈。

(1) 检查老鼠是否到达出口,如果到达出口,进行(3),否则进行(2)。

(2) 进行弹栈操作,如果栈为空,提示无法到达出口,进行(3)。如果弹栈成功,检查从栈中弹出的点是否为出口,如果是出口,提示到达出口,进行(3),否则把弹出的点标记为尝试过的路点(不再对尝试过的路点进行压栈操作,老鼠可以直接穿越这些标记过的路点),然后把弹出的路点的周围(东、西、南、北)的路点压入栈,但不再对尝试过的路点进行压栈操作,然后进行(1)。

(3) 算法结束。

例 7-7 用栈模拟老鼠走迷宫。

本例中的 MouseStack 类用 m 行 n 列的二维数组模拟迷宫,二维数组的元素值是 1 表示墙,0 表示路,2 表示出口。该类的 int[][] moveInMaze(int maze[][])方法返回一个二维数组,该二维数组含有老鼠在迷宫 maze 中走过的路等信息。

MouseStack.java

```java
import java.util.Stack;
import java.awt.Point;
public class MouseStack {
    public static int[][] moveInMaze(int maze[][]){
        boolean isSuccess = false;            //是否走迷宫成功
        int rows = maze.length;
        int columns = maze[0].length;
        int x = 0;                            //老鼠的初始位置
        int y = 0;                            //老鼠的初始位置
        Stack<Point> stack = new Stack<Point>();
        Point point = new Point(x,y);
        stack.push(point);                    //stack 进行压栈操作
        System.out.println("老鼠到达过的位置:");
        while(isSuccess == false) {           //未走到迷宫出口
            if(!stack.empty())
                point = stack.pop();
            else {
                System.out.println("无法到达出口.");
                return maze;
            }
            x = (int)point.getX();
            y = (int)point.getY();
            if(maze[x][y] == 2) {             //是出口
                isSuccess = true;
                maze[x][y] = -1;              //此点不再压栈
                System.out.printf("\n到达出口:(%d,%d)",x,y);
            }
            else {
                maze[x][y] = -1;              //表示老鼠到达过该位置,此点不再压栈
                System.out.printf("(%d,%d),",x,y);
                if(y-1>=0&&(maze[x][y-1]==0||maze[x][y-1] == 2)) {   //西是路
                    stack.push(new Point(x,y-1));  //stack 进行压栈操作
                }
                if(x-1>=0&&(maze[x-1][y]==0||maze[x-1][y] == 2)) {   //北是路
                    stack.push(new Point(x-1,y));  //stack 进行压栈操作
                }
                if(y+1<columns&&(maze[x][y+1]==0||maze[x][y+1]==2)){ //东是路
                    stack.push(new Point(x,y+1));  //stack 进行压栈操作
                }
                if(x+1<rows&&(maze[x+1][y]==0||maze[x+1][y] == 2)) { //南是路
                    stack.push(new Point(x+1,y));  //stack 进行压栈操作
                }
```

```
            }
        }
        return maze;
    }
}
```

本例中的主类 Example7_7 使用 moveInMaze(int[][] maze)方法走迷宫，并输出此方法返回的二维数组。老鼠走过迷宫后，在 moveInMaze(int[][] maze)方法返回的二维数组中，元素值是 1 表示墙，0 表示老鼠未走过的路，−1 表示老鼠走过的路，2 表示出口。在输出 moveInMaze(int[][] maze)方法返回的二维数组时用☆表示老鼠走过的路，■表示墙，★表示出口，□表示老鼠未走过的路。对于其中一个迷宫，老鼠无法到达路口，因为任何路都无法到达出口，对于另外一个迷宫，老鼠成功到达路口，运行效果如图 7.9 所示。

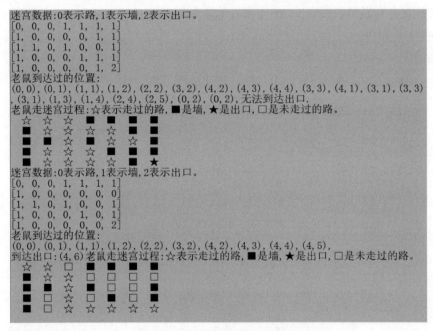

图 7.9　使用栈模拟老鼠走迷宫

Example7_7.java

```java
import java.util.Arrays;
public class Example7_7 {
    public static void main(String args[]){
        int [][] maze = {{0,0,0,1,1,1,1},
                         {1,0,0,0,0,1,1},
                         {1,1,0,1,0,0,1},
                         {1,0,0,0,1,1,1},
                         {1,0,0,0,0,1,2}};
        showMess(maze);
        maze = MouseStack.moveInMaze(maze);
        OutPut(maze);
        int [][] a = {{0,0,0,1,1,1,1},
                      {1,0,0,0,0,0,0},
                      {1,1,0,1,0,0,1},
                      {1,0,0,0,1,0,1},
                      {1,0,0,0,0,0,2}};
        showMess(a);
        a = MouseStack.moveInMaze(a);
```

```
            OutPut(a);
        }
        static void showMess(int [][]a){
            System.out.println("迷宫数据:0 表示路,1 表示墙,2 表示出口。");
            for(int i = 0;i<a.length;i++){
                System.out.println(Arrays.toString(a[i]));
            }
        }
        static void OutPut(int [][] maze) {
            System.out.println("老鼠走迷宫过程:☆表示走过的路," +
                              "■是墙,★是出口,□是未走过的路。");
            for(int i = 0;i<maze.length;i++){
                for(int j = 0;j<maze[0].length;j++){
                    if(maze[i][j] == -1)     //-1 表示老鼠走过的路,见 Mouse 类中的算法
                        System.out.printf("%3c",'☆');
                    else if(maze[i][j] == 2) //出口
                        System.out.printf("%3c",'★');
                    else if(maze[i][j] == 1) //墙
                        System.out.printf("%3c",'■');
                    else if(maze[i][j] == 0) //路
                        System.out.printf("%3c",'□');
                }
                System.out.println();
            }
        }
    }
```

7.8 栈与后缀表达式

本节提到的表达式都是算术表达式。

1. 中缀表达式

算术运算符(＋、－、＊、/、％)都是二元运算符,即对两个操作数实施运算的运算符,其中乘法(＊)、除法(/)和求余(％)运算的优先级相同,加法(＋)和减法(－)运算的优先级相同,但都比乘法、除法和求余运算的级别低。

中缀表达式很适合人们的计算习惯,所以在编程时只要按照数学意义编写表达式即可。例如:

(13 + 17) * 6

2. 后缀表达式

在某些时候,使用中缀表达式会遇到困难,例如在命令行中输入一个表达式,计算表达式的值就遇到了困难,原因是表达式是动态输入的文本字符序列,无法直接计算它的值。尽管 Java 可以用它的动态编译技术,即动态加入代码、动态编译代码来解决这个问题,但这属于非常规方法。可以用后缀表达式来解决刚才提到的问题(后面马上介绍怎样把中缀表达式转换为后缀表达式)。后缀表达式(也称为逆波兰表达式)是由波兰数学家 Jan Lukasiewicz 在 1920 年发明的(那时还没有计算机)。后缀表达式是一种数学表达式的表示方式,其中运算符写在操作数的后面。例如,前面的中缀表达式(13+17)*6 的后缀表达式是:

13 17 + 6 *

后缀表达式中没有了括号,也没有了优先级别的概念。计算机内部的许多计算会使用后缀表达式进行数学运算。后缀表达式不使用括号(在后缀表达式中不允许使用括号,运算符也没有优先级)。后缀表达式比常规的中缀表达式更容易处理和计算,在计算器或编译器中,后

缀表达式可以通过栈（Stack）这种数据结构来计算和处理数据。但是，后缀表达式几乎没有可读性，在实际生活中没人会用后缀表达式来表达自己的计算意图。

使用栈计算后缀表达式的步骤如下：

（1）创建一个空栈。

（2）从左到右遍历后缀表达式中的每个元素。

（3）如果当前元素是一个操作数，将其压入栈中。

（4）如果当前元素是一个运算符，则从栈中弹出两个操作数，通过执行该运算符得出结果，在计算时要注意顺序，先弹出的是参与计算的第 2 个操作数，后弹出的是第 1 个操作数，并将计算结果压入栈中。

（5）重复步骤（3）和步骤（4），直到遍历完后缀表达式。

（6）如果后缀表达式是有效的，最终栈中只剩下一个元素，即为后缀表达式的值。

例如，计算后缀表达式（中缀表达式是(13＋17) * 6）：

13 17 + 6 *

按照上述步骤形成的入栈（压栈）、弹栈的示意图如图 7.10 所示。

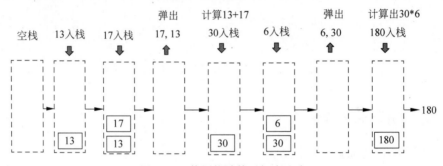

图 7.10　使用栈计算后缀表达式

例 7-8　使用栈计算后缀表达式。

本例中 Decompose 类的 stringToArray(String expression)方法把参数 expression 表示的表达式中的操作数和运算符依次放到数组中，并返回该数组；CalculateSuffix 类的 double suffix(String [ ] a)方法使用栈计算后缀表达式。

Decompose.java

```java
import java.util.regex.*;
import java.util.ArrayList;
public class Decompose {
    public static String [] stringToArray(String expression){
        String regexNumber = "[0-9]+[.]?[0-9]*";      //匹配正整数、0 和正浮点数的正则表达式
        String regexSymbols = "\\p{Punct}";            //匹配加、减、乘、除、求余符号和圆括号
        String regex = regexNumber + "|" + regexSymbols;
        Pattern p = Pattern.compile(regex);           //模式对象
        Matcher m = p.matcher(expression);            //匹配对象
        ArrayList<String> list = new ArrayList<String>();
        while(m.find()) {
            list.add(m.group());
        }
        String [] result = list.toArray(new String[1]);
        return result;
    }
}
```

CalculateSuffix.java

```java
import java.util.Stack;
public class CalculateSuffix {
    public static double suffix(String [] a){
        String regexNumber = "[0-9]+[.]?[0-9]*";  //匹配正整数、0和正浮点数的正则表达式
        String regexSymbols = "\\p{Punct}";        //匹配加、减、乘、除、求余符号和圆括号
        Stack<String> stack = new Stack<String>();
        for(int i = 0;i < a.length;i++) {
            if(a[i].matches(regexNumber)){
                stack.push(a[i]);
            }
            else if(a[i].matches(regexSymbols)){
                double m1 = Double.parseDouble(stack.pop());   //先弹出的是第2个操作数
                double m2 = Double.parseDouble(stack.pop());   //后弹出的是第1个操作数
                double r = switch(a[i]) {              //开关表达式
                     case "+"  -> m2 + m1 ;
                     case "-"  -> m2 - m1;
                     case "*"  -> m2 * m1;
                     case "/"  -> m2/m1;
                     case "%"  -> m2 % m1;
                     default  -> Double.NaN;
                   } ;
                stack.push("" + r);
            }
        }
        return Double.parseDouble(stack.pop());
    }
}
```

本例中的主类 Example7_8 使用 CalculateSuffix 类的 double suffix(String [] a)方法计算了几个后缀表达式的值,运行效果如图 7.11 所示。

```
13 17 + 6 * 后缀表达式值:180.0
13 17 6 * + 后缀表达式值:115.0
8 3 % 50 + 5 6 + 2 * - 后缀表达式值:30.0
6 7 + 2 * 11 - 后缀表达式值:15.0
```

图 7.11 计算后缀表达式

Example7_8.java

```java
public class Example7_8 {
    public static void main(String args[]){
        String exp = "13 17 + 6 *";                  //中缀是(13 + 17) * 6
        String [] a = Decompose.stringToArray(exp);
        double result = CalculateSuffix.suffix(a);
        System.out.println(exp + " 后缀表达式值:" + result);
        exp = "13 17 6 * +";                         //中缀是 13 + 17 * 6
        a = Decompose.stringToArray(exp);
        result = CalculateSuffix.suffix(a);
        System.out.println(exp + " 后缀表达式值:" + result);
        exp = "8 3 % 50 + 5 6 + 2 * -";              //中缀是 8 % 3 + 50 - (5 + 6) * 2
        a = Decompose.stringToArray(exp);
        result = CalculateSuffix.suffix(a);
        System.out.println(exp + " 后缀表达式值:" + result);
        exp = "6 7 + 2 * 11 -";                      //中缀是(6 + 7) * 2 - 11
        a = Decompose.stringToArray(exp);
        result = CalculateSuffix.suffix(a);
        System.out.println(exp + " 后缀表达式值:" + result);
    }
}
```

3. 中缀表达式转换为后缀表达式

中缀表达式中的圆括号、运算符和操作数存放在一个 String 数组 a 中。

例如,对于 $(3+7)*10-6$,数组 a 为:

```
["(","3","+","7",")","*","10","-","6"]
```

初始化 int $i=0$。一个栈 stack,用于求后缀表达式。一个顺序表 list,用于存放后缀表达式的操作数和运算符。算法步骤如下:

(1) 如果 i 等于 $a.length$,进行(5),否则进行(2)。

(2) 进行以下操作之一。

① 如果 $a[i]$ 是数字型字符串,将其添加到 list,即 list.add($a[i]$),进行(3)。

② 如果 $a[i]$ 是左圆括号,将其压栈到 stack,即 stack.push($a[i]$),进行(3)。

③ 如果 $a[i]$ 是运算符,并且 stack 的栈顶是左圆括号,将 $a[i]$ 压栈到 stack,即 stack.push($a[i]$),进行(3)。

④ 如果 $a[i]$ 是运算符,并且优先级大于 stack 的栈顶的运算符的优先级,将 $a[i]$ 压栈到 stack,即 stack.push($a[i]$),进行(3)。

⑤ 如果 $a[i]$ 是运算符,并且优先级小于或等于 stack 的栈顶的运算符的优先级,stack 开始弹栈,并将弹出的运算符添加到 list,直到 stack 的栈顶的运算符的优先级小于 $a[i]$ 的优先级或栈为空栈,停止弹栈,进行(3)。

⑥ 如果 $a[i]$ 是右圆括号,stack 开始弹栈,并将弹出的运算符添加到 list,直到弹出的是左圆括号或栈为空栈,停止弹栈,进行(3)。

(3) $i++$ 后进行(1)。

(4) stack 弹栈,将弹出的运算符依次添加到 list,进行(5)。

(5) 结束。

例 7-9 把中缀表达式转换为后缀表达式。

本例中 InfixToSuffix 类的 String[] suffix(String[] infix)方法把中缀表达式转换为后缀表达式。

InfixToSuffix.java

```java
import java.util.Stack;
import java.util.ArrayList;
public class InfixToSuffix {
    public static String[] suffix(String[] infix){
        String regex = "[0-9]+[.]?[0-9]*";   //匹配正整数、0和正浮点数的正则表达式
        Stack<String> stack = new Stack<String>();
        ArrayList<String> suffix = new ArrayList<String>();
        for(int i = 0;i < infix.length;i++){
            if(infix[i].matches(regex)) {         //如果是数
                suffix.add(infix[i]);             //加入后缀表达式中
            }
            else if(infix[i].equals("(")){        //如果是左圆括号"("
                stack.push(infix[i]);             //压栈
            }
            else if(isOperator(infix[i])){        //如果是运算符
                if(stack.empty()){
                    stack.push(infix[i]);
                }
                else if(stack.peek().equals("(")){     //如果栈顶是左圆括号"("
```

```java
                    stack.push(infix[i]);              //压栈
                }
                else if(grade(infix[i])>grade(stack.peek())){    //如果 infix[i]的级别高
                    stack.push(infix[i]);              //压栈
                }
                else {
                    while(grade(stack.peek())>=grade(infix[i])){
                        String oper = stack.pop();
                                          //弹栈,若栈顶的运算符低于 infix[i]的级别
                        if(!oper.equals("("))
                            suffix.add(oper);    //加入后缀表达式中
                        if(stack.empty())
                            break;
                    }
                    stack.push(infix[i]);
                }
            }
            else if(infix[i].equals(")")){
                      //如果是右圆括号")",弹栈,直到遇到左圆括号,废弃左圆括号
                while(!stack.empty()){
                    String oper = stack.pop();
                    if(!oper.equals("(")){
                        suffix.add(oper);
                    }
                    else {
                      break;
                    }
                }
            }
        }
        while(!stack.empty()){
            suffix.add(stack.pop());          //把栈中的其余运算符加入后缀表达式中
        }
        String [] result = suffix.toArray(new String[1]);
        return result;
    }
    static int grade(String operator) {         //返回运算符的级别,返回的数越大级别越高
        return switch(operator){
                        case " + " -> 90;
                        case " - " -> 90;
                        case " * " -> 100;
                        case "/" -> 100;
                        case " % " -> 100;
                        default -> 0;
                     };
    }
    static boolean isOperator(String operator) {     //判断是否为运算符
        return switch(operator){
                        case " + " -> true;
                        case " - " -> true;
                        case " * " -> true;
                        case "/" -> true;
                        case " % " -> true;
                        default -> false;
                     };
    }
}
```

输入中缀表达式：8%3+50-(5+6)*2
后缀表达式：8 3 % 50 + 5 6 + 2 * -
表达式值：30.0

图7.12 输入中缀表达式，程序输出表达式的值

本例中的主类Example7_9让用户从键盘输入中缀表达式，然后程序将其转换为后缀表达式，并计算后缀表达式(用到了例7-8中的类)，输出计算结果，运行效果如图7.12所示。

Example7_9.java

```java
import java.util.Scanner;
public class Example7_9 {
    public static void main(String args[]){
        System.out.print("输入中缀表达式:");
        Scanner scan = new Scanner(System.in);
        String exp = scan.nextLine();
        String [] str = Decompose.stringToArray(exp);       //str:中缀表达式
        String [] a = InfixToSuffix.suffix(str);            //a:后缀表达式
        System.out.print("后缀表达式:");
        for(String s:a){
            System.out.print(s+" ");
        }
        double result = CalculateSuffix.suffix(a);
        System.out.println("\n 表达式值:" + result);
    }
}
```

习题7

扫一扫　　　　扫一扫

习题　　　　自测题

第 8 章　队列与ArrayDeque类

本章主要内容

- 队列的特点；
- 队列的创建与独特的方法；
- 队列与回文串；
- 队列与加密、解密；
- 队列与约瑟夫问题；
- 队列与广度优先搜索；
- 队列与网络爬虫；
- 队列与排队。

第 7 章中学习了栈,其操作的特点是"后进先出",在程序设计中经常使用栈来解决某些问题。本章学习队列,其操作的特点是"先进先出"。队列也是线性表的一种具体体现,可以是顺序存储或链式存储,即节点的物理地址是依次相邻或不相邻的。

8.1　队列的特点

队列(deque)的节点的逻辑结构是线性结构,即是一个线性表。队列的特点是擅长在线性表的两端,即头部和尾部,实施有关的操作,例如删除头节点、添加尾节点、查看头节点和尾节点。队列擅长在头、尾两端进行有关的操作,向队列尾部(线性表的尾端)添加新的尾节点被称作入列,删除头节点被称作出列,即队列的特点是在尾部实施添加节点的操作、在头部实施删除节点的操作。另外可以查看队列的头节点但不删除头节点,也可以查看尾节点但不删除尾节点。

队列擅长在线性表的头、尾两端实施删除和添加操作,甚至可以把线性表实现成只在头、尾两端操作,所以人们也称队列是受限的线性表。在入列时,最先进入的节点在队头,最后进入的节点在队尾。在出列时,从队列的头开始删除节点,最后一个删除的节点是队尾的节点。

队列是一种先进先出的数据结构,简称为 FIFO(First In First Out),如图 8.1 所示。为了形象,图 8.1 把线性结构从左向右绘制,头节点(队头)在左边,尾节点(队尾)在右边。

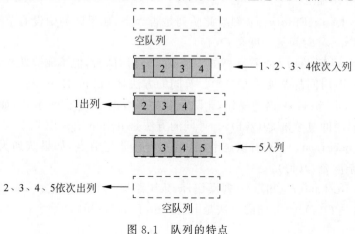

图 8.1　队列的特点

8.2 队列的创建与独特的方法

队列由 Java 集合框架（Java Collections Framework，JCF）中的 ArrayDeque＜E＞泛型类所实现。ArrayDeque＜E＞泛型类实现了 Java 集合框架中的 Deque 泛型接口（和链表不同，没有实现 List 泛型接口）。ArrayDeque＜E＞泛型类继承了 Deque 泛型接口中的 default 关键字修饰的方法（去掉了该关键字），实现了 Deque 泛型接口中的抽象方法，如图 8.2 所示。

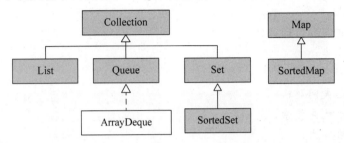

图 8.2 ArrayDeque 实现了 Deque 接口

ArrayDeque＜E＞采用数组方式实现队列这种数据结构，其实例属于顺序表，即节点的逻辑结构是线性结构，节点的存储结构是顺序存储。ArrayDeque＜E＞泛型类的实例的节点就是对象，后面的叙述不再说节点中的对象。

注意：如果只在头、尾两端操作链表，可以把链表当作队列来使用，那么这样的队列就是链式存储。链表实现了 List 和 Queue 两个接口（见第 5 章中 5.2 节的图 5.6）。

1. 创建队列

创建空队列，在使用 ArrayDeque＜E＞泛型类声明队列时，必须要指定 E 的具体类型，类型是类或接口类型（不可以是基本类型，例如 int、float、char 等），即指定队列中节点（对象）的类型。例如，指定 E 是 Integer 类型：

```
ArrayDeque＜Integer＞ queue = new ArrayDeque＜＞();
```

或

```
ArrayDeque＜Integer＞ queue = new ArrayDeque＜Integer＞();
```

空队列默认的内部数组的长度是 8（可以将内部数组理解为一块连续的内存空间）。

2. 独特的方法

队列的独特方法如下。

- public boolean isEmpty()：判断此队列是否为空，如果队列中没有节点，则返回 true，否则返回 false（时间复杂度是 $O(1)$）。
- public E peekFirst()：查看队列的头节点，即返回队头，但不删除队头，如果队列为空，则返回 null（时间复杂度是 $O(1)$）。等同的方法是 public E peek()。
- public E pollFirst()：出列操作，删除队列的头节点，并返回头节点，如果队列为空，则返回 null（时间复杂度是 $O(1)$）。等同的方法是 public E poll()。
- public E peekLast()：查看队尾节点，但不删除队尾节点，如果队列为空，则返回 null（时间复杂度是 $O(1)$）。
- boolean offerLast(E obj)：入列操作，向队尾添加一个新节点 obj，新节点成为队尾（时间复杂度是 $O(1)$）。等同的方法是 boolean offer(E obj)。

- public boolean offerFirst(E obj)：从头部进行入列操作，向队头添加一个新节点 obj，新节点成为头节点（时间复杂度是 $O(1)$）。
- public E pollLast()：从尾部进行出列操作，删除队列的尾节点，并返回尾节点，如果队列为空，则返回 null（时间复杂度是 $O(1)$）。
- public void clear()：删除全部节点（时间复杂度是 $O(1)$）。

ArrayDeque 类使用了 transient int head 和 transient int tail 来控制队列的头、尾索引，使得入列、出列的时间复杂度都是 $O(1)$。

注意：ArrayDeque 类重写了 Deque 接口的 addLast(E obj) 和 public E removeFirst() 方法，作用分别与 offerLast(E obj) 和 pollFirst() 一样。

ArrayDeque 类的队列也可以从队尾出列，从队头入列。

例如 queue 使用 public E offerLast(E obj) 方法进行入列操作，向队列 queue 中依次增加节点，代码如下：

```
queue.offerLast(1);
queue.offerLast(2);
queue.offerLast(3);
queue.offerLast(4);
```

这时队列 queue 就有了 4 个节点（如图 8.1 所示），节点都是 Integer 类型的对象。不断地进行入列，原数组的元素会被使用完，这时系统会自动进行扩容：创建一个新数组（新数组的长度为原数组的两倍），并将原数组的元素值复制到新数组中，再添加新节点。队列使用 size() 方法返回队列中节点的数目（返回的不是内存容量，即返回的不是内部数组的长度），如果队列中没有节点，size() 方法返回 0。

```
队列的长度:0,队列是否为空队列:true
队列头节点:1,队尾节点:4
队列的长度:4,队列是否为空队列:false
队列的节点:[1, 2, 3, 4]
出列:1
出列后,队列的长度:3,5入列成功了吗?true
入列后,队列的长度:4,出列:2 3 4 5
出列后,队列的长度:0,队列是否为空队列:true
```

例 8-1 使用队列的独特方法。

本例中的主类 Example8_1 使用了队列的独特方法，运行效果如图 8.3 所示。

图 8.3 使用队列的独特方法

Example8_1.java

```java
import java.util.ArrayDeque;
public class Example8_1 {
    public static void main(String args[]) {
        ArrayDeque< Integer > queue = new ArrayDeque< Integer >();
        System.out.print("队列的长度:" + queue.size() + ",");
        System.out.println("队列是否为空队列:" + queue.isEmpty());
        queue.offerLast(1);
        queue.offerLast(2);
        queue.offerLast(3);
        queue.offerLast(4);
        System.out.print("队列头节点:" + queue.peekFirst() + ",");
        System.out.println("队尾节点:" + queue.peekLast());
        System.out.print("队列的长度:" + queue.size() + ",");
        System.out.println("队列是否为空队列:" + queue.isEmpty());
        System.out.println("队列的节点:" + queue);
        System.out.print("出列:");
        System.out.print(queue.pollFirst() + " ");
        System.out.print("\n出列后,队列的长度:" + queue.size() + ",");
        System.out.print("5入列成功了吗?" + queue.offerLast(5));
        System.out.print("\n入列后,队列的长度:" + queue.size() + ",");
        System.out.print("出列:");
```

```
        while(!queue.isEmpty()) {
            System.out.print(queue.pollFirst() + " ");
        }
        System.out.print("\n出列后,队列的长度:" + queue.size() + ",");
        System.out.println("队列是否为空队列:" + queue.isEmpty());
    }
}
```

注意:ArrayDeque 类重写了 Object 类的 toString()方法,使得 System.out.println()能够输出队列节点。

8.3 队列与回文串

回文串是指和其反转(倒置)相同的字符串,例如:

"racecar", "123321","level","toot","civic","pop","eye","rotator","pip"

都是回文串。在第 7 章中的例 7-2 曾使用栈判断一个字符串是否为回文串。使用队列也可以判断一个字符串是否为回文串。将字符串中的全部字符按顺序依次入列,然后分别从头、尾出列,如果字符串是回文串,那么从头出列的节点一定和从尾出列的节点相同,当队列中剩余节点的数目不足两个时停止出列。

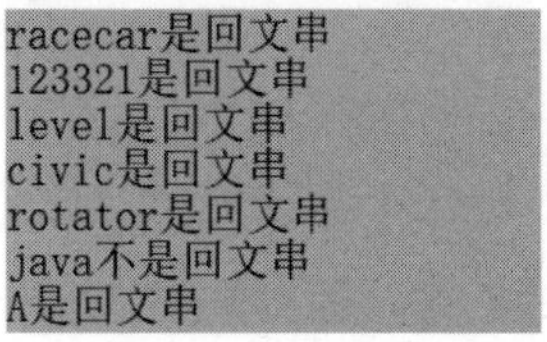

例 8-2 利用队列判断一个字符串是否为回文串。

本例中的主类 Example8_2 利用队列判断一个字符串是否为回文串,读者可以和第 7 章中的例 7-2 进行比较,分别体会栈和队列的特点。本例的运行效果如图 8.4 所示。

```
racecar是回文串
123321是回文串
level是回文串
civic是回文串
rotator是回文串
java不是回文串
A是回文串
```

图 8.4 利用队列判断回文串

Example8_2.java

```java
import java.util.ArrayDeque;
public class Example8_2 {
    public static boolean isPalindrome(String s){
        ArrayDeque<Character> queue = new ArrayDeque<Character>();
        boolean is = true;
        int n = s.length();
        for(int k = 0;k < n;k++){
            queue.offerLast(s.charAt(k));           //入列
        }
        while(queue.size()>1) {
            Character head = queue.pollFirst();     //出列
            Character tail = queue.pollLast();      //从队尾出列
            if(head != tail){
                is = false;
                break;
            }
        }
        return is;
    }
    public static void main(String args[]){
        String [] str = {"racecar","123321","level","civic","rotator","java","A"};
        for(int i = 0;i < str.length;i++) {
            if(isPalindrome(str[i])){
                System.out.println(str[i] + "是回文串");
            }
            else {
                System.out.println(str[i] + "不是回文串");
```

```
            }
        }
}
```

8.4 队列与加密、解密

用队列可以方便地对字符串进行加密（解密）操作。出列的对象参与加密字符串中的一个字符（出列的对象参与解密字符串中的一个字符），然后重新入列，直到字符串中的字符全部被加密完毕（字符串中的字符全部被解密完毕）。

例 8-3 使用队列加密、解密字符串。

本例中 EncryptionDecryption 类的方法使用队列加密、解密字符串。

EncryptionDecryption.java

```java
import java.util.ArrayDeque;
public class EncryptionDecryption {
    public static String doEncryption(String source,String password){    //加密
        ArrayDeque<Character> queue = new ArrayDeque<Character>();
        for(int i = 0;i < password.length();i++){
            queue.offerLast(password.charAt(i));                          //密码加入队列
        }
        //出列加密字符串中的一个字符,直到字符串被加密完毕
        char a[] = source.toCharArray();
        for(int i = 0;i < a.length;i++){
            char c = queue.pollFirst();                                   //出列操作
            a[i] = (char)(a[i] + c);
            queue.offerLast(c);                                           //c 重新入列
        }
        return new String(a);
    }
    public static String doDecryption(String secret,String password){    //解密
        ArrayDeque<Character> queue = new ArrayDeque<Character>();
        for(int i = 0;i < password.length();i++){
            queue.offerLast(password.charAt(i));                          //密码加入队列
        }
        //出列解密字符串中的一个字符,直到字符串被解密完毕
        char a[] = secret.toCharArray();
        for(int i = 0;i < a.length;i++){
            char c = queue.pollFirst();                                   //出列操作
            a[i] = (char)(a[i] - c);
            queue.offerLast(c);                                           //c 重新入列
        }
        return new String(a);
    }
}
```

本例中的主类 Example8_3 使用 EncryptionDecryption 类的方法对字符串加密，然后再解密，运行效果如图 8.5 所示。

```
加密后的密文:
潢佑晓陪喃伞瞶????§?
解密后的明文:
开会时间是今晚19:0:0
加密后的密文:
俞姥????????俐垮土????????伺娆x?????×??佮垮
解密后的明文:
The meeting time is 19:00pm tonight
```

图 8.5 用队列加密、解密字符串

Example8_3.java

```java
public class Example8_3 {
    public static void main(String args[]){
        String str = "开会时间是今晚 19:0:0";
        String password = "ILoveThisGame";
        String secretStr = EncryptionDecryption.doEncryption(str,password);
        System.out.println("加密后的密文:");
        System.out.println(secretStr);
        System.out.println("解密后的明文:");
        String sourceStr = EncryptionDecryption.doDecryption(secretStr,password);
        System.out.println(sourceStr);
        str = "The meeting time is 19:00pm tonight";
        password = "你好 HelloNice";
        secretStr = EncryptionDecryption.doEncryption(str,password);
        System.out.println("加密后的密文:");
        System.out.println(secretStr);
        System.out.println("解密后的明文:");
        sourceStr = EncryptionDecryption.doDecryption(secretStr,password);
        System.out.println(sourceStr);
    }
}
```

8.5 队列与约瑟夫问题

第 4 章中的例 4-9 和第 5 章中的例 5-12 分别使用数组和链表解决了约瑟夫问题（围圈留一问题）。各种数据结构都有自己的特点，所以选择适合的数据结构来解决相应的问题会起到事半功倍的效果。个人认为，队列更加适合用于解决约瑟夫问题。

再简单重复一下约瑟夫问题：若干人围成一圈，从某个人开始顺时针（或逆时针）数到第 3 个人，该人从圈中退出，然后继续顺时针（或逆时针）数到第 3 个人，该人从圈中退出，以此类推，程序输出圈中最后剩下的一个人。

由约瑟夫问题可以看出，使用队列来解决该问题更加方便，理由是队列这种数据结构在头、尾两端处理数据。将 n 个人入列，然后进行出列操作，如果报数不是 3，再进行入列操作（即重新归队），否则出列后不再重新入列，直到队列中剩下一个节点为止。和第 4 章中的例 4-9 以及第 5 章中的例 5-12 相比，使用队列的算法不仅更加容易理解，而且所实现的代码也具有很好的可读性。

例 8-4 使用队列解决约瑟夫问题。

本例中 Joseph 类的 solveJoseph(int person[])方法使用队列解决约瑟夫问题。

Joseph.java

```java
import java.util.ArrayDeque;
public class Joseph {
    public static void solveJoseph(int person[]) {              //使用队列求解约瑟夫环
        ArrayDeque<Integer> queue = new ArrayDeque<Integer>();
        for(int i=0;i<person.length;i++){
            queue.add(person[i]);                               //全体入列
        }
        while(queue.size()>1) {
            int number1 = queue.pollFirst();                    //出列
            queue.offerLast(number1);                           //入列
            int number2 = queue.pollFirst();                    //出列
```

```
            queue.offerLast(number2);          //入列
            int number3 = queue.pollFirst();   //出列
            System.out.println("号码" + number3 + "退出圈");
        }
        System.out.println("最后剩下的号码是:" + queue.peekFirst());
    }
}
```

本例中的主类 Example8_4 演示了 11 个人的约瑟夫问题，运行效果如图 8.6 所示。

Example8_4.java

```
public class Example8_4 {
    public static void main(String args[]) {
        int [] person = new int[11];
        for(int i = 0;i < person.length;i++){
            person[i] = i + 1;
        }
        Joseph.solveJoseph(person);
    }
}
```

```
号码3退出圈
号码6退出圈
号码9退出圈
号码1退出圈
号码5退出圈
号码10退出圈
号码4退出圈
号码11退出圈
号码8退出圈
号码2退出圈
最后剩下的号码是:7
```

图 8.6　使用队列解决约瑟夫问题

8.6　队列与广度优先搜索

在第 7 章的 7.7 节讲解了深度优先搜索(Depth First Search,DFS)。深度优先搜索算法，在进行遍历或者搜索的时候选择一个没有被搜过的节点，按照深度优先，一直往该节点的后续路径节点进行访问，直到该路径的最后一个节点，然后从未被访问的邻节点进行深度优先搜索，重复以上过程，直到所有节点都被访问或搜索到指定的某些特殊节点，算法结束。

广度优先搜索(Breadth First Search,BFS)是图的另一种遍历方式，与深度优先搜索(DFS)相对，它是以广度优先进行搜索。其特点是先访问图的顶点，然后广度优先，依次进行被访问点的邻接点，一层一层访问，直到访问完所有节点或搜索到指定的节点，算法结束。栈的特点是后进先出，恰好能体现深度优先。队列的特点是先进先出，恰好能体现广度优先。

能体现广度优先搜索的一个例子就是排雷。假设有一块 m 行、n 列被分成 $m \times n$ 个矩形的雷区，有些矩形中有雷，有些没有雷。工兵从某个矩形开始排雷，在排雷的过程中有东、西、南、北 4 个方向。工兵不能斜着走，他的目的是把全部雷排除。

排雷的算法描述如下：

(1) 将开始的排雷点入列，进行(2)。

(2) 检查队列是否为空列，如果为空列(雷都被排除了)进行(4)，否则进行(3)。

(3) 队列进行出列操作，将出列点的东、西、南、北方向上没有被排雷的点入列，然后检查出列点是否为雷，并标记此点已排雷。如果是雷给出一个排雷的标记，如果是路给出一个路的标记，进行(2)。

(4) 结束。

例 8-5　使用广度优先搜索算法进行排雷。

本例中的 Deminers 类使用 m 行、n 列的二维数组模拟有雷的雷区。二维数组的元素值是□表示路，是●表示雷。该类的 demining(char land[][])方法使用广度优先搜索算法进行排雷。

注意：不可以逐行地排雷，如果这样做将不能体现广度优先。

Deminers.java

```java
import java.util.ArrayDeque;
import java.awt.Point;
public class Deminers {
    public static void demining(char land[][]){
        int rows = land.length;
        int columns = land[0].length;
        int x = 0;                                                          //初始位置
        int y = 0;                                                          //初始位置
        ArrayDeque<Point> queue = new ArrayDeque<Point>();                  //队列queue
        Point point = new Point(x,y);
        queue.add(point);                                                   //queue进行入列操作
        System.out.println("被排的雷的位置:");
        while(!queue.isEmpty()) {                                           //未排除全部的雷
            point = queue.pollFirst();                                      //出列
            x = (int)point.getX();
            y = (int)point.getY();
            //广度优先
            if(y-1 >= 0&&land[x][y-1]!='○'&&land[x][y-1]!='路') {            //西
                queue.offer(new Point(x,y-1));                              //入列
            }
            if(x-1 >= 0&&land[x-1][y]!='○'&&land[x-1][y]!='路') {            //北
                queue.offer(new Point(x-1,y));                              //入列
            }
            if(y+1 < columns&&land[x][y+1]!='○'&&land[x][y+1]!='路'){        //东
                queue.offer(new Point(x,y+1));                              //入列
            }
            if(x+1 < rows&&land[x+1][y]!='○'&&land[x+1][y]!='路') {          //南
                queue.offer(new Point(x+1,y));                              //入列
            }
            if(land[x][y] == '●'){                                          //●表示雷
                land[x][y] = '○';                                           //标记○表示排雷一颗
                System.out.printf("排雷(%d,%d),",x,y);
            }
            else if(land[x][y] == '□'){
                land[x][y] = '路';                                          //标记路
            }
        }
    }
}
```

本例中的主类 Example8_5 首先使用第 5 章中例 5-3 的 RandomLayMines 类的 layMines() 方法布雷 39 颗,然后使用 Deminers 类的 demining(char land[][]) 方法开始排雷,运行效果如图 8.7 所示。

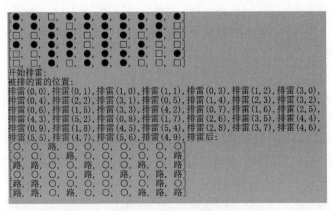

图 8.7　使用广度优先搜索算法进行排雷

Example8_5.java

```java
import java.util.Arrays;
public class Example8_5 {
    public static void main(String args[]){
        char [][] area = new char[6][10];
        for(int i = 0;i < area.length;i++)
            Arrays.fill(area[i],'□');            //□表示路
        int amount = 39;
        RandomLayMines.layMines(area,amount);    //用例 5-3 中 RandomLayMines 类的 LayMines()方
                                                 //法布雷 39 颗
        for(int i = 0;i < area.length;i++){
            System.out.println(Arrays.toString(area[i]));
        }
        System.out.println("开始排雷:");
        Deminers.demining(area);
        System.out.println("排雷后:");
        for(int i = 0;i < area.length;i++){
            System.out.println(Arrays.toString(area[i]));
        }
    }
}
```

8.7　队列与网络爬虫

　　一个网站往往维护着很多网页,这些网页之间通过超链接实现彼此的链接。网络爬虫的意思就是从网站的某个网页开始,通过网页之间的超链接,遍历该网站的所有网页来寻找满足要求的数据或信息。

　　网络爬虫一般都采用广度优先搜索,有某些特殊需求的会用深度优先搜索,例如寻找某个特殊的网页,那么算法就类似老鼠走迷宫,有关算法见第 7 章中的 7.7 节。在广度优先搜索算法中使用队列就可以实现对网站的广度优先搜索,算法描述如下:

　　(1) 将开始的网页点入列,进行(2)。

　　(2) 检查队列是否为空列,如果为空列(所有网页都访问过了)进行(4),否则进行(3)。

　　(3) 队列进行出列操作,将出列的网页中所有没有被访问过的超链接入列,然后按照需求检索当前出列网页中的信息,并标记此网页已被访问过,进行(2)。

　　(4) 结束。

　　需要注意的是,一个网页中的超链接可能是其他网站的主页,网络爬虫可能导致程序无休止地进行下去,所以代码在具体实现时会在步骤(2)的搜索条件中增加最多搜索多少个网页的限制条件(见例 8-6 中的 WebSpider 类)。

　　例 8-6　使用网络爬虫爬取网页。

　　本例中 SaveHtml 类的 saveHtml(String source)方法将网页保存为本地的文本文件。

SaveHtml.java

```java
import java.net.*;
import java.io.*;
public class SaveHtml{
    public static void saveHtml(String source){
        try {
            URL url = new URL(source);
            InputStream in = url.openStream();
            FileOutputStream out = new FileOutputStream(new File("save.txt"));
```

```
            byte [ ] b = new byte[1024];
            int n = -1;
            while((n = in.read(b))!=-1) {
                out.write(b,0,n);
            }
        }
        catch(Exception exp){}
    }
}
```

本例中 FindData 类的 findData(File file,String regex)方法根据正则表达式 regex 从本地文件 file 中爬取数据,例如爬取网页中的所有超链接、所有 GIF 图像的名字等。

FindData.java

```
import java.util.ArrayList;
import java.io.*;
import java.util.regex.*;
public class FindData {
    public static String [] findData(File file,String regex) {
        String source = null;
        ArrayList<String> listData = new ArrayList<String>();
        try{
            FileInputStream in = new FileInputStream(file);
            byte [] content = new byte[(int)file.length()];
            in.read(content);
            //注意查看网页是否为 utf-8 格式(目前基本上都是 utf-8 格式),否则执行 new
            //String(content)即可
            source = new String(content,"utf-8");
            in.close();
        }
        catch(IOException ee){}
        Pattern p = Pattern.compile(regex);              //模式对象
        Matcher m = p.matcher(source);                   //匹配对象
        while(m.find()) {
            String item = m.group();
            char c = item.charAt(item.length()-1);
            if(c == '<'||c == '>'){
                item = item.substring(0,item.length()-1); //不要超链接后面的尖括号
            }
            if(item!= null)
                listData.add(item);
        }
        String [] all = listData.toArray(new String[1]);
        return all;
    }
}
```

本例中 WebSpider 类的 spider(String address,String data,int max)方法使用广度优先搜索算法搜索地址是 address 的网站上的多个网页中匹配正则表达式 data 的数据,即 WebSpider 类的 spider(String address,String data,int max)方法就是所谓的网络爬虫。

WebSpider.java

```
import java.util.ArrayDeque;
import java.util.ArrayList;
import java.io.*;
public class WebSpider {
    public static String[] spider(String address,String data, int max){
        int count = 0;              //max 是允许访问的网页总数,count 是计数
```

```
            ArrayList<String> result = new ArrayList<String>();        //存放爬取到的数据
            ArrayList<String> visited = new ArrayList<String>();       //存储已经访问过的网页
            ArrayDeque<String> queue = new ArrayDeque<String>();       //队列 queue
            queue.add(address);                                        //queue 进行入列操作
            count++;
            System.out.println("访问过的网页地址(稍等...)");
            while(!queue.isEmpty()&&count<=max) {                      //未完成访问量
                String pageWeb = queue.pollFirst();                    //出列
                System.out.println(pageWeb);                           //地址也可以不输出
                SaveHtml.saveHtml(pageWeb);                            //将网页保存到本地 save.txt 中
                count++;
                //匹配超链接
                String regex = "(https|http)://[\\p{Graph}|\\p{Blank}|&&[^<>]]*[<>]";
                File file = new File("save.txt");
                String [] addr = FindData.findData(file,regex);       //返回 pageWeb 中的全部网页地址
                for(int i=0;i<addr.length;i++){                       //广度优先
                    if(addr[i]!=null&&!visited.contains(addr[i])){
                        queue.offerLast(addr[i]);
                    }
                }
                String []dataResult = FindData.findData(file,data);
                if(dataResult.length>0){
                    for(String s:dataResult) {
                        if(s!=null)
                            result.add(s);                             //网页中爬取的数据
                    }
                }
            }
            String [] resultString = result.toArray(new String[1]);
            return resultString;
        }
    }
```

本例中的主类 Example8_6 使用 WebSpider 类的 spider(String address,String data,int max)方法爬取百度网站中 20 个网页中的 GIF 图像的名字和含有"百度"一词的句子,运行效果如图 8.8 所示。

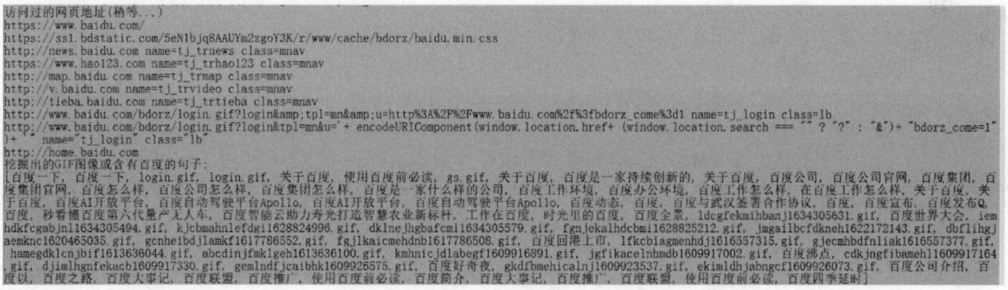

图 8.8 使用网络爬虫爬取网页

Example8_6.java

```
import java.util.Arrays;
public class Example8_6 {
    public static void main(String args[]){
        //[\u4e00-\u9fa5]匹配任意一个中文汉字,\u4e00 到\u9fa5 代表了 Unicode 中汉字的字符集
        String address = "https://www.baidu.com/";
        String data1 = "\\w+[.]gif";                               //GIF 图像
        String data2 = "([a-zA-Z]|[\u4e00-\u9fa5])*百度([\u4e00-\u9fa5]|[a-zA-Z])*";
                                                                    //百度句子
```

```
            String data = data1 + "|" + data2;
            String [] dataResult = WebSpider.spider(address,data,10);   //最多爬取10个网页
            System.out.println("爬取出的GIF图像或含有百度的句子:");
            System.out.print(Arrays.toString(dataResult));
        }
    }
```

8.8 队列与排队

谈到队列,就不能不说排队的问题,因为队列很适合用来模拟排队问题,可以借助多线程模拟排队问题,让每个线程中封装一个队列即可。

例 8-7 用队列模拟排队。

假设一个营业厅有两个服务窗口,在业务低峰期间有一个窗口营业,在高峰期间有两个窗口营业,每个窗口为一位顾客办理业务的耗时不尽相同。程序模拟营业厅服务若干顾客,观察两个窗口分别服务了多少顾客,停止营业后,看看还有多少顾客未能办理业务。

本例中的 ServiceWindow 类封装了队列,其实例是线程的目标对象,即通过让线程封装队列来模拟排队。

ServiceWindow.java

```java
import java.util.ArrayDeque;
import java.util.Random;
public class ServiceWindow implements Runnable{
    public int count = 0;                        //记录服务顾客的总数
    public boolean off = false;                  //是否下班
    private ArrayDeque<Integer> queue;           //队列,存放顾客
    Random random;                               //模拟办理业务的耗时
    String name;
    public ServiceWindow(String s) {
        queue = new ArrayDeque<Integer>();
        random = new Random();
        name = s;
    }
    public void run() {
        while(true){
            int timeConsuming = 10 + random.nextInt(30);  //办理业务的耗时是随机的
            try {
                Thread.sleep(timeConsuming);
            }
            catch(InterruptedException exp){}
            int m = 0;
            if(!queue.isEmpty()){
                m = queue.pollFirst();
                count++;
                System.out.printf("%d号%s\t",m,name);
            }
            if(off)
                break;                           //下班
        }
    }
    public void add(int m) {                     //添加一位顾客
        queue.offerLast(m);
    }
    public int getQueueLength(){
```

```
           return queue.size();
       }
}
```

本例中的主类 Example8_7 创建了两个线程模拟两个服务窗口，在低峰期间有一个窗口营业，高峰期间有两个窗口营业。在低峰期间来了 20 位顾客，高峰期间来了 80 位顾客。程序显示了停止营业后每个窗口分别接待了多少顾客以及还剩多少顾客没有被接待，运行效果如图 8.9 所示。

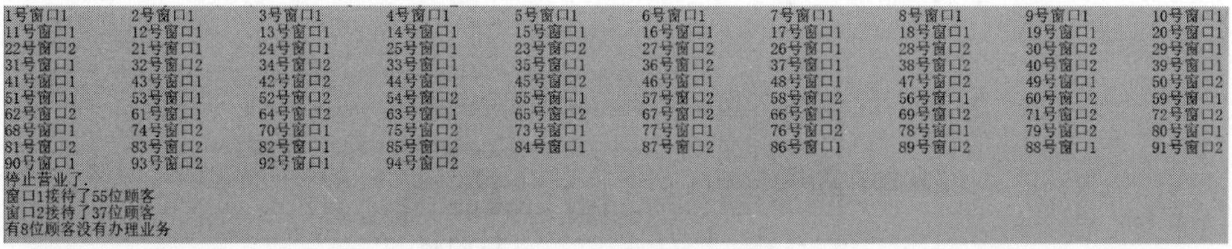

1号窗口1	2号窗口1	3号窗口1	4号窗口1	5号窗口1	6号窗口1	7号窗口1	8号窗口1	9号窗口1	10号窗口1
11号窗口1	12号窗口1	13号窗口1	14号窗口1	15号窗口1	16号窗口1	17号窗口1	18号窗口1	19号窗口1	20号窗口1
22号窗口2	21号窗口1	24号窗口1	25号窗口1	23号窗口2	27号窗口2	26号窗口1	28号窗口2	30号窗口2	29号窗口1
31号窗口1	32号窗口2	34号窗口2	33号窗口1	35号窗口2	36号窗口2	37号窗口2	38号窗口2	40号窗口2	39号窗口1
41号窗口1	43号窗口2	42号窗口1	44号窗口1	45号窗口2	46号窗口1	48号窗口1	47号窗口2	49号窗口1	50号窗口2
51号窗口1	53号窗口2	52号窗口1	54号窗口1	57号窗口2	55号窗口2	58号窗口2	56号窗口1	60号窗口1	59号窗口2
62号窗口2	61号窗口1	64号窗口2	63号窗口1	65号窗口2	67号窗口1	66号窗口1	69号窗口2	71号窗口1	72号窗口2
68号窗口1	74号窗口2	70号窗口1	75号窗口2	73号窗口1	77号窗口2	76号窗口1	78号窗口2	79号窗口1	80号窗口2
81号窗口1	83号窗口2	82号窗口1	85号窗口2	84号窗口2	87号窗口2	86号窗口1	89号窗口2	88号窗口1	91号窗口2
90号窗口1	93号窗口2	92号窗口1	94号窗口2						

停止营业了。
窗口1接待了55位顾客
窗口2接待了37位顾客
有8位顾客没有办理业务

图 8.9　用队列模拟排队

Example8_7.java

```java
public class Example8_7 {
    public static void main(String args[]) {
        int amount = 100;                    //顾客数
        ServiceWindow window1,window2;
        window1 = new ServiceWindow("窗口 1");
        window2 = new ServiceWindow("窗口 2");
        Thread thread1 = new Thread(window1);
        thread1.start();
        int i = 1;
        for(;i<=20;i++){                     //低峰期间
            try {
                Thread.sleep(60);            //平均每隔60毫秒来一位顾客
            }
            catch(InterruptedException exp){}
            window1.add(i);
        }
        Thread thread2 = new Thread(window2);
        thread2.start();
        for(;i<=amount;i++){                 //高峰期间
            try {
                Thread.sleep(10);            //平均每隔10毫秒来一位顾客
            }
            catch(InterruptedException exp){}
            if(window2.getQueueLength()< window1.getQueueLength())
                window2.add(i);
            else
                window1.add(i);
        }
        try {
            Thread.sleep(50);                //50毫秒后停止营业
        }
        catch(InterruptedException exp){}
        window1.off = true;                  //窗口 1 下班
        window2.off = true;                  //窗口 2 下班
        int m1 = window1.count,
            m2 = window2.count,
            m = m1 + m2;
        while(thread1.isAlive()||thread2.isAlive()){
        }
```

```
            System.out.println("\n停止营业了.");
            System.out.println(window1.name + "接待了" + m1 + "位顾客");
            System.out.println(window2.name + "接待了" + m2 + "位顾客");
            System.out.println("有" + (amount - m) + "位顾客没有办理业务");
        }
    }
```

习题 8

习题

自测题

第 9 章　二叉树与TreeSet类

本章主要内容
- 二叉树的基本概念；
- 遍历二叉树；
- 二叉树的存储；
- 平衡二叉树；
- 二叉查询树和平衡二叉查询树；
- TreeSet 树集；
- 树集的基本操作；
- 树集的视图；
- 树集与数据统计；
- 树集与过滤数据；
- 树集与节目单。

第 1 章曾简单介绍了树，对于一般的树结构，很难给出有效的算法，所以本章只介绍可以在其上形成有效算法的二叉树。和前面的链表、栈、队列等不同，二叉树中的结点不必是线性关系，通常是非线性关系。

9.1　二叉树的基本概念

一棵树上的每个结点最多有两个子结点，称这样的树是二叉树。没有任何结点的二叉树被称为空二叉树。这里所说的二叉树是严格区分左和右的，一个结点如果有两个子结点，那么把一个称为左子结点，把另一个称为右子结点，如果只有一个子结点，那么这个子结点也要分是左子结点还是右子结点。例如，像生活中的岔路口，如果岔路口有两个岔路，那么一个是左岔路，另一个是右岔路，如果岔路口只有一个岔路，也要注明是左岔路还是右岔路。再如，像生活中的举手，如果举起两只手，那么一只手是左手，另一只手是右手，如果只举起一只手，也要区分是左手还是右手。

1. 父子关系与兄弟关系

一个结点和它的左、右子结点是父子关系。一个结点的左、右子结点是兄弟关系，二者互称为兄弟结点，即有相同父结点的结点是兄弟结点。

2. 左子树与右子树

如果把二叉树的一个结点的左子结点看作一棵树的根结点，那么以左子结点为根的树也是一棵二叉树，称作该结点的左子树（如果没有左子结点，左子树是空树），同样如果把此结点的右子结点看作一棵树的根结点，以右子结点为根的树也是一棵二叉树（如果没有右子结点，右子树是空树）。一棵树由根结点和它的左子树、右子树所构成。

3. 树的层

在第 1 章中说过，树用倒置的树形来表示，结点按层从上向下排列，根结点是第 0 层。二叉树也是从根开始定义，根为第 0 层，根的子结点为第 1 层，以此类推。除了第 0 层，每一层上的结点和上一层中的一个结点有关系，也可能和下一层的最多两个结点有关系，即根结点没有父结点，其他结点有且只有一个父结点，但最多有两个子结点，叶结点没有子结点。

4. 满二叉树（Full Binary Tree）

每个非叶结点都有两个子结点的二叉树是满二叉树。

5. 完美二叉树（Perfect Binary Tree）

各层的结点数目都是满的，即第 m 层有 2^m 个结点，如果二叉树一共有 k 个层（最下层的编号是 $k-1$），那么完美二叉树一共有 2^k-1 个结点。

6. 完全二叉树（Complete Binary Tree）

完全二叉树从根结点到倒数第 2 层的结点数目都是满的，最后一层可以不满，但最后一层的叶结点都是靠左对齐（按最后一层从左向右的序号，一个挨着一个靠左对齐），并且从左向右数，只允许最后一个叶结点没有兄弟结点，而且如果最后一个叶结点没有兄弟结点，它必须是左子结点。

完美二叉树一定是完全二叉树，也是满树，但完全二叉树不一定是满树，也不必是完美树，如图 9.1 所示。

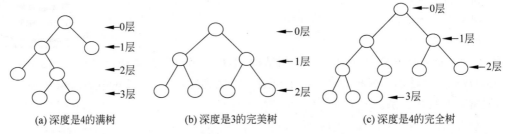

(a) 深度是4的满树　　　　(b) 深度是3的完美树　　　　(c) 深度是4的完全树

图 9.1　满树、完美树、完全树以及树深

7. 树的高度与深度

对于二叉树还有两个常用的术语，即树的高度、树的深度。

一个叶结点所在的层的层数加 1（层是从 0 开始的，只有一个根结点的二叉树的高度为 1，规定空二叉树的高度是 0），称作这个叶节点的高度，在所有叶节点中，其高度最大者称为二叉树的高度，如图 9.1 所示。

从根结点（包括根结点）按照父子关系找到一个叶结点所经过的结点（包括叶结点）数目，称作这个叶结点的深度。在所有叶节点中，其深度最大者的深度称为树的深度。不难得知，树的深度和高度是相等的，只是叙述的方式不同而已。

完美二叉树如果有 n 个结点（$n=2^k-1$，k 是树的深度），那么它的树深是 $\log(n+1)$。

9.2　遍历二叉树

遍历二叉树有 3 种常见的方式，分别是前序遍历、中序遍历和后序遍历。

1. 前序遍历

从树上某结点 p 前序遍历以 p 为根结点的树，其递归算法用语言描述如下：
① 输出 p，② 递归遍历 p 的左子树，③ 递归遍历 p 的右子树。

递归的算法实现如下：

```
public void preOrder(Node p) {              //前序遍历
    if(p != null) {
        p.visited();                         //输出 p
        preOrder(p.left);                    //递归遍历左子树
        preOrder(p.right);                   //递归遍历右子树
    }
}
```

2. 中序遍历

从树上某结点 p 中序遍历以 p 为根结点的树，其递归算法用语言描述如下：
① 递归遍历 p 的左子树，②输出 p，③递归遍历 p 的右子树。
递归的算法实现如下：

```
public void inOrder(Node p) {                //中序遍历
    if(p != null) {
        inOrder(p.left);
        p.visited();
        inOrder(p.right);
    }
}
```

3. 后序遍历

从树上某结点 p 后序遍历以 p 为根结点的树，其递归算法用语言描述如下：
① 递归遍历 p 的左子树，②递归遍历 p 的右子树，③输出 p。
递归的算法实现如下：

```
public void postOrder(Node p) {              //后序遍历
    if(p != null) {
        postOrder(p.left);
        postOrder(p.right);
        p.visited();
    }
}
```

如果读者对递归比较陌生，建议先学习第 3 章中的有关内容，特别是非线性递归，需要慢慢画图才能理解递归产生的效果。对于如图 9.2 所示的二叉树，前序、中序和后序遍历的结果如下：

```
前序遍历(如图9.2(a)所示)：A  B  D  F  E  C  G
中序遍历(如图9.2(b)所示)：F  D  B  E  A  C  G
后序遍历(如图9.2(c)所示)：F  D  E  B  G  C  A
```

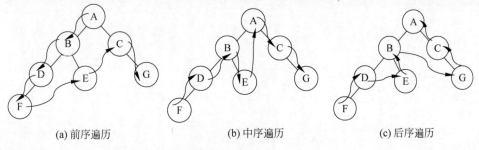

图 9.2　遍历二叉树

建议读者通过画图理解递归的输出结果。

9.3　二叉树的存储

二叉树的结点的存储方式通常为链式存储，即一个结点中含有一个对象，以及左子结点和右子结点的引用，以后提到的结点的值就是指结点中的对象。如果采用链式存储，对于一个没有增加限制的二叉树，给出通用的添加、删除结点的算法是不可能的，理由是在链式存储的二叉树中，要确定一个结点的位置，需要知道它的父结点和它在父结点下的位置（是左子结点还是右子结点）。因此，在进行添加或删除操作时，需要先找到要添加或删除的结点的位置，而这个过程会涉及一系列的判断和遍历操作，因此比较复杂。不同的二叉树可能有不同的限制条件，所以没有通用的算法适用于所有的情况。但是，对于二叉查询树，人们可以给出有关的算法，见 9.5 节。

理论上二叉树的存储也可以采用数组来实现（在实际应用中很少见），例如用数组 a 来实现，存储结点的规律是：一个结点如果存储在 $a[i]$ 中，那么该结点的左子结点存储在 $a[2*i+1]$ 中，右子结点存储在 $a[2*i+2]$ 中。用数组存储结点的缺点是可能会浪费大量的数组元素，即可能有很多数组元素并未参与存储树上的结点（除非二叉树是完美二叉树）。

例 9-1　遍历与查询二叉树。

本例中的 BinaryTree 类负责创建二叉树，其结点 Node 是链式存储的。

Node.java

```java
public class Node {
    public String data;                 //对象
    public Node left;                   //左子结点
    public Node right;                  //右子结点
    Node(String data) {
        this.data = data;
    }
    public void visited() {
        System.out.print(data + "  ");
    }
    public boolean is(Node node) {
        return data.equals(node.data);
    }
}
```

BinaryTree.java

```java
public class BinaryTree{
    public Node root = null;
    BinaryTree() {
    }
    BinaryTree(Node p) {
       root = p;
    }
    public void preOrder(Node p) {            //前序遍历
        if(p != null) {
            p.visited();
            preOrder(p.left);
            preOrder(p.right);
        }
    }
    public void inOrder(Node p) {             //中序遍历
        if(p != null) {
            inOrder(p.left);
            p.visited();
```

第 9 章 二叉树与TreeSet类

```
                inOrder(p.right);
        }
    }
    public void postOrder(Node p) {              //后序遍历
        if(p != null) {
            postOrder(p.left);
            postOrder(p.right);
            p.visited();
        }
    }
    public boolean find(Node root, Node node){
        boolean boo = false;
        if(root!= null){
            boo = root.is(node);
            if(boo == true)
                return boo;
            boo = find(root.left, node);
            if(boo == true)
                return boo;
            boo = find(root.right, node);
            if(boo == true)
                return boo;
        }
        return boo;
    }
}
```

本例中的主类 Example9_1 使用 BinaryTree 类创建了如图 9.2 所示的二叉树，并分别使用前序、中序和后序遍历了这棵二叉树，同时查询了某个对象是否和树上的某个结点中的对象相同，运行效果如图 9.3 所示。

```
前序遍历树结点：
A B D F E C G
中序遍历树结点：
F D B E A C G
后序遍历树结点：
F D E B G C A
G是树上的结点吗? true
W是树上的结点吗? false
```

图 9.3 遍历与查询二叉树

Example9_1.java

```java
public class Example9_1 {
    public static void main(String args[]) {
        Node nodeA = new Node("A");
        Node nodeB = new Node("B");
        Node nodeC = new Node("C");
        Node nodeD = new Node("D");
        Node nodeE = new Node("E");
        Node nodeF = new Node("F");
        Node nodeG = new Node("G");
        nodeA.left = nodeB;
        nodeA.right = nodeC;
        nodeB.left = nodeD;
        nodeB.right = nodeE;
        nodeC.right = nodeG;
        nodeD.left = nodeF;
        BinaryTree tree = new BinaryTree(nodeA);
        System.out.println("\n前序遍历树结点：");
        tree.preOrder(tree.root);
        System.out.println("\n中序遍历树结点：");
        tree.inOrder(tree.root);
        System.out.println("\n后序遍历树结点：");
        tree.postOrder(tree.root);
        Node node = new Node("G");
        System.out.println("\n" + node.data + "是树上的结点吗?" + tree.find(nodeA, node));
```

```
            node = new Node("W");
            System.out.println(node.data + "是树上的结点吗?" + tree.find(nodeA,node));
        }
    }
```

注意：find(Node root, Node node)方法的时间复杂度是 $O(n)$（n 是二叉树上的结点数目）。

9.4 平衡二叉树

创建平衡二叉树是为了不让树以及子树上的结点倾斜。

满足下列要求的二叉树是平衡二叉树：

（1）左子树和右子树的深度之差的绝对值不大于 1。

（2）左子树和右子树也都是平衡二叉树。

二叉树上结点的左子树深度减去其右子树深度称为该结点的平衡因子，平衡因子只可以是 0、1、−1，否则该二叉树就不是平衡二叉树。例如，在图 9.1 中(a)不是平衡二叉树，(b)和(c)是平衡二叉树。

根据平衡二叉树的特点，可以用数学方法证明平衡二叉树的高度最高是 $1.44\log(n+2)-1$，最低是 $\log(n+1)-1$，其中 n 是二叉树上的结点数目（证明略）。

注意：完全二叉树是平衡二叉树，但平衡二叉树不一定是完全二叉树，因为平衡二叉树不要求没有兄弟结点的结点必须是左结点，而且最后一层的叶结点也不必靠左对齐。

9.5 二叉查询树和平衡二叉查询树

由于笼统的二叉树很难形成有效算法，所以本节先给出二叉查询树，然后介绍两种经典的平衡二叉查询树。

1. 二叉查询树

二叉查询树（Binary Search Tree, BST）的每个结点 node 中都存储一个可比较大小的对象，且满足以下条件：

（1）在 node 的左子树中，所有结点中的对象都小于 node 结点中的对象。

（2）在 node 的右子树中，所有结点中的对象都大于或等于 node 结点中的对象。

（3）左、右子树都是二叉查询树。

二叉查询树的任意结点中的对象大于左子结点中的对象，小于或等于右子结点中的对象（如图 9.4(a)所示）。但是，如果一棵二叉树的任意结点中的对象大于左子结点中的对象，小

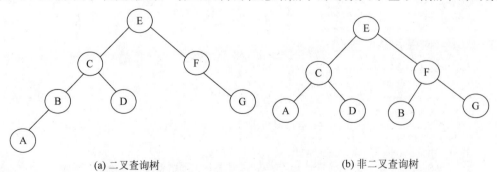

(a) 二叉查询树　　　　　　　　　　　　(b) 非二叉查询树

图 9.4　二叉查询树和非二叉查询树

于或等于右子结点中的对象,它不一定是二叉查询树。例如图 9.4(b)中根结点 E 的右子树中的 B 结点值不大于 E 结点值,所以它不是二叉查询树。

如果按中序遍历二叉查询树,输出的对象刚好是升序排列,所以也称二叉查询树是有序二叉树。

例 9-2　中序遍历二叉查询树。

本例中的主类 Example9_2 使用例 9-1 中的 BinaryTree 类创建如图 9.4(a)所示的二叉查询树,并按中序遍历输出树上结点中的数据,运行效果如图 9.5 所示。

中序遍历树结点(升序):
A B C D E F G

图 9.5　中序遍历二叉查询树

Example9_2.java

```java
public class Example9_2 {
    public static void main(String args[]) {
        Node nodeA = new Node("A");
        Node nodeB = new Node("B");
        Node nodeC = new Node("C");
        Node nodeD = new Node("D");
        Node nodeE = new Node("E");
        Node nodeF = new Node("F");
        Node nodeG = new Node("G");
        nodeE.left = nodeC;
        nodeE.right = nodeF;
        nodeC.left = nodeB;
        nodeC.right = nodeD;
        nodeF.right = nodeG;
        nodeB.left = nodeA;
        BinaryTree tree = new BinaryTree(nodeE);
        System.out.println("\n中序遍历树结点(升序):");
        tree.inOrder(tree.root);
    }
}
```

2. 平衡二叉查询树

不加其他附属条件限制的二叉查询树可以退化为线性结构或斜树,查询时间复杂度是 $O(n)$,如图 9.6 所示。

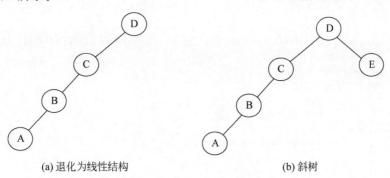

(a) 退化为线性结构　　　　　　　(b) 斜树

图 9.6　倾斜的二叉查询树

为了能让二叉查询树的查询时间复杂度是 $O(\log n)$,需要让二叉查询树是平衡二叉查询树。二叉查询树的特点特别适合查询数据,因为如果要找的对象不在当前结点中,那么如果大于当前结点中的对象,就只需到右子树中继续查找,如果小于当前结点中的对象,就只需到左子树中继续查找。二叉树是平衡二叉树,才能使查询时间复杂度是 $O(\log n)$,因为平衡二叉树的深度(高度)最大是 $1.44\log(n+2)-1$,最小是 $\log(n+1)-1$,那么查询叶结点的最大深度

不会超过 $1.44\log(n+2)-1$，因此查询时间复杂度是 $O(\log n)$。平衡二叉查询树的查找操作非常类似二分法，由于是平衡二叉查询树，在查询过程中结点的数目近似以 2 的幂次方在减少，所以它的查询时间复杂度和二分法的查询时间复杂度相同，都是 $O(\log n)$（见第 2 章中的例 2-9）。

例 9-3 创建平衡二叉查询树并查询。

本例中的 BinaryBST 类负责创建二叉树，如果创建的二叉树是平衡二叉查询树，那么其中 find() 方法的时间复杂度就是 $O(\log n)$。

Node. java

```
public class Node {
    public int data;
    public Node left;
    public Node right;
    Node(Integer data) {
        this.data = data;
    }
    public void visited() {
        System.out.print(data + "  ");
    }
}
```

BinaryBST. java

```
public class BinaryBST{
    public Node root = null;
    BinaryBST() {
    }
    BinaryBST(Node p) {
        root = p;
    }
    public void inOrder(Node p) {                    //中序遍历
        if(p != null) {
            inOrder(p.left);
            p.visited();
            inOrder(p.right);
        }
    }
    public boolean find(Node root,Node node){        //和例 9-1 比较,不必再是递归方法
        boolean boo = false;
        while(root!= null) {
            if(node.compareTo(root) == 0){
                boo = true;
                return boo;
            }
            else if(node.compareTo(root) < 0){
                root = root.left;
            }
            else {
                root = root.right;
            }
        }
        return boo;
    }
}
```

本例中的主类 Example9_3 用 BinaryBST 类创建了如图 9.7 所示的平衡二叉查询树，同

时查询了某个对象是否和树上某结点中的对象相同,运行效果如图 9.8 所示。

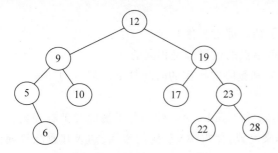

图 9.7　平衡二叉查询树

中序遍历树结点(升序):
5　6　9　10　12　17　19　22　23　28
17和树上某结点值相同吗？:true

100和树上某结点值相同吗？:false

图 9.8　按升序输出结点并查询

Example9_3.java

```java
public class Example9_3 {
    public static void main(String args[]) {
        Node node12 = new Node(12);
        Node node9  = new Node(9);
        Node node19 = new Node(19);
        Node node5  = new Node(5);
        Node node10 = new Node(10);
        Node node17 = new Node(17);
        Node node23 = new Node(23);
        Node node6  = new Node(6);
        Node node22 = new Node(22);
        Node node28 = new Node(28);
        node12.left  = node9;
        node12.right = node19;
        node9.left   = node5;
        node9.right  = node10;
        node19.left  = node17;
        node19.right = node23;
        node5.right  = node6;
        node23.left  = node22;
        node23.right = node28;
        BinaryBST tree = new BinaryBST(node12);
        System.out.println("\n中序遍历树结点(升序):");
        tree.inOrder(tree.root);
        Node node = new Node(17);
        System.out.println(
        "\n" + node.data + "和树上某结点值相同吗?:" + tree.find(tree.root,node));
        node = new Node(100);
        System.out.println(
        "\n" + node.data + "和树上某结点值相同吗?:" + tree.find(tree.root,node));
    }
}
```

二叉查询树还涉及(动态)添加结点、删除结点等操作。例 9-1~例 9-3 给出的树都是不可变树,即没有添加结点和插入结点的操作,这样的树属于干树或死树,实际应用价值不大。

添加或删除结点必须要保持二叉树仍然是平衡二叉树,而且保持平衡的算法的时间复杂度最好也是 $O(\log n)$。下面讲解两种重要的平衡二叉树——红黑树和 AVL 树。

1) 红黑树

红黑树是一种平衡的二叉查询树。它的平衡性质的维护主要是通过用颜色标记结点等操作来达成。红黑树中的所有结点都被标记为红色或黑色,并且满足以下规则:

(1) 根结点是黑色的。
(2) 每个叶结点是黑色的。
(3) 如果一个结点是红色的,则其左、右子结点都是黑色的。
(4) 任何一条从根到叶结点的路径上黑色结点的数量都是相同的。

通过这些规则,红黑树可以保证搜索、插入和删除等操作的时间复杂度都是 $O(\log n)$。

2) AVL 树

AVL 树是根据两位发明者 Adelson-Velsky 和 Landis 命名的一种平衡的二叉查询树。它的平衡性质的维护主要通过旋转子树等操作来完成,使得 AVL 树的查询、插入和删除等操作的时间复杂度都是 $O(\log n)$。

9.6　TreeSet 树集

二叉查询树由 Java 集合框架(Java Collections Framework,JCF)中的 TreeSet<E>泛型类所实现。Java 集合框架中的类和接口在 java.util 包中,主要的接口有 Collection、Map、Set、List、Queue、SortedSet 和 SortedMap,其中 List、Queue、Set 是 Collection 的子接口,SortedSet 是 Set 的子接口,SortMap 是 Map 的子接口。TreeSet<E>泛型类实现了 SortedSet 接口,如图 9.9 所示。

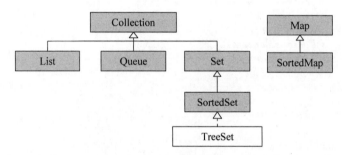

图 9.9　TreeSet<E>泛型类实现了 SortedSet 接口

TreeSet<E>泛型类继承了 SortedSet 泛型接口中 default 关键字修饰的方法(去掉了该关键字),实现了 SortedSet 泛型接口中的抽象方法。

通常称 TreeSet<E>类的对象(实例)为树集。树集是一棵平衡二叉查询树,也是一种有序的集合(按中序遍历),它是基于红黑树实现的平衡二叉查询树。TreeSet<E>类不允许有两个结点的对象相同,即不允许有大小一样的两个结点。TreeSet<E>类提供的添加、删除、查找结点的时间复杂度都是 $O(\log n)$,因此 TreeSet<E>类的对象非常适合于需要快速查找、删除、添加对象的应用问题。

注意:和其他数据结构不同,平衡二叉查询树有着特殊的结构,可以实现添加、查询、删除结点的操作,但无法实现更新结点中对象的操作。

创建一个 TreeSet<E>类的对象必须要指定 E 的具体类型,类型是类或接口类型(不可以是基本类型,例如 int、float、char 等),即指定树集的结点中对象的类型。例如指定 E 是 Integer 类型:

TreeSet<Integer> treeOne = new TreeSet<>();

或

第9章 二叉树与TreeSet类

```
TreeSet < Integer > treeOne = new TreeSet < Integer >();
```

树集是一棵二叉查询树,结点中的对象必须是可以比较大小的,如果不指定对象的大小关系,树集默认使用对象的引用比较大小,所以创建对象的类需要实现 Comparable < T >接口(java.lang 包中的泛型接口)。例如,java.lang 包中的 String 类实现了 Comparable < T >接口,规定按 String 对象中封装的字符串的字典序比较大小。

创建对象的类通过实现 Comparable < T >接口(即实现该接口中的 int compareTo(T b)方法)来规定对象的大小关系。实现 Comparable < T >接口的类创建的对象可以调用 compareTo(Object T stro)方法和参数指定的对象比较大小关系。假如 a 和 b 是实现 Comparable < T >接口的类创建的两个对象,当 $a.compareTo(b) < 0$ 时,称 a 小于 b;当 $a.compare(b) > 0$ 时,称 a 大于 b;当 $a.compare(b) == 0$ 时,称 a 等于 b。

当一个树集上结点中的对象是实现 Comparable < T >接口的类创建的对象时,树集按结点中对象的大小关系比较结点的大小,也会根据大小关系执行相应的查询、添加、插入等操作。

树集使用 add(E obj)方法向树集中添加结点。

树集使用 addAll(Collection <? extends E > c)方法添加多个结点到树集,结点中的对象可以是参数所指定集合的结点中的对象,即 c 可以是链表、栈、队列或另一个树集。

treeOne 使用 add(E obj)方法添加结点时所指定结点中的对象是 Integer 对象,代码如下:

```
treeOne.add(16);
treeOne.add(15);
treeOne.add(6);
treeOne.add(28);
```

这时树集 treeOne 上就有了 4 个结点,结点中的对象都是 Integer 类型的对象,树集上的结点是自动链接在一起的(父子关系等),不需要用户编写代码进行链接,也就是说不需要安排结点的左子结点或右子结点。

树集使用 size()方法返回树集上结点的数目,如果树集上没有结点,size()方法返回 0。

可以用链表、栈、队列中的结点或另一个树集上的结点创建树集,例如用 treeOne 树集上的结点创建一个新的树集 treeTwo:

```
TreeSet < Integer > treeTwo = new TreeSet < Integer >(treeOne);
```

树集 treeTwo 上结点中的对象和 treeOne 的相同。如果 treeTwo 添加或删除结点,不会影响 treeOne 上的结点,同样,如果 treeOne 添加或删除结点,也不会影响 treeTwo 上的结点。

使用 TreeSet(Comparator <? super E > comparator)方法可以创建树集,并指定结点中对象的大小关系(即重新规定了对象的大小关系),例如(规定整数按平方的大小比较大小):

```
TreeSet < Integer > treeThree = new TreeSet < Integer >((a,b) ->{ if(a*a>b*b)
                                                             return 1;
                                                         else if(a*a==b*b)
                                                             return 0 ;
                                                         else
                                                             return -1;});
```

Comparator 是一个函数接口,因此在使用该方法时可以向参数 comparator 传递一个 Lambda 表达式,该 Lambda 表达式必须有两个参数,在 Lambda 表达式中必须有 return 语句,返回的值是 int 型数据(和其代表的 int compare(T a, T b)方法保持一致)。

```
treeOne结点中的数据（升序）：
[-15, -7, 6, 28]
treeTwo结点中的数据（升序）：
[-15, -7, 6, 10, 11, 28]
treeTwo删除一个结点(28)。
treeTwo结点中的数据（升序）：
[-15, -7, 6, 10, 11]
treeOne结点中的数据（升序）：
[-15, -7, 6, 28]
treeThree结点中的数据(按平方大小升序)：
[6, -7, -15, 28]
```

图 9.10　创建树集

例 9-4　创建树集。

本例中的主类 Example9_4 首先创建一个空树集 treeOne，然后向空树集 treeOne 添加 4 个结点，随后用 treeOne 创建树集 treeTwo，并用新的大小关系创建 treeThree，然后向 treeThree 添加结点，结点中的对象和 treeOne 的相同，修改 treeTwo 上的结点并不影响 treeOne 上的结点，运行效果如图 9.10 所示。

Example9_4.java

```java
import java.util.TreeSet
public class Example9_4 {
    public static void main(String args[]) {
        TreeSet< Integer > treeOne = new TreeSet< Integer >();
        treeOne.add(6);
        treeOne.add( - 15);
        treeOne.add( - 7);
        treeOne.add(28);
        System.out.println("treeOne 结点中的数据(升序):\n" + treeOne);
        TreeSet< Integer > treeTwo = new TreeSet< Integer >(treeOne);
        treeTwo.add(11);
        treeTwo.add(10);
        System.out.println("treeTwo 结点中的数据(升序):\n" + treeTwo);
        System.out.println("treeTwo 删除一个结点(28).");
        treeTwo.remove(28);
        System.out.println("treeTwo 结点中的数据(升序):\n" + treeTwo);
        System.out.println("treeOne 结点中的数据(升序):\n" + treeOne);
        TreeSet< Integer > treeThree = new TreeSet< Integer >((a,b) ->{ if(a*a>b*b)
                                                            return 1;
                                                            else if(a*a==b*b)
                                                            return 0 ;
                                                            else
                                                            return - 1;});
        treeThree.addAll(treeOne);
        System.out.println("treeThree 结点中的数据(按平方大小升序):\n" + treeThree);
    }
}
```

注意：System.out.println(tree)方法按升序输出树集 tree 上结点中的对象。

9.7　树集的基本操作

1．添加结点

- public boolean add(E obj)：树集使用该方法添加结点，需要注意的是，如果树集上已经有结点值是 obj，将无法把值是 obj 的结点添加到树集上，此时返回 false 表示添加失败。
- public boolean addAll(Collection <? extends E> c)：树集使用该方法添加多个结点，结点值可以是参数所指定集合的结点中的对象，即 c 可以是链表、栈、队列或另一个树集，需要注意的是，c 中如果有相同的对象，只能有一个被添加到树集上。

2．查询结点中的对象

- public E first()：返回树集上结点值最小的结点中的对象。
- public E last()：返回树集上结点值最大的结点中的对象。

第9章 二叉树与TreeSet类

- public E ceiling(E *e*)：返回树集上结点值大于或等于对象 *e* 的最小的结点中的对象。如果没有这样的结点，则返回 null。
- public E floor(E *e*)：返回树集上结点值小于或等于对象 *e* 的最大的结点中的对象。如果没有这样的结点，则返回 null。
- public E lower(E *e*)：返回树集上结点值小于对象 *e* 的最大的结点中的对象。如果没有这样的结点，则返回 null。
- public E higher(E *e*)：返回树集上结点值大于对象 *e* 的最小的结点中的对象。如果没有这样的结点，则返回 null。
- public boolean isEmpty()：如果树集为空，即没有任何结点，返回 true，否则返回 false。
- public boolean contains(Object obj)：如果树集含有结点值是 obj 的结点，返回 true，否则返回 false。
- public Iterator<E> iterator()：按升序返回一个树集的迭代器，即迭代器按升序迭代输出树集上结点中的对象。
- public Iterator<E> descendingIterator()：按降序返回一个树集的迭代器，即迭代器按降序迭代输出树集上结点中的对象。

3. 删除结点

- public E pollFirst()：删除结点值最小的结点，并返回结点中的对象。如果树集为空，则返回 null。
- public E pollLast()：删除结点值最大的结点，并返回结点中的对象。如果树集为空，则返回 null。
- public boolean remove(Object obj)：删除结点值是 obj 的结点。如果树集中没有结点值是 obj 的结点，则返回 false。
- public void clear()：删除树集中的全部结点。
- public boolean removeIf(Predicate<? super E> filter)：删除满足 filter 给出的条件的结点。Predicate 是一个函数接口，其中唯一的抽象方法是 boolean test(T *t*)，在使用 removeIf(Predicate<? super E> filter) 方法时可以将一个 Lambda 表达式传递给参数 filter，该 Lambda 表达式有一个参数，类型和结点中对象的类型一致，Lambda 表达式的返回值的类型是 boolean 型。

注意树集 tree 上不允许出现结点值相同的结点，即不允许有大小相同的两个结点。另外，如果想动态更改结点的大小关系，需要使用 TreeSet(Comparator<? super E> comparator) 方法创建一个新的树集 newTree，该树集上结点中的对象使用新的大小关系比较大小，然后 newTree.addAll(tree) 把原树集 tree 上结点中的对象添加到新树集 newTree 上的结点中。

例 9-5 借助树集模拟双色球。

树集删除结点的时间复杂度 $O(\log n)$ 要小于链表删除节点(链表使用"节点"一词)的时间复杂度 $O(n)$。第 5 章中的例 5-6，使用链表获得 *n* 个互不相同的随机数，其时间复杂度是 $O(n^2)$。本例中 RandomByTree 类的 getRandom(int number, int n) 方法获得 *n* 个不同随机数的时间复杂度是 $O(n\log n)$（小于 $O(n^2)$）。

RandomByTree.java

```
import java.util.Random;
import java.util.TreeSet;
public class RandomByTree {
```

```
            //获得[1,number]中 amount 个互不相同的随机数
            public static int[] getRandom(int number,int n){
                Random random = new Random();
                if(number<=0||n<=0)
                    throw new NumberFormatException("数字不是正整数");

                int[] result = new int[n];                    //存放得到的随机数
                TreeSet<Integer> tree = new TreeSet<Integer>();
                while(tree.size()<n){
                    tree.add(1+random.nextInt(number));       //add()方法的时间复杂度是 O(log n)
                }
                int i = 0;
                for(int m:tree){
                    result[i] = m;
                    i++;
                }
                return result;                                //返回数组,数组的每个元素是一个随机数
            }
        }
```

双色球的每个投注号码由 6 个红色球的号码和 1 个蓝色球的号码组成。6 个红色球的号码互不相同,号码是 1~33 的随机数;蓝色球的号码是 1~16 的随机数。本例中的主类 Example9_5 使用 RandomByTree 类的 getRandom(int number,int n) 方法模拟双色球,运行效果如图 9.11 所示。

红色球:[1, 8, 9, 19, 32, 33]蓝色球:[5]
红色球:[12, 16, 22, 28, 31, 33]蓝色球:[1]
红色球:[1, 15, 16, 22, 31, 33]蓝色球:[13]

图 9.11 模拟双色球

Example9_5.java

```
import java.util.Arrays;
public class Example9_5 {
    public static void main(String args[]){
        for(int i=1;i<=3;i++){
            int[] red = RandomByTree.getRandom(33,6);        //双色球中的 6 个红色球
            int[] blue = RandomByTree.getRandom(16,1);       //双色球中的 1 个蓝色球
            System.out.print("\n 红色球:" + Arrays.toString(red));
            System.out.println("蓝色球:" + Arrays.toString(blue));
        }
    }
}
```

例 9-6 借助树集求最大、最小连接数。

本例借助树集解决这样的问题:设有 n 个正整数,将它们连接在一起,求能组成的最大和最小的多位整数。

一个想法就是把这 n 个正整数从大到小或从小到大排列,然后连接在一起,就会得到最大或最小的连接数。这个算法是可行的,但却少了正确性,算法既要有可行性,又要有正确性。例如 52 和 520,那么 52 在前、520 在后的连接数 52520 就比 520 在前、52 在后的连接数 52052 大,即两个数做连接时大的在前、小的在后得到的连接数不一定大于小的在前、大的在后得到的连接数。

其实这个想法并不是完全没道理,关键是怎么定义大小。换个思路,即重新定义正整数之间的大小关系。假设 a 和 b 是任意两个正整数,把 a 和 b 的连接数以及 b 和 a 的连接数分别记作 ab 和 ba,然后如下定义 a 和 b 的大小关系:

(1) 如果 $ab>ba$,规定 a 大于 b。

(2) 如果 $ab<ba$,规定 a 小于 b。

(3) 如果 $ab=ba$，规定 a 等于 b。

按照这样的大小关系把正整数添加到树集上，那么把树集的结点从大到小连接在一起就得到最大的连接数，把树集的结点从小到大连接在一起就得到最小的连接数。

本例中 ConnectNumber 类的方法 getMaxConnectNumber(int…m)方法返回几个正整数的最大的连接数，getMinConnectNumber(int…m)方法返回几个正整数的最小的连接数。

ConnectNumber.java

```java
import java.util.TreeSet;
import java.util.Iterator;
public class ConnectNumber {
    public static long getMaxConnectNumber(int ... m){        //返回最大连接数
        TreeSet<Integer> tree =                //规定tree中的结点值(即对象)的大小关系
            new TreeSet<Integer>((a,b) ->{
                             return (a+""+b).compareTo((b+""+a));
                             });
        for(int n:m){
            tree.add(n);
        }
        String link = "";
        Iterator<Integer> iter = tree.descendingIterator();
        while(iter.hasNext()) {
            link += "" + iter.next();
        }
        return Long.parseLong(link);
    }
    public static long getMinConnectNumber(int ... m){        //返回最小连接数
        TreeSet<Integer> tree =                //规定tree中的结点值(即对象)的大小关系
            new TreeSet<Integer>((a,b) ->{
                             return (a+""+b).compareTo((b+""+a));
                             });
        for(int n:m){
            tree.add(n);
        }
        String link = "";
        Iterator<Integer> iter = tree.iterator();
        while(iter.hasNext()) {
            link += "" + iter.next();
        }
        return Long.parseLong(link);
    }
}
```

本例中的主类 Example9_6 使用 ConnectNumber 类的 getMaxConnectNumber int(…m)方法获得几个正整数的最大的连接数，使用 getMinConnectNumber (int…m)方法获得几个正整数的最小的连接数，运行效果如图 9.12 所示。

```
[7, 13, 5, 286, 52, 520]最大连接数:755252028613
[7, 13, 5, 286, 52, 520]最小连接数:132865205257
52和520的最大连接数:52520
52和520的最小连接数:52052
```

图 9.12　获得最大、最小连接数

Example9_6.java

```java
import java.util.Arrays;
public class Example9_6{
    public static void main(String args[]){
        int a[] = {7,13,5,286,52,520};
        long result = ConnectNumber.getMaxConnectNumber(a);
        System.out.println(Arrays.toString(a) + "最大连接数:" + result);
        result = ConnectNumber.getMinConnectNumber(a);
```

```
        System.out.println(Arrays.toString(a) + "最小连接数:" + result);
        result = ConnectNumber.getMaxConnectNumber(52,520);
        System.out.println("52 和 520 的最大连接数:" + result);
        result = ConnectNumber.getMinConnectNumber(52,520);
        System.out.println("52 和 520 的最小连接数:" + result);
    }
}
```

9.8 树集的视图

树集非常适合于需要快速查找、删除、添加对象的应用问题,如果将一部分查找频率较高的数据集中放到树集的视图中,会提高查找对象的效率。

树集的视图是树集的一个子集,更改视图的结点(增加或删除结点)会使当前树集发生同步改变,同样地,如果更改树集的结点(增加或删除结点),也会使视图发生同步改变,即树集的视图和原树集会同步变化,这也是视图的本意。需要注意的是,树集是有序集,因此树集的视图也是有序集,规定视图在添加结点时不可以添加大于视图中最大值的结点,也不可以添加小于视图中最小值的结点,即对于视图 subView,其添加的结点的值不能大于 subView.last()的结点值,不能小于 subView.first()的结点值。

> **注意**:第 5 章的 5.7 节学习了链表的视图,相对于链表的视图,树集的视图在添加结点上有一定的限制。

下面是树集得到视图的几个方法。

- public SortedSet < E > subSet(E from, E to):返回树集的一个视图,视图中的结点由树集上结点值大于或等于 from 结点值、小于 to 结点值的结点所构成。如果 from 结点值等于 to 结点值,该方法返回 null,如果 from 结点值小于 to 结点值,会触发运行异常 IllegalArgumentException。
- public SortedSet < E > subSet(E from, boolean fromInclusive, E to, boolean toInclusive):返回树集的一个视图,视图中的结点由树集上结点值大于或等于(fromInclusive 取值 true)from 结点值、小于或等于(toInclusive 取值 true)to 结点值的结点所构成。如果 from 结点值等于 to 结点值,该方法返回 null,如果 from 结点值小于 to 结点值,会触发运行异常 IllegalArgumentException。
- public SortedSet < E > tailSet(E from):返回树集的一个视图,视图中的结点由树集上结点值大于或等于 from 结点值的结点构成。
- public NavigableSet < E > tailSet(E from, boolean inclusive):返回树集的一个视图,视图中的结点由树集上结点值大于或等于 from 结点值的结点构成(inclusive 取值 true),或返回树集的一个视图,视图中的结点由树集上结点值大于 from 结点值的结点构成(inclusive 取值 false)。
- public SortedSet < E > headSet(E to):返回树集的一个视图,视图中的结点由树集上结点值小于 to 结点值的结点构成。
- public NavigableSet < E > headSet(E to, boolean inclusive):返回树集的一个视图,视图中的结点由树集上结点值小于或等于 to 结点值的结点构成(inclusive 取值 true),或返回树集的一个视图,视图中的结点由树集上结点值小于 to 结点值的结点构成(inclusive 取值 false)。

第 9 章 二叉树与TreeSet类

例 9-7 获取树集的视图。

本例中的主类 Example9_7 获取树集的视图,查询了视图中的结点,并对视图进行了添加和删除结点的操作,运行效果如图 9.13 所示。

```
目前的树集tree:[2, 6, 7, 8, 10, 12, 15, 56, 72, 90, 92, 100]
结点值大于或等于10的视图treeView1:[10, 12, 15, 56, 72, 90, 92, 100]
结点值小于10的视图treeView2:[2, 6, 7, 8]
结点值大于或等于10、小于90的视图treeView3:[10, 12, 15, 56, 72]
视图treeView3删除结点值是92和2的结点.
添加:true
删除:false
删除:false
树集tree删除结点值是92和2的结点.
删除:true
删除:true
视图treeView1添加结点值是88和11的结点.
添加88:true
添加11:true
目前的树集tree:[6, 7, 8, 10, 11, 12, 15, 56, 72, 88, 89, 90, 100]
目前的视图treeView1:[10, 11, 12, 15, 56, 72, 88, 89, 90, 100]
目前的视图treeView2:[6, 7, 8]
目前的视图treeView3:[10, 11, 12, 15, 56, 72, 88, 89]
```

图 9.13 获取树集的视图

Example9_7.java

```java
import java.util.TreeSet;
import java.util.SortedSet;
public class Example9_7 {
    public static void main(String args[]){
        int [] a = {6,12,56,2,10,90,92,8,15,7,72,100};
        TreeSet<Integer> tree = new TreeSet<Integer>();
        for(int i = 0;i < a.length;i++){
            tree.add(a[i]);
        }
        System.out.println("目前的树集 tree:" + tree);
        SortedSet<Integer> treeView1 = tree.tailSet(10);
        System.out.println("结点值大于或等于 10 的视图 treeView1:" + treeView1);
        SortedSet<Integer> treeView2 = tree.headSet(10);
        System.out.println("结点值小于 10 的视图 treeView2:" + treeView2);
        SortedSet<Integer> treeView3 = tree.subSet(10,90);
        System.out.println("结点值大于或等于 10、小于 90 的视图 treeView3:" + treeView3);
        System.out.println("视图 treeView3 删除结点值是 92 和 2 的结点.");
        System.out.println("添加:" + treeView3.add(89));        //不可以添加大于 90 的结点
        System.out.println("删除:" + treeView3.remove(92));
        System.out.println("删除:" + treeView3.remove(2));
        System.out.println("树集 tree 删除结点值是 92 和 2 的结点.");
        System.out.println("删除:" + tree.remove(92));
        System.out.println("删除:" + tree.remove(2));
        System.out.println("视图 treeView1 添加结点值是 88 和 11 的结点.");
        System.out.println("添加 88:" + treeView1.add(88));
        System.out.println("添加 11:" + treeView1.add(11));
        System.out.println("目前的树集 tree:" + tree);
        System.out.println("目前的视图 treeView1:" + treeView1);
        System.out.println("目前的视图 treeView2:" + treeView2);
        System.out.println("目前的视图 treeView3:" + treeView3);
    }
}
```

9.9 树集与数据统计

树集的查找、添加、删除操作的时间复杂度都是 $O(\log n)$。Java 提供了许多用于数据统计的方法,例如获取树集视图的方法,这些方法也适合用于简单的数据统计问题,下面是若干不相同的整数的数据统计问题：
(1) 把若干不相同的整数排序。
(2) 求若干不相同的整数的最大、最小整数。
(3) 求若干不相同的整数中小于或等于某个值的整数。
(4) 求若干不相同的整数中大于或等于某个值的整数。
(5) 求若干不相同的整数的平均值。

例 9-8 统计随机数。

本例中的主类 Example9_8 统计了随机数，运行效果如图 9.14 所示。

```
30个随机数(升序)：
[1, 10, 15, 17, 26, 27, 28, 30, 34, 35, 36, 40, 42, 50, 51, 53, 55, 56, 61, 65, 66
, 75, 77, 79, 80, 84, 91, 92, 95, 97]
30个随机数最小、最大数:1,97
大于或等于60:[75, 77, 79, 80, 84, 91, 92, 95, 97]
大于或等于60的数量:9
小于60:[1, 10, 15, 17, 26, 27, 28, 30, 34, 35, 36, 40, 42, 50, 51, 53, 55, 56]
小于60的数量:18
80:[80]
90:[91, 92, 95, 97]
大于90的数量:4
30个随机数的和：
1568
```

图 9.14 统计随机数

Example9_8.java

```java
import java.util.TreeSet;
import java.util.SortedSet;
import java.util.Random;
import java.util.Iterator;
public class Example9_8 {
    public static void main(String args[]){
        int n = 30;                                    //不同随机数的数量
        TreeSet<Integer> tree = new TreeSet<Integer>();
        Random random = new Random();
        while(tree.size()< n) {
            tree.add(1 + random.nextInt(100));         //1~100 的随机数
        }
        System.out.println(n + "个随机数(升序):\n" + tree);
        System.out.println(n + "个随机数最小、最大数:" + tree.first() + "," + tree.last());
        SortedSet<Integer> greater60 = tree.tailSet(69);
        System.out.println("大于或等于 60:" + greater60);
        System.out.println("大于或等于 60 的数量:" + greater60.size());
        SortedSet<Integer> less60 = tree.headSet(60);
        System.out.println("小于 60:" + less60);
        System.out.println("小于 60 的数量:" + less60.size());
        SortedSet<Integer> equals80 = tree.subSet(80,81);
        System.out.println("80:" + equals80);
        SortedSet<Integer> greater90 = tree.tailSet(90);
        System.out.println("90:" + greater90);
        System.out.println("大于 90 的数量:" + greater90.size());
        Iterator<Integer> iter = tree.iterator();
        int sum = 0;
        while(iter.hasNext()) {
           sum += iter.next();
        }
        System.out.println(n + "个随机数的和:\n" + sum);
    }
}
```

9.10　树集与过滤数据

第 4 章的 4.3.2 节曾讲过过滤数组，即去除数组中的某些数据。使用树集来过滤数据会更加方便，而且能发挥树集在删除、查询方面的优势。通常使用下列方法过滤数据。

- public boolean removeAll(Collection<?> c)：删除结点值在 c 中的结点。
- public boolean retainAll(Collection<?> c)：保留结点值在 c 中的结点。
- public boolean removeIf(Predicate<? super E> filter)：删除满足 filter 给出的条件的结点。

例 9-9　使用树集过滤数据。

本例中主类 Example9_9 的树集使用上述方法过滤数据，运行效果如图 9.15 所示。

```
30个随机数(升序)：
[2, 5, 13, 18, 21, 28, 31, 34, 35, 37, 38, 46, 48, 50, 52, 54, 57
, 61, 62, 65, 67, 71, 73, 78, 79, 85, 87, 89, 96, 98]
30个随机数去除偶数后：
[5, 13, 21, 31, 35, 37, 57, 61, 65, 67, 71, 73, 79, 85, 87, 89]
30个随机数只保留偶数后：
[2, 18, 28, 34, 38, 46, 48, 50, 52, 54, 62, 78, 96, 98]
30个随机数中只保留5的倍数的数：
[5, 35, 50, 65, 85]
```

图 9.15　使用树集过滤数据

Example9_9.java

```java
import java.util.TreeSet;
import java.util.Random;
public class Example9_9 {
    public static void main(String args[]){
        int n = 30;                              //不同随机数的数量
        TreeSet<Integer> tree = new TreeSet<Integer>();
        TreeSet<Integer> filter = new TreeSet<Integer>();
        for(int i = 2;i<=100;i=i+2){
            filter.add(i);
        }
        Random random = new Random();
        while(tree.size()< n) {
            tree.add(1 + random.nextInt(100));   //1~100 的随机数
        }
        TreeSet<Integer> copyTree1 = new TreeSet<Integer>(tree);
        TreeSet<Integer> copyTree2 = new TreeSet<Integer>(tree);
        System.out.println(n + "个随机数(升序):\n" + tree);
        tree.removeAll(filter);
        System.out.println(n + "个随机数去除偶数后:\n" + tree);
        copyTree1.retainAll(filter);
        System.out.println(n + "个随机数只保留偶数后:\n" + copyTree1);
        copyTree2.removeIf((m) ->{ return m % 5!= 0;});
        System.out.println(n + "个随机数中只保留 5 的倍数的数:\n" + copyTree2);
    }
}
```

例 9-10　处理重复的数据。

在第 4 章的例 4-10 中曾处理数组中重复的数据，即让重复的数据只保留一个(数据重复属于冗余问题，冗余可能给具体的实际问题带来危害，见第 4 章中的 4.4.2 节)。树集不允许有两个结点的对象相同，即不允许有大小一样的两个结点(见 9.6 节)，利用树集的这一特点，可以方便地处理数组中重复的数据(本例代码的可读性和简练性要好于第 4 章中的例 4-10)。

本例中 HandleRecurring 类的 handleRecurring(int []arr)方法处理数组 arr 中重复的数据,该方法返回的数组中的数据是 arr 中去掉重复数据后的数据(重复的数据只保留一个)。

注意,如果想动态更改结点的大小关系,需要使用 TreeSet(Comparator <? super E > comparator)方法创建一个新的树集 newTree,该树集上结点中的对象使用新的大小关系比较大小,然后使用 newTree.addAll(tree)方法把原树集 tree 上结点中的对象添加到新树集 newTree 上的结点中。

HandleRecurring.java

```java
import java.util.TreeSet;
public class HandleRecurring {
    static class Node {                                          //内部类
      int number;
      int index;
      Node(int number, int index){
        this.number = number;
        this.index = index;
      }
    }
    public static int[] handleRecurring(int []arr) {
      TreeSet < Node > tree1 =                                   //规定结点的大小关系
       new TreeSet <>((node1,node2) ->
                      {return node1.number - node2.number;});    //按数字大小
      for(int i = 0;i < arr.length;i++){
          tree1.add(new Node(arr[i],i));                         //去掉重复的数
      }
      TreeSet < Node > tree2 =         //tree2 保持数字索引顺序排序,即保持原有顺序不变
       new TreeSet <>((node1,node2) ->
                      {return node1.index - node2.index;});      //按索引大小
      tree2.addAll(tree1);
      int a[] = new int[tree2.size()];
      int m = 0;
      for(Node node:tree2){
          a[m] = node.number;
          m++;
      }
      return a;
    }
}
```

```
处理重复数据之前的数据:
[3, 3, 100, 89, 89, 5, 5, 6, 7, 12, 12, 90, -23, -23]
处理重复数据后的数据:
[3, 100, 89, 5, 6, 7, 12, 90, -23]
```

图 9.16 处理重复的数据

本例中的主类 Example9_10 使用 HandleRecurring 类的 handleRecurring(int []arr)方法处理数组中重复的数据,运行效果如图 9.16 所示。

Example9_10.java

```java
import java.util.Arrays;
public class Example9_10 {
    public static void main(String args[]){
        int [] a = {3,3,100,89,89,5,5,6,7,12,12,90,-23,-23};
        System.out.println("处理重复数据之前的数据:");
        System.out.println(Arrays.toString(a));
        int [] result = HandleRecurring.handleRecurring(a);
        System.out.println("处理重复数据后的数据:");
        System.out.println(Arrays.toString(result));
    }
}
```

9.11 树集与节目单

编排演出节目单,最糟糕的是把两个不同的节目安排在了相同的演出时间,从而引起麻烦。如果使用树集来存放节目单中的节目,就能避免这样的麻烦发生,理由是节目单中的节目按演出时间进行比较,能保证树集上没有大小相同的两个对象。

例 9-11 使用树集存放节目单中的节目。

本例中的 ProgramList 类按演出时间进行比较。

ProgramList.java

```java
import java.time.LocalDateTime;
public class ProgramList implements Comparable<ProgramList>{
    String name;
    LocalDateTime play;
    ProgramList(String name,LocalDateTime time){
        this.name = name;
        play = time;
    }
    public int compareTo(ProgramList node){
        if(play.isEqual(node.play))
            return 0;
        else if(play.isAfter(node.play))
            return 1;
        else
            return -1;
    }
    public String toString(){
        return
        name + "演出时间:" + play.getYear() + "年/" + play.getMonthValue() + "月/" +
        play.getDayOfMonth() + "日," + play.getHour() + ":" + play.getMinute() + ":" + play.getSecond();
    }
}
```

本例中的主类 Example9_11 将节目单中的节目存放到树集上,然后输出树集上的节目,运行效果如图 9.17 所示。

```
5个节目的节目单:
歌舞演出时间:2025年/12月/31日,20:30:0
小品演出时间:2025年/12月/31日,21:56:0
民乐演出时间:2025年/12月/31日,22:28:0
相声演出时间:2025年/12月/31日,23:52:0
新年歌演出时间:2026年/1月/1日,0:0:0
```

图 9.17 树集与节目单

Example9_11.java

```java
import java.util.TreeSet;
import java.util.Iterator;
import java.time.LocalDateTime;
public class Example9_11 {
    public static void main(String args[]){
        TreeSet<ProgramList> tree = new TreeSet<ProgramList>();
        tree.add(new ProgramList("歌舞",LocalDateTime.of(2025,12,31,20,30,0)));
        tree.add(new ProgramList("民乐",LocalDateTime.of(2025,12,31,22,28,0)));
        tree.add(new ProgramList("小品",LocalDateTime.of(2025,12,31,21,56,0)));
        tree.add(new ProgramList("相声",LocalDateTime.of(2025,12,31,23,52,0)));
```

```
            tree.add(new ProgramList("新年歌",LocalDateTime.of(2026,1,1,0,0)));
            System.out.println(tree.size() + "个节目的节目单:");
            Iterator<ProgramList> iter = tree.iterator();
            while(iter.hasNext()) {
                System.out.println(iter.next().toString());
            }
        }
    }
```

习题 9

习题

自测题

第 10 章　散列表与HashMap类

本章主要内容

- 散列结构的特点；
- 简单的散列函数；
- HashMap 类；
- 散列表的基本操作；
- 遍历散列表；
- 统计字符、单词出现的次数和频率；
- 散列表与单件模式；
- 散列表与数据缓存；
- TreeMap 类；
- Hashtable 类。

前面学习了线性结构的链表、顺序表、栈、队列以及树结构的树集，本章学习一种非常特别的结构——散列结构。

10.1　散列结构的特点

在生活中有些数据是密切相关的一对，例如一副手套、一双鞋子、一对夫妻等，即数据的逻辑结构是成对的，既不是线性结构也不是树结构，一对数据与另一对数据之间也无须有必然的关系。那么如何存储这样的数据对，以下要介绍的散列结构就是存储"数据对"最重要的办法之一（10.9 节介绍的是另一种办法）。

1. 散列结构与散列表

数据对也称作"键-值"对，键和值都是某种类的实例，即对象。在叙述时可以把"键-值"对记作 (key, value)，称 key 是关键字、value 是键值或值。

散列结构使用两个集合存储对象，一个集合称作关键字集合，记作 Key；另一个是值的集合，记作 Value。

Key 集合中的节点（或称元素）负责存储关键字，所有关键字对应的全部值称作散列结构的值集合，记作 Value，即 Value 中的节点负责存储值，称 Value 为散列结构中的散列表（hash 表，也常被称作哈希表）。简单地说，散列结构是根据关键字直接访问数据的数据结构，其核心思想是使用散列函数（hash() 函数）把关键字映射到散列表中的一个位置，即映射到散列表中的某个节点。

散列结构为 Value 集合分配的是一块连续的内存（即数组），负责存储 Value 中的节点。这块连续的内存的地址是连续编号的，因此可以用一个数组 hashValue[] 表示这块连续的内存。内存的地址的首地址是 hashValue[0] 的地址，那么第 i 个地址就是 hashValue[i] 的地址。散列结构使用被称作散列函数的一个映射，通常记作 hash()（也常被称作哈希函数），为关键字指定一个值,即为关键字在 Value 中指定一个存储位置,以便将来用这个关键字查找存储在这个位置上的值。为 Value 分配的是一块连续的内存,假设其内存大小为 n,即 hashValue[]数组的长度为 n,那么抽象成数学问题,hash()函数本质上就是集合 Key 到整数集合 N 的一个映射:

$$Key \to N = \{0, 1, 2, \cdots, n\}$$

对于一个关键字,例如 key1,如果 hash(key1)=98,那么 key1 关键字对应的节点就是数组 hashValue 的第 98 个元素,即 hashValue[98],如图 10.1 所示。

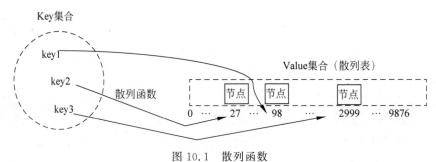

图 10.1 散列函数

一个散列函数(即 hash()函数)需要保证以下两点:

(1) 对于不同的关键字,例如 key1 和 key2 是 Key 中的两个节点,即两个关键字,一定有 hash(key1)不等于 hash(key2),即 hash(key1)和 hash(key2)是两个不同的节点,但节点中的对象可能是相同的(数组的两个不同元素中的值可能是相同的)。

(2) 为了保证第(1)点,让 hash()函数映射出的全部节点分散地分布在一块连续的内存中,这也是人们把 Value 称作一个散列表的原因。由于散列表中的节点是随机、分散分布的,所以不在散列表上定义任何关系(见第 1 章)。散列表或散列二字不是指数据之间的关系,而是形容存储形式的特点(hash()函数映射的存储位置)。

如果出现 hash(key1)和 hash(key2)相同,则称关键字有冲突。散列算法就是研究如何避免冲突或减少冲突的可能性,以及在冲突不可避免时能给出解决问题的算法。

为了保证第(1)点和第(2)点,散列函数除了在算法上要有全面的考虑以外(本章不介绍繁杂的 hash()函数算法,理解其作用即可),还需要通过装载因子来保证第(1)点,装载因子就是 Value 中节点的数目与给其分配的一块连续内存的大小的比值,即 Value 中节点的数目和数组 hashValue[]的长度的比值。装载因子是 0.75 被公认为比较好,它是时间和空间成本之间的良好折中,因为给的内存空间越大,越能保证第(1)点,但同时会使 hash()函数的映射速度慢一些。当 Value 中节点的数目越来越多时,例如达到总内存大小的一半时,就要重新调整内存,即分配新的数组,并把原数组 hashValue[]的值复制到新的数组中,新的数组成为 Value 的一块新的连续内存。Java 的处理方式是:当连续内存的空间需要增加时,总是成倍地增加,即数组 hashValue[]的长度总是最初长度的 2 的幂次方。

另外,还可以用链接法解决冲突,散列函数把和关键字 key 有相同值的关键字所对应的存储位置依次设置为一个链表中不同的节点(链表的头节点是 key 对应的存储位置),这样就会增加查询 Value 中的值的时间复杂度。如果散列函数设计得合理,那么一般不会发生关键字冲突或发生关键字冲突的概率非常小,因此也就不需要使用链接法解决冲突或使用链接法解决冲突的概率很小。链接法是最后保证不同关键字对应不同节点(不同的存储位置)的最后办法。

2. 查找、添加、删除的特点

由散列结构的特点可知,使用关键字查找、删除、添加 Value 中的节点,时间复杂度通常是 $O(1)$,特殊情况,也是最坏情况,时间复杂度是 $O(n)$(如果关键字冲突,使用了链接法)。

散列结构具有数组的优点,即具有非常快的查询速度,同时又将查询数据(Value)的索引分离到另一个独立的集合中(Key)。数组最大的缺点就是将索引(下标)和数组元素绑定,因此一旦创建数组,就无法更改索引,即无法再改变数组的长度。散列结构可以随时添加一个"键-值"对(一个关键字,一个相应的值),或删除一个"键-值"对。

10.2 简单的散列函数

本节不是研究散列函数,而是通过简单的例子——停车场进一步理解散列结构,后面将使用 Java 的 HashMap 类实现的散列结构。

1. 顺序扩建停车位

汽车停车场(模拟散列表)初始有 10 个连续的车位,相当于散列结构中分配给散列表 Value 的一块连续的内存空间(数组的长度是 10)。假设汽车的车牌号是 3 位数的正整数,相当于散列结构的 Key 集合中的节点里的关键字。停车场可以根据需要随时顺序地扩大,即顺序地扩建停车位。

假设 carNumber 是车牌号,n 是总的车位个数,这里假设 $n=10$(即数组的长度),randomNumber 是小于或等于 carNumber、大于或等于 0 的随机数,location 表示停车位置,那么停车场采用的停车策略如下:

location = randomNumber % n

假设车牌号 123 得到的随机数 randomNumber 是 90,由于假设的 n 是 10,所以计算出 location 是 0,该车停放在车位是 0 的位置上(即数组的第 0 个元素);车牌号 259 得到的随机数 randomNumber 是 134,那么 location 就是 4,该车停放在车位是 4 的位置上(即数组的第 4 个元素);车牌号 876 得到的随机数 randomNumber 是 178,那么 location 就是 8,该车停放在车位是 8 的位置上(即数组的第 8 个元素),如图 10.2 所示(以深色填充的表示已经有车辆停放在该车位)。

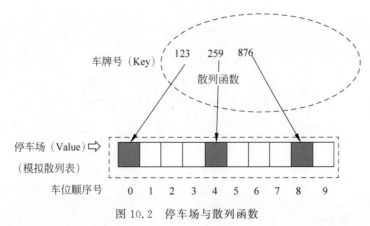

图 10.2 停车场与散列函数

每当一辆车来到停车场,如果用散列函数计算了若干次,例如计算了 10 次后,得到的车位号对应的车位上都已经停放了车辆(被占用),这时就要扩建停车场,让其容量增加两倍,然后用散列函数计算车位号……,如此这般,只要内存足够大,总能找到停车位,如图 10.3 所示。由于用散列函数的算法是随机的,所以在某个时刻以后扩建停车场的概率就很小了。

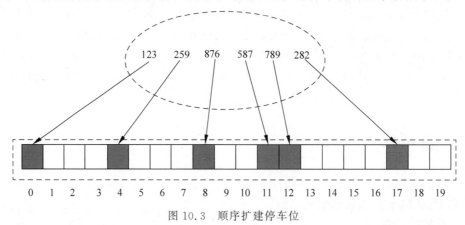

图 10.3　顺序扩建停车位

2．链式扩建停车位

假设停车场可以根据需要扩大,但和前面不同,不是顺序(相邻地)扩建停车位,而是不相邻地增加车位来扩建停车场。

对于多个车牌号,当用散列函数计算出同样的车位数时,例如都是 9,则把它们的停车位分别指定为同一个链表中的多个不同节点,链表的头节点是数组的第 9 个元素,如图 10.4 所示,876、556、999 计算出的车位数都是 9,即停车场采用的停车策略如下:

车位位置 = 链表的某个节点

此链表的头节点是停车场的第 k 个位置(数组的第 k 个元素,如图 10.4 所示,$k=9$),其中 k 是随机数 randomNumber(小于或等于 carNumber、大于或等于 0 的随机数)和 n(车位数目)求余的结果:

```
k = randomNumber % n
```

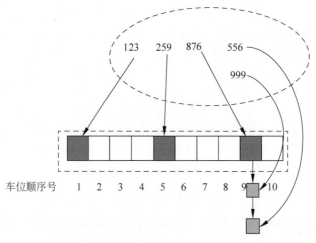

图 10.4　链式扩建停车位

例 10-1　模拟散列结构的停车场的停车情况。

本例中的 ParkingOne 类使用顺序办法增加停车场的车位,ParkingTwo 类使用链式办法增加停车场的车位。

Key.java

```java
public class Key implements Comparable<Key>{        //模拟散列结构中的 Key
    public int carNumber;                            //车牌号
    public int location;                             //车位号
    Key(int carNumber){
        this.carNumber = carNumber;
    }
    public int compareTo(Key node){
        return carNumber - node.carNumber;
    }
}
```

Car.java

```java
public class Car {                                   //模拟散列结构中的 Value
    public String name;
    public int carNumber;
    Car(String name, int number){
        this.name = name;
        carNumber = number;
    }
    public String toString(){
        return name + ":" + carNumber;
    }
}
```

ParkingOne.java

```java
import java.util.TreeSet;
import java.util.Random;
import java.util.Arrays;
public class ParkingOne {
    TreeSet<Key> tree;                               //存放车牌号
    Car [] parking ;                                 //停放车辆
    Random random;
    ParkingOne(){
        random = new Random();
        parking = new Car[10];                       //初始 10 个停车位
        tree = new TreeSet<Key>();
    }
    private int hashMap(int number) {                //散列映射(函数)
        if(parking.length > 9999999) return -1;      //不能无休止地扩建
        int location = random.nextInt(number) % parking.length;
        if(parking[location]!= null){                //如果车位已经被使用
            int k = 1;
            while(k <= parking.length){              //继续寻找空车位
                location = random.nextInt(number) % parking.length;
                if(parking[location] == null){
                    return location;
                }
                k++;
            }
            if(k > parking.length){                  //没有找到空车位,扩建停车场
                Car [] a = new Car[parking.length * 2] ;
                a = Arrays.copyOf(parking, parking.length);
                parking = a;
                location = hashMap(number);
            }
        }
        return location;
```

```java
    }
    public void putCar(int number,Car car){
        int location = hashMap(number);
        parking[location] = car;
        Key key = new Key(number);
        key.location = location;
        tree.add(key);
    }
    public Car findCar(int number) {
        Key key = tree.floor(new Key(number));
        if(key.carNumber == number) {
            return parking[key.location];
        }
        else {
            return null;
        }
    }
}
```

ParkingTwo.java

```java
import java.util.TreeSet;
import java.util.Random;import java.util.Arrays;
import java.util.LinkedList;
public class ParkingTwo {
    TreeSet<Key> tree;                                    //存放车牌号
    Car [] parking ;                                      //停放车辆
    LinkedList<Car>[] listArray;                          //用于扩建停车场
    Random random;
    ParkingTwo(){
        random = new Random();
        parking = new Car[10];                            //10 个停车位
        listArray = new LinkedList[10];
        for(int i = 0;i<parking.length;i++){
            listArray[i] = new LinkedList<Car>();
        }
        tree = new TreeSet<Key>();
    }
    private int hashMap(int number) {                     //散列映射(函数)
        return random.nextInt(number) % parking.length;
    }
    public void putCar(int number,Car car){
        int location = hashMap(number);
        if(parking[location] == null){                    //如果有空车位
            parking[location] = car;
            listArray[location].addFirst(parking[location]);
            Key key = new Key(number);
            key.location = location;
            tree.add(key);
        }
        else {
            listArray[location].add(parking[location]);   //链式扩建停车场
        }
    }
    public Car findCar(int number) {
        Car car = null;
        Key key = tree.floor(new Key(number));
        if(key.carNumber == number) {
            for(Car c:listArray[key.location]){
                if(c.carNumber == number){
```

```
                car = c;
                break;
            }
        }
    }
    return car;
}
```

```
停车场1的车:奥迪A6:653
停车场1的车:Jeep:256
停车场1的车:红旗SUV:126
停车场1的车:比亚迪:629
停车场2的车:奔驰:777
停车场2的车:宝马:888
```

图 10.5　散列结构的停车场的停车情况

本例中的主类 Example10_1 模拟了两个停车场的停车情况,运行效果如图 10.5 所示。

Example10_1.java

```java
public class Example10_1 {
    public static void main(String args[]){
        Car car1 = new Car("奥迪 A6",653);
        Car car2 = new Car("红旗 SUV",126);
        Car car3 = new Car("Jeep",256);
        Car car4 = new Car("比亚迪",629);
        Car car5 = new Car("宝马",888);
        Car car6 = new Car("奔驰",777);
        ParkingOne parking1 = new ParkingOne();
        ParkingTwo parking2 = new ParkingTwo();
        parking1.putCar(car1.carNumber,car1);
        parking1.putCar(car2.carNumber,car2);
        parking1.putCar(car3.carNumber,car3);
        parking1.putCar(car4.carNumber,car4);
        parking2.putCar(car5.carNumber,car5);
        parking2.putCar(car6.carNumber,car6);
        Car car = parking1.findCar(653);
        System.out.println("停车场 1 的车:" + car);
        car = parking1.findCar(256);
        System.out.println("停车场 1 的车:" + car);
        car = parking1.findCar(126);
        System.out.println("停车场 1 的车:" + car);
        car = parking1.findCar(629);
        System.out.println("停车场 1 的车:" + car);
        car = parking2.findCar(777);
        System.out.println("停车场 2 的车:" + car);
        car = parking2.findCar(888);
        System.out.println("停车场 2 的车:" + car);
    }
}
```

10.3　HashMap 类

　　散列结构由 Java 集合框架(JCF)中的 HashMap<K,V>泛型类所实现。Java 集合框架中的类和接口在 java.util 包中,主要的接口有 Collection、Map、Set、List、Queue、SortedSet 和 SortedMap,其中 List、Queue、Set 是 Collection 的子接口,SortedSet 是 Set 的子接口,SortMap 是 Map 的子接口。HashMap<K,V>泛型类直接实现了 Map 接口,注意没有实现 SortedMap 接口,如图 10.6 所示。

　　HashMap<K,V>泛型类继承 Map 泛型接口中 default 关键字修饰的方法(去掉了该关键字),实现了 Map 泛型接口中的抽象方法。

　　通常称 HashMap<K,V>泛型类的对象(实例)为散列表(严格地说,HashMap<K,V>泛型类的对象维护的 Value 是散列表),HashMap<K,V>泛型类的实例,即散列表的 Key 集

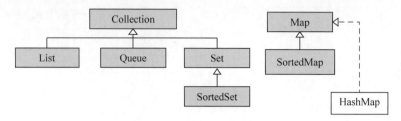

图 10.6　HashMap 类实现了 Map 接口

合是实现 Set 接口的一个实例，在 Key 集合中不允许有两个节点中的对象相同，即大小一样的两个节点，Key 中不同的 key 对应的 Value 中的节点是不同的，但 Value 中的节点中的对象，即数据可以是相同的，就像数组的不同元素（节点）中可以存放相同的数据。HashMap<K,V>泛型类的添加、删除、查找等操作的时间复杂度都是 $O(1)$，因此 HashMap<K,V>泛型类的对象非常适合于需要快速查找、删除、添加对象的应用问题。

HashMap<K,V>泛型类有以下 4 个构造方法。

- public HashMap()：构造一个空的散列表（散列表中没有任何"键-值"对），初始容量是 16，默认装载因子是 0.75。初始容量是 16 就是最初分配给 Value 的数组的长度是 16。
- HashMap(int initialCapacity)：构造一个空的散列表，初始容量是 initialCapacity 指定的值，装载因子是 0.75。
- HashMap(int initialCapacity, float loadFactor)：构造一个空的散列表，初始容量是 initialCapacity 指定的值，装载因子是 loadFactor 指定的值。
- HashMap(Map<? extends K, ? extends V> m)：构造一个新的散列表，其中的"键-值"对与 m 指定的散列表相同。

声明一个 HashMap<K,V>泛型类的对象，即散列表，必须要指定 Key 和 Value 的具体类型，类型是类或接口类型（不可以是基本类型，例如 int、float、char 等），即指定 Key 节点中对象的类型和 Value 节点中对象的类型。例如，指定 K 是 String 类型、V 是 Car 类型：

```
HashMap<String,Car> hashMap = new HashMap<>();
```

或

```
HashMap<String,Car> hashMap = new HashMap<String,Car>();
```

即 HashMap<K,V>创建的对象、散列结构 hashMap（散列表）的关键字集合 Key 存储的对象的类型是 String，值集合 Value 存储的对象的类型是 Car。

散列表使用 public V put(K key, V value)添加"键-值"对，即将 key 存储在 Key 中，把 value 放置在 Value 中。

在散列表使用 put(K key, V value)方法添加"键-值"对时，指定的 Key 节点中的对象是 String 类型的对象，Value 节点中的对象是 Car 类型的对象，例如：

```
hashMap.put("京 A12378",new Car("京 A12378","红旗 SUV"));
hashMap.put("沪 A12378",new Car("沪 A12378","比亚迪 SUV"));
hashMap.put("津 A12378",new Car("津 A12378","长城 SUV"));
```

这时散列表中就有了 3 个"键-值"对，Key 中的结点和 Value 结点之间的对应关系由相应的 hash()函数负责完成，不需要用户编写 hash()函数，也就是说不需要安排 Key 集合和 Value 集合之间的对应关系。

散列表使用 size()方法返回 Value 中节点的数目，如果 Value 中没有节点，size()方法返回 0。

第10章 散列表与HashMap类

当用其他散列表中的"键-值"对时,例如用 hashMap 散列表中的"键-值"对创建一个新的散列表 hashMapNew:

```
HashMap < Integer, Car > hashMapNew = new HashMap < >(hashMap);
```

散列表 hashMap 中的"键-值"对与散列表 hashMapNew 的相同。如果散列表 hashMapNew 添加或删除"键-值"对(删除关键字),不会影响散列表 hashMap 中的"键-值"对,同样,如果散列表 hashMap 添加或删除"键-值"对,不会影响散列表 hashMapNew 中的"键-值"对。

例 10-2 创建散列表并添加、删除"键-值"对。

本例中的主类 Example10_2 首先创建一个空散列表 hashMapOne,然后向散列表 hashMapOne 添加 4 个"键-值"对,再用 hashMapOne 创建另一个散列表 hashMapTwo,修改散列表 hashMapTwo 中的"键-值"对并不影响散列表 hashMapOne 中的"键-值"对,运行效果如图 10.7 所示。

```
hashMapOne:
{京A55=长城SUV, 京C11=红旗SUV, 京D33=比亚迪SUV}
hashMapTwo:
{京A55=长城SUV, 京C11=红旗SUV, 京D33=比亚迪SUV}
hashMapTwo添加了新的"键-值"对.
hashMapTwo:
{京A55=长城SUV, 沪A88=奔驰SUV, 京C11=红旗SUV, 京D33=比亚迪SUV, 京D66=宝马SUV, 沪C77=奥迪SUV}
hashMapOne:
{京A55=长城SUV, 京C11=红旗SUV, 京D33=比亚迪SUV}
hashMapOne删除"键-值"对:比亚迪SUV
hashMapOne:
{京A55=长城SUV, 京C11=红旗}
hashMapTwo:
{京A55=长城SUV, 沪A88=奔驰SUV, 京C11=红旗SUV, 京D33=比亚迪SUV, 京D66=宝马SUV, 沪C77=奥迪SUV}
```

图 10.7 创建散列表

Car.java

```java
public class Car {
    String name;
    String carNumber;
    Car(String carNumber,String name){
        this.name = name;
        this.carNumber = carNumber;
    }
    public String toString(){
        return name;
    }
}
```

Example10_2.java

```java
import java.util.HashMap;
public class Example10_2 {
    public static void main(String args[]) {
        HashMap < String,Car > hashMapOne = new HashMap <>();
        Car car1 = new Car("京 C11","红旗 SUV"),
            car2 = new Car("京 D33","比亚迪 SUV"),
            car3 = new Car("京 A55","长城 SUV");
        hashMapOne.put(car1.carNumber,car1);
        hashMapOne.put(car2.carNumber,car2);
        hashMapOne.put(car3.carNumber,car3);
        HashMap < String,Car > hashMapTwo = new HashMap <>(hashMapOne);
        System.out.println("hashMapOne:\n" + hashMapOne);
        System.out.println("hashMapTwo:\n" + hashMapTwo);
        System.out.println("hashMapTwo 添加了新的"键 - 值"对.");
```

```
            Car car4 = new Car("沪 C77","奥迪 SUV"),
                car5 = new Car("沪 D66","宝马 SUV"),
                car6 = new Car("沪 A88","奔驰 SUV");
            hashMapTwo.put(car4.carNumber,car4);
            hashMapTwo.put(car5.carNumber,car5);
            hashMapTwo.put(car6.carNumber,car6);
            System.out.println("hashMapTwo:\n" + hashMapTwo);
            System.out.println("hashMapOne:\n" + hashMapOne);
            System.out.println("hashMapOne 删除"键-值"对:" +
                                    hashMapOne.remove(car2.carNumber));
            System.out.println("hashMapOne:\n" + hashMapOne);
            System.out.println("hashMapTwo:\n" + hashMapTwo);
        }
    }
```

10.4 散列表的基本操作

1. 添加

- public V put(K key,V value)：向散列表添加"键-值"对，即将 key 存储在 Key 中，把 value 放置在 Value 中，如果添加成功返回 null。需要注意的是，如果散列表 Key 中已经有了键 key，那么当前添加的"键-值"对将替换已存在的"键-值"对，并返回旧"键-值"对中的 value 值，即返回被替换的"键-值"对的值。

- public void putAll(Map<? extends K,? extends V> map)：把参数 map 指定的散列表中的"键-值"对添加到当前散列表中。

- public V putIfAbsent(K key,V value)：如果散列表 Key 中没有 key，则添加该"键-值"对(key,value)到散列表中并返回 null，如果散列表 Key 中已经有键 key，则返回已有键 key 对应的 value(不做添加操作)。

- public V compute(K key, BiFunction<? super K,? super V,? extends V>)：添加或修改"键-值"对。BiFunction 是一个函数接口，其中的方法是两个 Object 类型的参数，返回值是 Object 类型。在使用该方法时，向参数 function 传递一个 Lambda 表达式。假设散列表的 Value 是 String 类型，可以向 function 传递 Lambda 表达式，例如(key,v)->{return v+"hi";}，那么 compute(key, function)方法在执行时，如果 key 已经在散列表的 Key 中，该关键字对应的 v 的值将被修改为 Lambda 表达式的返回值，然后方法返回修改后的值。如果 key 不在散列表的 Key 中，散列表就添加新的"键-值"对(key, value)，其中 value 是 Lambda 表达式的返回值，然后方法返回 value。

2. 查询

- public V get(Object key)：返回"键-值"对(key,value)中的 value，如果 key 不在集合 Key 中，方法返回 null。

- public V getOrDefault(Object key,V defaultValue)：返回"键-值"对(key，value)中的 value，如果 key 不在集合 Key 中，方法返回 defaultValue。

- public boolean containsKey(Object key)：判断 Key 中是否有关键字 key，如果有返回 true，否则返回 false。

- public boolean containsValue(Object value)：判断 Value 中是否有 value，如果有返回 true，否则返回 false。

第10章 散列表与HashMap类

- public boolean isEmpty()：如果散列表中没有任何"键-值"对，返回 true，否则返回 false。

3. 删除与替换

- public V remove(Object key)：删除关键字 key 组合的"键-值"对(key,value)，并返回 value。
- public boolean remove(Object key, Object value)：精准删除。如果(key,value)是散列表中的"键-值"对，删除(key,value)并返回 true，否则返回 false（例如，key 在集合 Key 中，但 value 不在 Value 中，就会返回 false；或 key 不在集合 Key 中，但 value 在 Value 中，也会返回 false）。
- public void clear()：删除散列表的全部"键-值"对。
- public V replace(K key, V value)：如果散列表 Key 已有 key，就用(key,value)替换已有的 key 组合的"键-值"对，并返回替换后的 value；如果 Key 中没有关键字 key，不进行替换操作，并返回 null。
- public void replaceAll(BiFunction<? super K,? super V,? extends V> function)：使用函数 function 指定的"键-值"对替换已有的"键-值"对。BiFunction 是一个函数接口，在使用该方法时将一个 Lambda 表达式传递给 function，例如(key,v)->{return $v+10$;}，replaceAll()方法将 Lambda 表达式中的 key 依次取 Key 中的关键字，并将关键字对应的 value 替换为 Lambda 表达式的返回值。

本例中的主类 Example10_3 使用了 HashMap<K,V>泛型类的一些常用方法，运行效果如图 10.8 所示。

```
hashMap:{16=红旗轿车, 7=路虎}
hashMap:{16=红旗轿车, 198=Jeep, 7=路虎, 15=Jeep}
java
hashMap:{16=红旗轿车, 97=a, 98=B, 99=c, 100=D, 101=e, 198=Jeep, 102=F, 7=路虎, 15=Jeep}
```

图 10.8 使用散列表的常用方法

例 10-3 使用散列表的常用方法。

Example10_3.java

```java
import java.util.HashMap;
public class Example10_3 {
    public static void main(String args[]) {
        HashMap<Integer,String> hashMap = new HashMap<>();
        hashMap.put(16,"红旗轿车");
        hashMap.putIfAbsent(7,"路虎");
        System.out.println("hashMap:" + hashMap);
        hashMap.compute(15,(key,v) ->{if(v!= null)
                                           return v + "(越野)";
                                      else return "Jeep";
                                    });
        hashMap.putIfAbsent(198,"Jeep");
        System.out.println("hashMap:" + hashMap);
        System.out.println(hashMap.getOrDefault(12,"java"));
        for(char c = 'a';c <= 'f';c++){
            hashMap.put((int)c,"" + c);
        }
        hashMap.replaceAll((key,v) -> { if(key % 2 == 0&&key >= 97&&key <= 102)
                                            v = (char)(v.charAt(0) - 32) + "";
                                        return v;
                                      });
```

```
            System.out.println("hashMap:" + hashMap);
        }
}
```

10.5　遍历散列表

HashMap<K,V>泛型类没有实现 Collection 接口(见图 10.6),所以不能直接使用 Collection 接口提供的迭代器,因此必须单独遍历散列表中的 Key 和 Value,方法如下。

- public Set<K> keySet():返回散列表中的全部关键字,即返回 Key 的引用,Set 类实现了 Collection 接口(见图 10.6),因此可以使用迭代器遍历全部关键字,即遍历 Key 中的全部关键字。
- public Collection<V> values():返回 Value 集合的引用。在返回 Value 集合的引用后,就可以使用迭代器遍历全部键值,即遍历 Value 中的全部值。
- public void forEach(BiConsumer<? super K,? super V> action):对散列表中的所有 (key,value)执行给定的 action 操作,直到所有(key,value)对都被处理或操作引发异常。BiConsumer 是一个函数接口,该接口中的抽象方法是 void accept(K k, V v)。在使用 forEach() 方法时将一个 Lambda 表达式传递给 action,例如(k,v)-> {System.out.println(v);}。forEach()方法将 Lambda 表达式中的 k,v 依次取散列表中的(key,value)。

例 10-4　遍历散列表。

本例中的主类 Example10_4 将正整数和正整数的平方根(最多保留 3 位小数)作为(key, value)存放在一个散列表中,然后遍历散列表,运行效果如图 10.9 所示。

```
1      2       3      4     5     6     7     8     9    10    11    12    13    14    15    16
散列表中的全部键值:
1.0    1.414   1.732  2.0   2.236 2.449 2.646 2.828 3.0  3.162 3.317 3.464 3.606 3.742 3.873 4.0
散列表中的特殊"键-值"对:
(1,1.0) (4,2.0) (9,3.0) (16,4.0)
```

图 10.9　遍历散列表

Example10_4.java

```java
import java.util.HashMap;
import java.util.Set;
import java.util.Iterator;
import java.util.Collection;
public class Example10_4 {
    public static void main(String args[]) {
        HashMap<Integer,Double> map = new HashMap<>();
        for(int i=1;i<=16;i++){
            double sqrt = Math.sqrt(i);
            String str = String.format("%.3f",sqrt);
            sqrt = Double.parseDouble(str);
            map.put(i,sqrt);
        }
        Set<Integer> set = map.keySet();
        Iterator<Integer> iterInt = set.iterator();
        System.out.println("\n散列表中的全部关键字:");
        while(iterInt.hasNext()) {
            System.out.print(iterInt.next() + "\t");
        }
```

```
            Collection<Double> value = map.values();
            Iterator<Double> iterDouble = value.iterator();
            System.out.println("\n散列表中的全部键值:");
            while(iterDouble.hasNext()) {
                System.out.print(iterDouble.next() + "\t");
            }
            System.out.println("\n散列表中的特殊\"键-值\"对:");
            map.forEach((k,v) ->
                    {int m = k*k;
                        if(map.containsKey(m))
                            System.out.print("(" + m + "," + map.get(m) + ")\t");
                    });
    }
}
```

10.6 统计字符、单词出现的次数和频率

借助关键字 key 可以统计关键字对应的数据 value,例如统计一个文本文件中字母、单词出现的次数和频率。

- 每次读取文件的一个字符,如果是字母,并且散列表中还没有(key,value)(这里指(字母,次数)),散列表就添加(key,value),如果散列表中已经有(key,value),就更新该(key,value),将其次数 value 增加 1。
- 每次读取文件的一个单词,如果散列表中还没有(key,value)(这里指(单词,次数)),散列表就添加(key,value),如果散列表中已经有(key,value),就更新该(key,value),将其次数 value 增加 1。

例 10-5 统计字符、单词出现的次数和频率。

本例中的 LettersFrequency 类负责统计文本文件中字符出现的次数和频率,WordsFrequency 类负责统计文本文件中单词出现的次数和频率。

LettersFrequency.java

```java
import java.io.*;
import java.util.HashMap;
import java.util.Set;
import java.util.Iterator;
public class LettersFrequency{
    public static void frequency(File file) {
        HashMap<Character,Integer> map = new HashMap<>();
        int n =-1;
        try{ InputStream in = new FileInputStream(file);
            while((n = in.read())!=-1) {
                char c = (char)n;
                if(Character.isLetter(c)) {
                    if(!map.containsKey(c)){
                        map.put(c,1);
                    }
                    else {
                        int value = map.get(c);
                        value++;
                        map.replace(c,value);
                    }
                }
            }
```

```
            in.close();
        }
        catch(IOException e) {
            System.out.print(e);
        }
        Set < Character > set = map.keySet();
        Iterator < Character > iterLetter = set.iterator();
        int m = set.size();                              //m 个互不相同的字母
        System.out.println("\n" + file.getName() + "中一共出现了" + m + "个字母:");
        while(iterLetter.hasNext()) {
            System.out.print(iterLetter.next() + "\t");
        }
        System.out.println("\n---------");
        map.forEach((key,v) ->{ System.out.print(key + ":" + v + "次\t");
                              });
        System.out.println("\n---------");
        Iterator < Integer > iterValue = map.values().iterator();
        int sum = 0;                                     //全部字母出现的次数之和
        while(iterValue.hasNext()) {
            sum = sum + iterValue.next();
        }
        System.out.println("\n" + file.getName() + "中一共出现" + sum + "次字母.");
        iterLetter = set.iterator();
        while(iterLetter.hasNext()) {
            char key = iterLetter.next();
            int v = map.get(key);
            double f = (double)v/sum;                    //key 出现的频率
            f = f * 100;
            String str = String.format("%.2f",f);
            System.out.print(key + ":\t" + str + " %\t");
        }
    }
}
```

WordsFrequency.java

```
import java.io.*;
import java.util.HashMap;
import java.util.Set;
import java.util.Iterator;
import java.util.Scanner;
public class WordsFrequency{
    public static void frequency(File file) {
        HashMap < String,Integer > map = new HashMap<>();
        //regex 匹配由空格、数字和!、"、#、$、%、&、'、(、)、*、+、-、,、.、/、:、;、<、=、>、?、@、[、\、]、^、
        //_、`、{、|、}、~组成的字符序列
        String regex = "[\\s\\d\\p{Punct}]+";
        try{ Scanner reader = new Scanner(file);
            reader = reader.useDelimiter(regex);
            while(reader.hasNext()) {
                String str = reader.next();
                if(!map.containsKey(str)){
                    map.put(str,1);
                }
                else {
                    int value = map.get(str);
                    value++;
                    map.replace(str,value);
                }
            }
```

```java
            reader.close();
        }
        catch(IOException e) {
            System.out.print(e);
        }
        Set<String> set = map.keySet();
        Iterator<String> iterLetter = set.iterator();
        int m = set.size();                    //m个互不相同的单词
        System.out.println("\n" + file.getName() + "中一共出现了" + m + "个单词:");
        while(iterLetter.hasNext()) {
            System.out.print(iterLetter.next() + "\t");
        }
        System.out.println("\n---------- ");
        map.forEach((key,v) ->{ System.out.print(key + ":" + v + "次\t");
                                });
         System.out.println("\n---------- ");
        Iterator<Integer> iterValue = map.values().iterator();
        int sum = 0;                           //全部单词出现的次数之和
        while(iterValue.hasNext()) {
            sum = sum + iterValue.next();
        }
        System.out.println("\n" + file.getName() + "中一共出现" + sum + "次单词.");
        iterLetter = set.iterator();
        while(iterLetter.hasNext()) {
            String key = iterLetter.next();
            int v = map.get(key);
            double f = (double)v/sum;          //key出现的频率
            f = f * 100;
            String str = String.format("%.2f",f);
            System.out.print(key + ":\t" + str + "%\t");
        }
    }
}
```

在本例中,Example10_5.java 中的主类 Example10_5 使用 LettersFrequency 类统计了 Example10_5.java 中字母出现的次数和频率,另一个主类 MainClass 使用 WordsFrequency 类统计了 Example10_5.java 中单词出现的次数和频率,运行效果如图 10.10 所示。

```
Example10_5.java中一共出现了30个字母:
C       E       F       L       M       S       W       a       b       c       d       e
f
t       g       i       j       l       m       n       o       p       q       r       s
        u       v       w       x       y
----------
C:1次   E:3次   F:7次   L:1次   M:1次   S:2次   W:1次   a:19次  b:3次   c:11次  d:3次   e:24次
f:6次
t:9次   g:4次   i:23次  j:3次   l:18次  m:6次   n:11次  o:5次   p:7次   q:4次   r:11次  s:12次
        u:7次   v:5次   w:2次   x:3次   y:4次
----------
Example10_5.java中一共出现216次字母.
C:      0.46%   E:      1.39%   F:      3.24%   L:      0.46%   M:      0.46%   S:      0.93%
W:
f:      0.46%   a:      8.80%   b:      1.39%   c:      5.09%   d:      1.39%   e:      11.11%
n:      2.78%   g:      1.85%   i:      10.65%  j:      1.39%   l:      8.33%   m:      2.78%
t:      5.09%   o:      2.31%   p:      3.24%   q:      1.85%   r:      5.09%   s:      5.56%
        4.17%   u:      3.24%   v:      2.31%   w:      0.93%   x:      1.39%   y:      1.85%
```

(a) 统计字母出现的次数和频率

图 10.10 统计字母、单词出现的次数和频率

```
Example10_5.java中一共出现了18个单词:
new         LettersFrequency    static     void     import    io      main    String    frequency          args
            MainClass           java       file     public    Example WordsFrequency    File      class

new:2次  LettersFrequency:1次   static:2次   void:2次              import:1次       io:1次      main:2次
        String:2次         frequency:2次    args:2次         MainClass:1次       java:3次         file:4次
        public:3次         Example:3次      WordsFrequency:1次        File:5次           class:2次

Example10_5.java中一共出现39次单词.
new:5.13%         LettersFrequency:2.56%   static:5.13%    void:5.13%    import:2.56%    io:2.56%
       main:5.13%       String:5.13%     frequency:5.13%  args:5.13%   MainClass:2.56%   java:7.69%
       file:10.26%      public:7.69%     Example:7.69%    WordsFrequency:2.56%    File:12.82%    class:5.13%
```

(b) 统计单词出现的次数和频率

图 10.10 （续）

Example10_5.java

```
import java.io.File;
public class Example10_5 {
    public static void main(String args[]) {
        File file = new File("Example10_5.java");
        LettersFrequency.frequency(file);
    }
}
class MainClass {
    public static void main(String args[]) {
        File file = new File("Example10_5.java");
        WordsFrequency.frequency(file);
    }
}
```

10.7　散列表与单件模式

在某些情况下，可能需要某个类只能创建出一个对象，即不让用户用该类实例化出多于一个的实例。例如，在实际生活中，当时间是北京时间 12 点，那么身处北京的人在晴朗的天气可以看见天空的太阳，而此时身处纽约的人就看不见天空的太阳，如图 10.11 所示。

图 10.11　唯一的太阳

单件模式是关于怎样设计一个类，并使该类只有一个实例的成熟模式。在单件模式下保证一个类仅有一个实例，并提供一个访问它的全局访问点。

为了确保单件类中自身声明的类变量是单件对象，单件类必须将构造方法的访问权限设置为 private，这样任何其他类都无法使用单件类来创建对象（确保了单件类中用自身声明的类变量是单件对象）。单件类提供一个类方法（也称静态方法，即用 static 修饰的方法），以便其他用户使用单件类的类名调用这个类方法得到单件对象。

散列表可以用来存储已知的数据，在后续的操作中通过散列表查找其是否已经存在，从而实现唯一性验证的功能，因此在实现的具体代码中可以借助散列表来实现单件模式，当然还可以用其他方法实现单件模式。

例 10-6　用单件模式模拟只有一个太阳。

本例中的 SingletonSun 类实现了单件模式，SingletonSun 类只能创建一个"太阳"。在本例中，SingletonSun 类中的 getInstance()方法检查散列表中是否已经存在当前类的实例对象，如果不存在则创建一个新的，然后将其存储到散列表中，并返回该实例，这样就保证了 SingletonSun 类在整个程序中只能创建它的一个对象。

SingletonSun.java

```java
import java.util.HashMap;
import java.awt.Toolkit;
import javax.swing.JPanel;
import java.awt.Graphics;
import java.awt.Image;
public class SingletonSun extends JPanel{
    private static HashMap<String,SingletonSun> map = new HashMap<>();
    public static SingletonSun getInstance() {
        String className = SingletonSun.class.getName();
        System.out.println(className);
        if (!map.containsKey(className)) {
            map.put(className, new SingletonSun());
        }
        return map.get(className);
    }
    private SingletonSun() {
        //构造方法是 private 权限
    }
    public void paint(Graphics g ) {
        Toolkit tool = getToolkit();
        Image img = tool.getImage("sun.jpg");
        g.drawImage(img,0,0,getBounds().width,getBounds().height,this);
    }
}
```

本列中的主类 Example10_6 用单件模式模拟只有一个太阳，演示北京时间 12 点，身处北京的人能看见太阳；纽约时间 12 点，身处纽约的人能看见太阳，运行效果如图 10.11 所示。

Example10_6.java

```java
import javax.swing.*;
import java.awt.*;
public class Example10_6 {
    public static void main(String args[]){
        SingletonSun sunOne = SingletonSun.getInstance();        //得到单件对象
        SingletonSun sunTwo = SingletonSun.getInstance();        //得到单件对象
        System.out.println("sunOne 和 sunTwo 是相同的吗?" + (sunOne == sunTwo));
        JFrame Beijing = new JFrame("身处北京的人看天空");
        JFrame NewYork = new JFrame("身处纽约的人看天空");
        JButton beijingButton = new JButton();
        JButton newyorkButton = new JButton();
        NewYork.add(newyorkButton,BorderLayout.SOUTH);
        Beijing.add(beijingButton,BorderLayout.SOUTH);
        Beijing.setBounds(10,50,300,300);
        NewYork.setBounds(320,50,300,300);
        beijingButton.setText("北京");
        newyorkButton.setText("纽约");
        Beijing.setDefaultCloseOperation(JFrame.EXIT_ON_CLOSE);
        NewYork.setDefaultCloseOperation(JFrame.EXIT_ON_CLOSE);
        Beijing.setVisible(true);
```

```
            NewYork.setVisible(true);
            System.out.println("北京时间 12 点:");
            NewYork.add(sunTwo);
            Beijing.add(sunOne);      //身处北京可见太阳
            beijingButton.addActionListener((e)->{Beijing.add(sunOne);
                                                 beijingButton.setText("北京时间
12 点");
                                                 newyorkButton.setText("北京时间
12 点");
                                                 Beijing.repaint();
                                                 NewYork.repaint();
                                                });
            newyorkButton.addActionListener((e)->{NewYork.add(sunTwo);
                                                 beijingButton.setText("纽约时间
12 点");
                                                 newyorkButton.setText("纽约时间
12 点");
                                                 NewYork.repaint();
                                                 Beijing.repaint();
                                                });
     }
}
```

10.8 散列表与数据缓存

散列表在查询数据时使用关键字查询数据的时间复杂度是 $O(1)$，和数组使用下标访问数组元素的时间复杂度是一样的，所以散列表也适合用于数据缓存，把经常、频繁访问的数据存储在散列表中，可以快速地检索和访问数据，提高程序的运行效率（在第 3 章中的 3.7 节优化递归时曾以这样的方式使用过散列表）。

例如，一些程序中经常需要使用某些数的阶乘，如果每次都计算阶乘，会影响程序的运行效率（计算阶乘的时间复杂度是 $O(n)$），可以事先使用关键字将阶乘存储在散列表中，即将 (key,value)（这里指（整数,阶乘））存储在散列函数中，那么以后再使用阶乘的时间复杂度就是 $O(1)$。如果用户经常需要计算平方根，也可以将常用的平方根放在散列表中，以避免每次都现用现算，从而提高程序的运行效率。

例 10-7 使用散列表缓存数据。

本例中的 Hash 类将频繁使用的阶乘放在散列表中（用到第 3 章中例 3-3 的 SumMulti 类）。

Hash.java

```
import java.util.HashMap;
public class Hash {
    static HashMap<Integer,Long> map = new HashMap<>();
    static {                          //静态块,当类的字节码被加载到内存时静态块就会被执行
        for(int i=1;i<=20;i++){
            map.put(i,SumMulti.multi(i));   //把 1 至 20 的阶乘放入散列表
        }
    }
    public static long getFactorial(int n) {
        if(n<=20) {
            return map.get(n);
        }
        else {
            long m = SumMulti.multi(n);
```

```
            map.put(n,m);
            return m;
        }
    }
}
```

本例中的主类 Example10_7 使用 Hash 类提供的计算阶乘的方法计算了一些组合：

$$C(n,r) = \frac{n!}{r!\,(n-r)!}$$

例如 C(12,5)、C(10,6) 等。

Example10_7 还比较了用散列表求阶乘和用递归求阶乘的耗时，运行效果如图 10.12 所示。

```
C(12,5) = 792
C(10,6) = 210
借助散列表计算20的阶乘：2432902008176640000的耗时1300(纳秒)
递归计算20的阶乘：2432902008176640000的耗时6100(纳秒)
```

Example10_7.java

图 10.12　使用散列表缓存数据

```java
public class Example10_7 {
    public static void main(String args[]){
        int n = 12;
        int r = 5;
        long result = Hash.getFactorial(n)/(Hash.getFactorial(r)*Hash.getFactorial(n-r));
        System.out.printf("\nC( %d, %d) =  %d\n",n,r,result);
        n = 10;
        r = 6;
        result = Hash.getFactorial(n)/(Hash.getFactorial(r)*Hash.getFactorial(n-r));
        System.out.printf("C( %d, %d) =  %d\n",n,r,result);
        n = 20;
        long startTime = System.nanoTime();
        result = Hash.getFactorial(n);
        long estimatedTime = System.nanoTime() - startTime;
        System.out.printf(
        "\n借助散列表计算%d的阶乘：%d的耗时%d(纳秒)\n",n,result,estimatedTime);
        startTime = System.nanoTime();
        result = SumMulti.multi(n);
        estimatedTime = System.nanoTime() - startTime;
        System.out.printf(
        "递归计算%d的阶乘：%d的耗时%d(纳秒)\n",n,result,estimatedTime);
        }
}
```

10.9　TreeMap 类

1. TreeMap 和 HashMap 的比较

在类的层次上，TreeMap＜K,V＞泛型类和 HashMap＜K,V＞泛型类不同，HashMap＜K,V＞泛型类直接实现 Map 接口，TreeMap＜K,V＞泛型类不是直接实现 Map 接口，而是实现 NavigableMap 接口，该接口又是 SortedMap 的子接口，SortedMap 接口又是 Map 的子接口，如图 10.13 所示。

以下称 TreeMap＜K,V＞泛型类的实例或创建的对象是一个映射树。

在存储数据上，TreeMap＜K,V＞泛型类和 HashMap＜K,V＞泛型类类似，映射树也是存储"键-值"对，但映射树不是散列结构。映射树也是使用两个集合存储对象，一个集合称作关键字集合，记作 Key；另一个是值的集合，记作 Value。TreeMap＜K,V＞的 Key 集合也是实现 Set 接口的一个实例，在映射树中按照 Key 集合中关键字的大小关系将关键字 key 对应的 value 存放到一棵红黑树（平衡二叉搜索树，见第 9 章）上，即映射树的 Value 是一棵红黑树，这

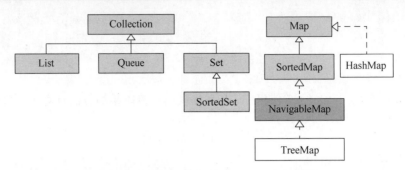

图 10.13　TreeMap 类实现了 NavigableMap 接口

也是 TreeMap<K,V>类名的来历。因此映射树和散列表不同,映射树的 Value 是树结构(不是散列结构,即没有使用散列函数)。映射树的 Key 集合中的对象必须是可以比较大小的,所以创建 Key 部分的类需要实现 Comparable<T>接口(java.lang 包中的泛型接口)。由于映射树的 Value 是红黑树,所以映射树使用关键字进行查找、插入和删除的时间复杂度都是 $O(\log n)$(见第 9 章)。

下面是散列表和映射树的相同之处和主要区别。

(1)散列表的 Value 是使用散列函数得到的,不是有序的,是散列结构。映射树的 Value 是红黑树,其中的对象是按照 Key 中关键字的大小排序的。

(2)散列表使用了散列算法,消耗的内存空间比较大,但其查询、添加和删除等操作的时间复杂度通常为 $O(1)$,有时也会遇到关键字冲突问题,如果采用链表解决冲突,会使得时间复杂度是 $O(n)$。映射树不使用散列函数,而是使用红黑树,不涉及关键字冲突问题,使得其查询、添加和删除等操作的时间复杂度都是 $O(\log n)$。

在实际应用中可以根据问题的需求决定使用散列表还是映射树。

> **注意**:第 9 章中的 TreeSet 也是红黑树。在 TreeSet 上不允许有大小相同的结点,是按照结点中对象的大小关系排序的(中序遍历)。TreeMap 中的 Value 是红黑树,是按照 Key 中关键字的大小关系排序的,这就意味着 Value 红黑树上可以有相同的对象,即可以有两个结点中的对象是相同的,甚至所有结点中的对象都可以是相同的。

2. TreeMap 的常用方法

由于 TreeMap 和 HashMap 都实现了 Map 接口,许多方法是相同的(Map 接口部分的方法是一样的)。由于 TreeMap 实现了 NavigableMap 接口,所以相对 HashMap,TreeMap 有自己独特的方法。以下列出的是 TreeMap 独有的一些方法。

- public Map.Entry<K,V>ceilingEntry(K key):返回大于或等于 key 的最小关键字 minKey 组成的(minKey,value),如果没有这样的关键字,则返回 null。
- public Map.Entry<K,V>floorEntry(K key):返回小于或等于 key 的最大关键字 maxKey 组成的(maxKey,value),如果没有这样的关键字,则返回 null。
- public Map.Entry<K,V>higherEntry(K key):返回大于 key 的最小关键字 minKey 组成的(minKey,value),如果没有这样的关键字,则返回 null。
- public Map.Entry<K,V>lowerEntry(K key):返回小于 key 的最大关键字 maxKey 组成的(maxKey,value),如果没有这样的关键字,则返回 null。
- public K ceilingKey(K key):返回大于或等于 key 的最小关键字,如果没有这样的关键字,则返回 null。

- public K floorKey(K key)：返回小于或等于 key 的最大关键字，如果没有这样的关键字，则返回 null。
- public K higherKey(K key)：返回大于 key 的最小关键字，如果没有这样的关键字，则返回 null。
- public K lowerKey(K key)：返回小于 key 的最大关键字，如果没有这样的关键字，则返回 null。
- public Map.Entry<K,V> firstEntry()：返回最小关键字 key 组合的(key,value)。
- public Map.Entry<K,V> lastEntry()：返回最大关键字 key 组合的(key,value)。
- public K firstKey()：返回最小的关键字。
- public K lastKey()：返回最大的关键字。
- public Map.Entry<K,V> pollFirstEntry()：删除并返回最小关键字 key 组合的(key,value)。
- public Map.Entry<K,V> pollLastEntry()：删除并返回最大关键字 key 组合的(key,value)。

例 10-8 使用 TreeMap 的一些常用方法。

本例中的主类 Example10_8 使用了 TreeMap 的一些常用方法，运行效果如图 10.14 所示。

```
{97=a, 98=b, 99=c, 100=d, 101=e, 102=f, 103=g, 104=h, 105=i, 106=j, 107=k, 108=l, 109=m, 110=n, 111=o,
112=p, 113=q, 114=r, 115=s, 116=t, 117=u, 118=v, 119=w, 120=x, 121=y, 122=z}
110关键字的键值：n
小于关键字98的最小关键字:97
大于关键字99的最小关键字:100
最大关键字的键值对:122=z
{97=a, 98=B, 99=c, 100=D, 101=e, 102=F, 103=g, 104=H, 105=i, 106=J, 107=k, 108=L, 109=m, 110=N, 111=o,
112=P, 113=q, 114=R, 115=s, 116=T, 117=u, 118=V, 119=w, 120=X, 121=y, 122=Z}
```

图 10.14 使用 TreeMap 的一些常用方法

Example10_8.java

```java
import java.util.TreeMap;
public class Example10_8 {
    public static void main(String args[]) {
        TreeMap<Integer,Character> treeMap = new TreeMap<>();
        for(char c = 'a';c <= 'z';c++){
            treeMap.put((int)c,c);
        }
        System.out.println(treeMap);
        System.out.println("110 关键字的键值:" + treeMap.get(110));
        System.out.println("小于关键字 98 的最小关键字:" + treeMap.lowerKey(98));
        System.out.println("大于关键字 99 的最小关键字:" + treeMap.higherKey(99));
        System.out.println("最大关键字的键值对:" + treeMap.lastEntry());
        treeMap.replaceAll((key,v) ->{ if(key % 2 == 0)
                                         v = (char)(v - 32);
                                       return v;
                                     });
        System.out.println(treeMap);
    }
}
```

3. 映射树的视图

映射树的 Value 是红黑树，因此和 TreeSet 一样就有了视图。

需要注意的是，映射树的 Value 是红黑树(有序树)，因此在视图中添加(key,value)时，key 不能大于视图中的最大关键字，也不能小于视图中的最小关键字。

下面是映射树得到视图的两个常用方法。

- public SortedMap < K , V > subMap(K fromKey,K toKey)：返回一个视图,视图中(key,value)的 key 大于或等于 fromKey,小于 toKey。如果 fromKey 等于 toKey,返回 null,如果 from 大于 toKey,会触发运行异常 IllegalArgumentException。
- public NavigableMap < K , V > subMap(K fromKey,boolean fromInclusive,K toKey,boolean toInclusive)：返回一个视图,视图中(key,value)的 key 大于或等于 fromKey (fromInclusive 取值 true),小于或等于 toKey(toInclusive 取值 true)。如果 fromKey 等于 toKey,方法返回 null,如果 from 大于 toKey,会触发运行异常 IllegalArgumentException。

例 10-9 获取映射树的视图。

本例中的主类 Example10_9 获取映射树的视图,查询了视图中的"键-值"对,并对视图进行更新操作,运行效果如图 10.15 所示。

```
映射树:
{945=α, 946=β, 947=γ, 948=δ, 949=ε, 950=ζ, 951=η, 952=θ, 953=ι, 954=κ,
955=λ, 956=μ, 957=ν, 958=ξ, 959=ο, 960=π, 961=ρ, 962=?, 963=σ, 964=τ,
965=υ, 966=φ, 967=χ, 968=ψ, 969=ω}
视图:
{945=α, 946=β, 947=γ, 948=δ, 949=ε, 950=ζ, 951=η, 952=θ}
把视图中的希腊改为大写.
视图:
{945=A, 946=B, 947=Γ, 948=Δ, 949=E, 950=Z, 951=H, 952=Θ}
映射树:
{945=A, 946=B, 947=Γ, 948=Δ, 949=E, 950=Z, 951=H, 952=Θ, 953=ι, 954=κ,
955=λ, 956=μ, 957=ν, 958=ξ, 959=ο, 960=π, 961=ρ, 962=?, 963=σ, 964=τ,
965=υ, 966=φ, 967=χ, 968=ψ, 969=ω}
```

图 10.15　获取映射树的视图

Example10_9.java

```java
import java.util.TreeMap;
import java.util.NavigableMap;
public class Example10_9 {
    public static void main(String args[]) {
        TreeMap < Integer,Character > treeMap = new TreeMap<>();
        for(char c = 'α';c <= 'ω';c++){               //希腊字母
            treeMap.put((int)c,c);
        }
        System.out.println("映射树:\n" + treeMap);
        NavigableMap < Integer,Character > view =
        treeMap.subMap((int)'α',true,(int)'θ',true);
        System.out.println("视图:\n" + view);
        System.out.println("把视图中的希腊字母改为大写.");
        view.forEach((key,v) ->{ if(Character.isLowerCase(v)){
                            view.replace(key,Character.toUpperCase(v));
                        }
                    });
        System.out.println("视图:\n" + view);
        System.out.println("映射树:\n" + treeMap);
    }
}
```

4. 映射树与排序

映射树中的 Value 是按照 Key 中关键字的大小来排序的,那么相对于 TreeSet(见第 9 章),使用映射树对 Value 进行排序的方便之处就是可以随时更改 Key 中关键字的大小关系。

例 10-10 使用映射树排序数据。

本例中的 KeyStudent 类实现了 Comparable 接口,给出了映射树中 Key 的大小关系。本例中的主类 Example10_10 使用映射树分别按数学和英语成绩排序学生,运行效果如图 10.16 所示。

按数学成绩排序:
{A005=A005:(60,99), A004=A004:(69,88), A001=A001:(75,78), A002=A002:(75,88), A003=A003:(89,68)}
按英语成绩排序:
{A003=A003:(89,68), A001=A001:(75,78), A002=A002:(75,88), A004=A004:(69,88), A005=A005:(60,99)}

图 10.16　分别按数学和英语成绩排序

Example10_10.java

```java
import java.util.TreeMap;
public class Example10_10 {
    public static void main(String args[]) {
        TreeMap<KeyStudent,Student> treeMap = new TreeMap<>();
        Student stu1 = new Student("A001",75,78),
                stu2 = new Student("A002",75,88),
                stu3 = new Student("A003",89,68),
                stu4 = new Student("A004",69,88),
                stu5 = new Student("A005",60,99);
        KeyStudent key1 = new KeyStudent(stu1.number,stu1.math),
                   key2 = new KeyStudent(stu2.number,stu2.math),
                   key3 = new KeyStudent(stu3.number,stu3.math),
                   key4 = new KeyStudent(stu4.number,stu4.math),
                   key5 = new KeyStudent(stu5.number,stu5.math);
        treeMap.put(key1,stu1);
        treeMap.put(key2,stu2);
        treeMap.put(key3,stu3);
        treeMap.put(key4,stu4);
        treeMap.put(key5,stu5);
        System.out.println("按数学成绩排序:\n" + treeMap);
        treeMap.clear();
        key1.score = stu1.english;
        key2.score = stu2.english;
        key3.score = stu3.english;
        key4.score = stu4.english;
        key5.score = stu5.english;
        treeMap.put(key1,stu1);
        treeMap.put(key2,stu2);
        treeMap.put(key3,stu3);
        treeMap.put(key4,stu4);
        treeMap.put(key5,stu5);
        System.out.println("\n按英语成绩排序:\n" + treeMap);
    }
}
```

Student.java

```java
public class Student {
    public String number;
    public int math,english;
    Student(String number, int ...m){
        this.number = number;
        math = m[0];
        english = m[1];
    }
    public String toString(){
        return number + ":(" + math + "," + english + ")";
    }
}
```

KeyStudent.java

```java
public class KeyStudent implements Comparable<KeyStudent>{
    String number;
```

```
    int score;
    KeyStudent(String number,int score){
        this.number = number;
        this.score = score;
    }
    public int compareTo(KeyStudent key){
        if(score != key.score)
            return score - key.score;
        else
            return number.compareTo(key.number);
    }
    public String toString(){
        return number;
    }
}
```

10.10　Hashtable 类

Hashtable＜K,V＞泛型类也实现了Java集合框架中的Map接口。Hashtable＜K,V＞泛型类和HashMap＜K,V＞泛型类的主要区别是，Hashtable＜K,V＞泛型类提供的方法都是同步(synchronized)方法，即是线程安全的，而HashMap＜K,V＞泛型类不是线程安全的。当有多个线程访问同一个HashMap散列表时，用户必须考虑多线程带来的问题。例如一个线程修改HashMap散列表时是否允许另一个线程访问HashMap散列表。如果不需要线程安全，建议使用HashMap＜K,V＞泛型类，否则使用Hashtable＜K,V＞泛型类。

例 10-11　访问线程安全和不安全的散列表。

本例中主类 Example10_11 的 f() 方法使用两个线程访问 HashMap 散列表，由于 HashMap 散列表不是线程安全的，在一个线程遍历 HashMap 散列表的过程中，另一个线程也可以遍历 HashMap 散列表。本例中另一个主类 MainClass 的 f() 方法使用两个线程访问 Hashtable 散列表，两个线程各自遍历 Hashtable 散列表，由于 Hashtable 散列表是线程安全的，在一个线程遍历 Hashtable 散列表的过程中，另一个线程无法遍历 Hashtable 散列表。主类 Example10_11 的运行效果如图 10.17 所示，主类 MainClass 的运行效果如图 10.18 所示。

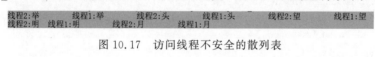

图 10.17　访问线程不安全的散列表

图 10.18　访问线程安全的散列表

Example10_11.java

```
import java.util.HashMap;
import java.util.Hashtable;
import java.util.Map;
public class Example10_11 {
    public static void main(String args[]) {
        HashMap<Integer,String> map = new HashMap<>();
        map.put(1,"举");
        map.put(2,"头");
        map.put(3,"望");
        map.put(4,"明");
        map.put(5,"月");
```

```
            f(map);
        }
        static void f(Map<Integer,String> map) {
            Target target1 = new Target(map);
            Target target2 = new Target(map);
            Thread t1 = new Thread(target1);
            Thread t2 = new Thread(target2);
            t1.setName("线程 1");
            t2.setName("线程 2");
            t1.start();
            t2.start();
        }
}
class MainClass {
    public static void main(String args[]) {
        Hashtable<Integer,String> map = new Hashtable<>();
        map.put(1,"低");
        map.put(2,"头");
        map.put(3,"思");
        map.put(4,"故");
        map.put(5,"乡");
        f(map);
    }
    static void f(Map<Integer,String> map) {
        Target target1 = new Target(map);
        Target target2 = new Target(map);
        Thread t1 = new Thread(target1);
        Thread t2 = new Thread(target2);
        t1.setName("线程 1");
        t2.setName("线程 2");
        t1.start();
        t2.start();
    }
}
```

Target.java

```
import java.util.Map;
public class Target implements Runnable {
    Map<Integer,String> map;
    Target(Map<Integer,String> map){
        this.map = map;
    }
    public void run(){
        String s = Thread.currentThread().getName();
        map.forEach((key,v) ->{System.out.print(s + ":" + v + "\t");});
    }
}
```

习题 10

扫一扫

习题

扫一扫

自测题

第 11 章　集合与HashSet类

本章主要内容
- 集合的特点；
- HashSet 类；
- 集合的基本操作；
- 集合与数据过滤；
- 正整数集合的生成集；
- 获得随机数的速度。

数据结构的逻辑结构主要有线性结构、树结构、图结构和集合，在前面的章节中已经接触到了线性结构（例如链表）和树结构（例如二叉树），本章学习集合。

11.1　集合的特点

集合是不在其上定义任何关系的一种数据结构（见第 1 章），称集合中的数据（对象）为集合中的元素。集合就是数学意义上的集合，它由互不相同的元素所构成。

通常用大写的字母表示一个集合，例如 A、B、C 等。如果一个元素 e 属于集合 A，数学上记作 $e \in A$；如果一个元素 e 不属于集合 A，数学上记作 $e \notin A$。

关于集合的主要操作如下。

（1）集合的并集：假设 C 是 A 和 B 的并集，那么 $e \in C$ 当且仅当 $e \in A$ 或 $e \in B$，数学上记作：
$$C = A \cup B$$
在数学上用 $A \cup B$ 表示 A 和 B 的并集。

（2）集合的交集：假设 C 是 A 和 B 的交集，那么 $e \in C$ 当且仅当 $e \in A$ 且 $e \in B$，数学上记作：
$$C = A \cap B$$
在数学上用 $A \cap B$ 表示 A 和 B 的交集。

（3）集合的差集：假设 C 是 A 和 B 的差集，那么 $e \in C$ 当且仅当 $e \in A$ 且 $e \notin B$，数学上记作：
$$C = A - B$$
在数学上用 $A - B$ 表示 A 和 B 的差集。

（4）集合的对称差集：假设 C 是 A 和 B 的对称差集，那么 $e \in C$ 当且仅当 $e \in A$ 且 $e \notin B$，或 $e \in B$ 且 $e \notin A$，数学上记作：
$$C = (A - B) \cup (B - A)$$
在数学上用 $(A - B) \cup (B - A)$ 表示 A 和 B 的对称差集。

11.2　HashSet 类

集合这种数据结构由 Java 集合框架（Java Collections Framework，JCF）中的 HashSet＜E＞泛型类所实现。Java 集合框架中的类和接口在 java.util 包中，主要的接口有 Collection、Map、

Set、List、Queue 和 SortedMap，其中 List、Queue、Set 是 Collection 的子接口，SortMap 是 Map 的子接口。HashSet＜E＞泛型类直接实现了 Set 接口，如图 11.1 所示。

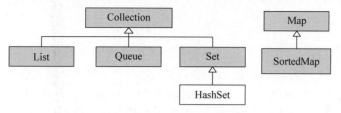

图 11.1　HashSet 实现了 Set 接口

通常称 HashSet＜E＞类的对象（实例）为散列集合，简称为集合。

集合元素的存储是通过散列函数（哈希函数）来实现的。HashSet 在其内部，对于每个元素，都是根据散列函数确定该元素在一块连续的存储空间（一个数组中）的索引位置，即根据内部采用的散列算法来确定元素的存储位置。当给集合添加一个元素时，集合首先按照其内部算法（知道原理即可）得到元素的关键字，然后按照关键字存储元素；当删除集合中的一个元素时，集合首先按照其内部算法得到元素的关键字，然后按照关键字删除元素；当查找集合中的一个元素时，集合首先按照其内部算法得到元素的关键字，然后按照关键字查找元素。因此，集合的添加、查找和删除元素等操作的时间复杂度通常为 $O(1)$，最坏情况时间复杂度为 $O(n)$（如果使用链式解决散列函数出现的散列值冲突），有关原理细节见第 10 章中的 10.1 节和 10.2 节。

> **注意**："散列"二字不是指数据之间的关系，而是形容存储形式的特点（hash() 函数映射存储位置）。数据结构的逻辑结构分为线性结构、树结构、图结构和集合（见第 1 章）。集合中的元素除了同属于一个集合以外，元素之间再无其他任何关系。

尽管用 TreeSet，即树集（红黑树，见第 9 章），也能实现数学意义上的并、交、差等操作（树集的添加、查找和删除结点等操作的时间复杂度都是 $O(\log n)$）。但是集合上没有任何关系，也就省去了维护关系的有关操作，只关注数学意义上的并、交、差等操作，使得集合的这些操作的效率更高。因此，如果程序中只是需要数学意义上的集合，就选用 HashSet 类的实例。

HashSet＜E＞类有以下 4 个构造方法。

- public HashSet()：构造一个空集合（集合中没有任何元素），初始容量是 16，默认装载因子是 0.75。初始容量是 16 就是最初分配给集合的数组的长度是 16。
- HashSet(int initialCapacity)：构造一个空集合，初始容量是 initialCapacity 指定的值，装载因子是 0.75。
- HashSet(int initialCapacity, float loadFactor)：构造一个空集合，初始容量是 initialCapacity 指定的值，装载因子是 loadFactor 指定的值。
- HashSet(Collection＜? extends E＞c)：构造一个集合，其中的元素是参数 c 指定的集合中的元素。

创建一个 HashSet＜E＞类的对象，即集合，必须要指定集合元素的具体类型，例如：

HashSet＜Integer＞ set = new HashSet＜＞();

或

HashSet＜Integer＞ set = new HashSet＜Integer＞();

即集合 set 中元素的类型是 Integer。

11.3　集合的基本操作

1. 添加

- boolean add(E e)：如果集合中还没有元素 e，将元素 e 添加到此集合，并返回 true；如果集合中已经有元素 e，不进行添加操作，并返回 false(时间复杂度是 $O(1)$)，即集合中不允许出现相同的元素。如果创建元素的类重写了 Object 类的 public boolean equals(Object obj)方法，即重新规定了元素相等的条件(默认是按元素的引用判断元素是否相同)，那么一定要重写 Object 类的 public int hashCode()方法，只有这样，重写的 public boolean equals(Object obj)方法才能被 HashSet 类所采用。例如，重写 Object 类的 public int hashCode()方法如下：

```
public int hashCode(){
    return 0;
}
```

- boolean addAll(Collection<? extends E> B)：如果集合 B 中的有元素不在集合 A 中，就将集合 B 中所有不在集合 A 中的元素添加到集合 A 中，并返回 true；如果集合 B 中的所有元素已经在集合 A 中，不进行添加操作，返回 false。一个集合 A 使用该方法后就成为数学意义上的 $A \cup B$。

2. 查询

- boolean contains(Object e)：如果集合 A 中包含指定的元素 e，返回 true，否则返回 false(时间复杂度是 $O(1)$)。
- boolean containsAll(Collection<?> B)：如果集合 A 中包含指定集合 B 中的所有元素，返回 true，否则返回 false。集合 A 调用该方法，相对于数学意义上判断 $A \supset B$ 是否成立。
- boolean isEmpty()：如果集合 A 中不包含元素，即 A 是空集合，返回 true，否则返回 false。
- int size()：返回集合 A 中元素的个数。

3. 删除

- boolean remove(Object e)：如果集合 A 中存在元素 e，则从集合 A 中删除元素 e，并返回 true，否则不进行删除操作，返回 false(时间复杂度是 $O(1)$)。
- boolean retainAll(Collection<?> B)：仅保留集合 A 中属于指定集合 B 的元素，即从集合 A 中删除所有不属于指定集合 B 的元素。一个集合 A 使用该方法后就成为数学意义上的 $A \cap B$。
- public boolean removeAll(Collection<?> B)：从集合 A 中删除指定集合 B 中的所有元素。一个集合 A 使用该方法后，就成为数学意义上的 $A - B$。
- public void clear()：删除此集合中的全部元素(时间复杂度是 $O(1)$)。

4. 遍历

- Iterator<E> iterator()：返回此集合中元素的迭代器。
- void forEach(Consumer<? super T> action)：对此集合中的元素执行给定的 action 操作，直到所有元素都被处理或操作引发异常。Consumer 是一个函数接口，该接口中的抽象方法是 void accept(T t)。在使用 forEach()方法时将一个 Lambda 表达式传递给 action，例如(e)-> { System.out.println(e);}，forEach()方法使 Lambda 表达式中的 e 依次取集合中的元素。

第11章 集合与HashSet类

例 11-1 集合的基本运算。

本例中的主类 Example11_1 计算了 $A \cup B$、$A \cap B$、$(A-B) \cup (B-A)$，并向一个集合添加了几个圆对象，运行效果如图 11.2 所示。

```
集合A:
[1, 2, 3, 4, 5, 6, 7, 8, 9, 10]
集合B:
[6, 7, 8, 9, 10, 11, 12, 13, 14, 15]
集合A和B的并:
[1, 2, 3, 4, 5, 6, 7, 8, 9, 10, 11, 12, 13, 14, 15]
集合A和B的交:
[6, 7, 8, 9, 10]
集合A和B的差:
[1, 2, 3, 4, 5]
集合B和A的差:
[11, 12, 13, 14, 15]
集合A和B的对称差:
[1, 2, 3, 4, 5, 11, 12, 13, 14, 15]
[圆的半径10 , 圆的半径19 ]
```

图 11.2 集合的基本运算

Example11_1.java

```java
import java.util.HashSet;
import java.util.Random;
public class Example11_1 {
    public static void main(String args[]) {
        HashSet<Integer> A = new HashSet<>(),
                         B = new HashSet<>();
        for(int i = 1;i<=10;i++){
            A.add(i);
            B.add(i+5);
        }
        HashSet<Integer> ACopy = new HashSet<>(A);
        HashSet<Integer> ACopyTwo = new HashSet<>(A);
        HashSet<Integer> BCopy = new  HashSet<>(B);
        System.out.println("集合 A:\n" + A);
        System.out.println("集合 B:\n" + B);
        A.addAll(B);
        System.out.println("集合 A 和 B 的并:\n" + A);
        B.retainAll(ACopy);
        System.out.println("集合 A 和 B 的交:\n" + B);
        ACopy.removeAll(BCopy);
        System.out.println("集合 A 和 B 的差:\n" + ACopy);
        BCopy.removeAll(ACopyTwo);
        System.out.println("集合 B 和 A 的差:\n" + BCopy);
        ACopy.addAll(BCopy);
        System.out.println("集合 A 和 B 的对称差:\n" + ACopy);
        HashSet<Circle> circleSet = new HashSet<>();
        circleSet.add(new Circle(10));
        circleSet.add(new Circle(10));          //无法添加成功
        circleSet.add(new Circle(19));
        circleSet.add(new Circle(19));          //无法添加成功
        System.out.println(circleSet);
    }
}
class Circle {
    int radius;
    Circle(int m){
        radius = m;
    }
    public boolean equals(Object obj) {         //重写 Object 类的 equals()方法
        return radius == ((Circle)obj).radius;
```

```
    }
    public int hashCode(){                    //同时重写hashCode()方法
        return 0;
    }
    public String toString(){return "圆的半径" + radius + " ";}
}
```

11.4 集合与数据过滤

使用集合过滤数据就是计算集合的差集，例如 $A-B$ 就是从集合 A 中去除属于集合 B 的元素。

第 9 章中的例 9-9 曾使用树集（TreeSet）来过滤数据，树集的查询、删除和添加结点的时间复杂度都是 $O(\log n)$，而集合（HashSet）的查询、删除和添加元素的时间复杂度都是 $O(1)$，因此，如果不需要维护数据的某种逻辑关系，使用集合来过滤数据会有更高的效率。

例 11-2 使用集合和树集过滤数据。

本例中的主类 Example11_2 分别使用集合和树集来过滤数据，用集合过滤数据的耗时明显少于用树集过滤数据的耗时，运行效果如图 11.3 所示。

```
集合A过滤数据的耗时（纳秒）:33500
集合A过滤掉偶数后：
[1, 3, 5, 7, 9, 11, 13, 15, 17, 19, 21, 23, 25, 27, 29, 31, 33, 35, 37, 39, 41, 43, 45,
47, 49, 51, 53, 55, 57, 59, 61, 63, 65, 67, 69, 71, 73, 75, 77, 79, 81, 83, 85, 87, 89,
91, 93, 95, 97, 99]
树集T过滤数据的耗时（纳秒）:156100
树集T过滤掉偶数后：
[1, 3, 5, 7, 9, 11, 13, 15, 17, 19, 21, 23, 25, 27, 29, 31, 33, 35, 37, 39, 41, 43, 45,
47, 49, 51, 53, 55, 57, 59, 61, 63, 65, 67, 69, 71, 73, 75, 77, 79, 81, 83, 85, 87, 89,
91, 93, 95, 97, 99]
```

图 11.3 过滤数据

Example11_2.java

```java
import java.util.HashSet;
import java.util.TreeSet;
public class Example11_2 {
    public static void main(String args[]){
        HashSet<Integer> A = new HashSet<Integer>();            //集合 A
        TreeSet<Integer> T = new TreeSet<Integer>();            //树集 T
        HashSet<Integer> filter = new HashSet<Integer>();
        for(int i=1;i<=100;i++) {
            A.add(i);
            T.add(i);
        }
        for(int i=2;i<=100;i=i+2){
            filter.add(i);
        }
        long startTime = System.nanoTime();
        A.removeAll(filter);
        long estimatedTime = System.nanoTime() - startTime;
        System.out.println("集合 A 过滤数据的耗时(纳秒):" + estimatedTime);
        System.out.println("集合 A 过滤掉偶数后:\n" + A);
        startTime = System.nanoTime();
        T.removeAll(filter);
        estimatedTime = System.nanoTime() - startTime;
        System.out.println("树集 T 过滤数据的耗时(纳秒):" + estimatedTime);
        System.out.println("树集 T 过滤掉偶数后:\n" + T);
    }
}
```

11.5 正整数集合的生成集

集合 A 中的元素都是正整数,如果一个 A 的真子集 B 满足下列条件:

(1) 对于 A 中任何一个整数 m,都可以在 B 中找到 n 个数 ($n \geqslant 1$),使得 m 是这 n 个数的和。

(2) 在 B 中删除任何一个元素(整数)后,都会使得(1)给出的结论不再成立。

称 B 是 A 的生成集。例如,集合 $\{1,2,3,4,5,6,7\}$ 的生成集是 $\{1,2,4\}$,集合 $\{3,5,6,22,10,11,15\}$ 的生成集是 $\{3,5,6,22,10\}$。

设生成的集合是空集合 subSet,生成集合的算法如下:

首先初始化,将集合 A 中的最小值添加到集合 subSet 中,然后从小到大依次判断集合 A 中的整数 m 是否能用 subSet 计算出,即判断是否能在 subSet 中找到 n 个数 ($n \geqslant 1$),使得 m 是这 n 个数的和。在进行第 m 次判断时,如果发现集合 A 中的整数 m 不能用集合 subSet($n \geqslant 1$) 计算出,则将 m 添加到集合 subSet 中。

例 11-3 返回集合的生成集。

本例中 GenerateSet 类的 getSubset(HashSet<Integer>A) 方法返回集合 A 的生成集。注意,GenerateSet 类用到了第 6 章中 6.7 节的 Weight 类的 List < Integer > weighting(int [] weight) 方法。

GenerateSet.java

```java
import java.util.HashSet;
import java.util.Collections;
import java.util.List;
import java.util.Iterator;
public class GenerateSet{
    public static HashSet< Integer > getSubset(HashSet< Integer > A){
        HashSet< Integer > subSet = new HashSet<>();
        subSet.add(Collections.min(A));              //初始化,存入 A 中的最小值
        for(int m:A) {
            int weight[] = new int[subSet.size()];
            Iterator< Integer > iter = subSet.iterator();
            int i = 0;
            while(iter.hasNext()){
                weight[i] = iter.next();
                i++;
            }
            List< Integer > allWeight = Weight.weighting(weight);
            if(!allWeight.contains(m)){              //不能用 subSet 计算出 m
                subSet.add(m);                       //将 m 添加到集合 subSet 中
            }
        }
        return subSet;
    }
}
```

本例中的主类 Example11_3 使用 GenerateSet 类的 HashSet < Integer > getSubset(int N) 方法分别返回了集合 $\{1,2,3,4,5,6,7\}$ 以及集合 $\{3,5,6,22,10,11,15\}$ 的生成集,运行效果如图 11.4 所示。

```
集合[1, 2, 3, 4, 5, 6, 7]的生成集:[1, 2, 4]
集合[3, 5, 6, 22, 10, 11, 15]的生成集:[3, 5, 6, 22, 10]
```

图 11.4 集合的生成集

Example11_3.java

```java
import java.util.HashSet;
public class Example11_3 {
    public static void main(String args[]){
        GenerateSet generate = new GenerateSet();
        HashSet<Integer> A = new HashSet<>();
        for(int i=1;i<=7;i++){
            A.add(i);
        }
        HashSet set = GenerateSet.getSubset(A);
        System.out.println("集合"+A+"的生成集:"+set);
        A.clear();
        A.add(3);
        A.add(5);
        A.add(6);
        A.add(10);
        A.add(11);
        A.add(15);
        A.add(22);
        set = GenerateSet.getSubset(A);
        System.out.println("集合"+A+"的生成集:"+set);
    }
}
```

11.6 获得随机数的速度

可以借助不同的数据结构获得 n 个互不相同的随机数，例如第 4 章的例 4-8、第 5 章的例 5-6、第 9 章的例 9-5 分别借助数组、链表和树集获得 n 个互不相同的随机数。集合（HashSet）是无任何关系的数据结构，但集合的查询、删除和添加元素的时间复杂度通常都是 $O(1)$，因此如果不需要随机数之间形成某种关系，也可以借助集合得到 n 个互不相同的随机数，即将 n 个互不相同的随机数存放在一个集合中。

例 11-4 比较借助数组、链表、树集和集合获得不同随机数的耗时。

本例中 RandomBySet 类的 getRandom(int number,int n)方法获得 n 个不同随机数的时间复杂度是 $O(n)$，小于 $O(n\log n)$。

RandomBySet.java

```java
import java.util.Random;
import java.util.HashSet;
public class RandomBySet {
    //获得[1,number]中 amount 个互不相同的随机数
    public static int[] getRandom(int number,int n) {
        Random random = new Random();
        if(number<=0||n<=0)
            throw new NumberFormatException("数字不是正整数");
        int [] result = new int[n];                    //存放得到的随机数
        HashSet<Integer> set = new HashSet<>();
        while(set.size()<n) {
            set.add(1+random.nextInt(number));         //add()方法的时间复杂度是 O(1)
        }
        int i=0;
        for(int m:set){
            result[i] = m;
```

```
                i++;
            }
        return result; //返回数组,数组的每个元素是一个随机数
    }
}
```

本例中的主类 Example11_4 比较了借助数组、链表、树集和集合获得 n 个互不相同的随机数的耗时。如果随机数的范围较大,结果显示借助集合的算法的耗时相对较小。本例用到了第 4 章中例 4-8 的 GetRandomNumber 类、第 5 章中例 5-6 的 RandomNumber 类、第 9 章中例 9-5 的 RandomByTree 类,运行效果如图 11.5 所示。

```
借助集合获得158个随机数的耗时为971000(纳秒).
借助链表获得158个随机数的耗时为1296600(纳秒).
借助树集获得158个随机数的耗时为1192800(纳秒).
借助数组获得158个随机数的耗时为5727400(纳秒).
```

图 11.5　比较获得随机数的耗时

Example11_4.java

```java
import java.util.Arrays;
public class Example11_4 {
    public static void main(String args[]){
        int n = 158;
        int amount = n + 1000;
        long startTime = System.nanoTime();
        int random[] = RandomBySet.getRandom(amount,n);
        long estimatedTime = System.nanoTime() - startTime;
        System.out.printf("\n借助集合获得%d个随机数的耗时为%d(纳秒).\n",n,estimatedTime);
        startTime = System.nanoTime();
        random = RandomNumber.getRandom(amount,n);
        estimatedTime = System.nanoTime() - startTime;
        System.out.printf("\n借助链表获得%d个随机数的耗时为%d(纳秒).\n",n,estimatedTime);
        startTime = System.nanoTime();
        random = RandomByTree.getRandom(amount,n);
        estimatedTime = System.nanoTime() - startTime;
        System.out.printf("\n借助树集获得%d个随机数的耗时为%d(纳秒).\n",n,estimatedTime);
        startTime = System.nanoTime();
        random = GetRandomNumber.getRandom(amount,n);
        estimatedTime = System.nanoTime() - startTime;
        System.out.printf("\n借助数组获得%d个随机数的耗时为%d(纳秒).\n",n,estimatedTime);
    }
}
```

习题 11

扫一扫

习题

扫一扫

自测题

第 12 章 常用算法与Collections类

本章主要内容
- 排序；
- 二分查找；
- 反转与旋转；
- 洗牌；
- 求最大值与最小值；
- 统计次数和频率。

前面学习的很多数据结构都是由实现 Collection 接口或 Map 接口的类来实现的。

Collections 类是 Object 类的一个直接子类（注意 Collections 比 Collection 多了一个字母 s），该类封装了一系列算法，例如二分查找、排序、洗牌等算法，这些算法可用于 List、Queue、Set。注意 Collections 是类，Collection 是接口，Collections 类没有实现 Collection 接口，如图 12.1 所示。从英语单词的角度看，单词 Collections 是单词 Collection 的复数。Collections 类为实现 Collection 接口的数据结构提供一系列常用算法，本章将介绍这些常用算法。

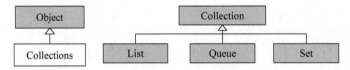

图 12.1 Collections 是 Object 的子类，并未实现 Collection 接口

12.1 排序

Collections 类的下列静态方法可用于 List 的排序，其排序算法是归并排序算法，是稳定排序，时间复杂度为 $O(n\log n)$。

- public static void sort(List<T> list)：按照元素的自然序升序排序 list 中的对象。所谓自然序就是 list 中的对象实现 Comparable 接口时比较器给出的大小顺序。
- public static void sort(List<T> list, Comparator<? super T> c)：使用比较器 c 按照升序排序 list 中的对象（不要求 list 中的对象实现 Comparable 接口），如果 list 中的对象已经实现 Comparable 接口，那么废弃 Comparable 接口给出的比较器，而是使用比较器 c 升序排序 list 中的对象。

例 12-1 使用比较器排序链表。

本例中的主类 Example12_1 使用 Collections 类的 sort()方法排序（升序）一个链表，首先按链表中的对象实现的 Comparable 接口给出的比较器排序链表，然后指定新的比较器排序链表，运行效果如图 12.2 所示。

Example12_1.java

```
import java.util.LinkedList;
import java.util.List;
```

第12章 常用算法与Collections类

```
未排序的list1:
[2, -3, 12, -9, 10, -89]
按元素的自然序排序list1:
[-89, -9, -3, 2, 10, 12]
按元素的新的比较器,即按绝对值大小排序list1:
[2, -3, -9, 10, 12, -89]
未排序的list2:
[(数学78 英语68), (数学77 英语98), (数学78 英语78), (数学97 英语68)]
按元素的自然序(数学成绩)排序list2:
[(数学77 英语98), (数学78 英语68), (数学78 英语78), (数学97 英语68)]
按元素的新的比较器,即按英语成绩大小排序list2:
[(数学78 英语68), (数学97 英语68), (数学78 英语78), (数学77 英语98)]
```

图 12.2 排序

```java
import java.util.Collections;
import java.util.Comparator;
public class Example12_1 {
    public static void main(String args[]) {
        List<Integer> list1 = new LinkedList<>();
        List<Score> list2 = new LinkedList<>();
        list1.add(2);
        list1.add(-3);
        list1.add(12);
        list1.add(-9);
        list1.add(10);
        list1.add(-89);
        System.out.println("未排序的 list1:\n" + list1);
        Collections.sort(list1);
        System.out.println("按元素的自然序排序 list1:\n" + list1);
        Comparator<Integer> c1 = (m,n) ->{ return Math.abs(m)-Math.abs(n);};
        Collections.sort(list1,c1);
        System.out.println("按元素的新的比较器,即按绝对值大小排序 list1:\n" + list1);
        list2.add(new Score(78,68));
        list2.add(new Score(77,98));
        list2.add(new Score(78,78));
        list2.add(new Score(97,68));
        System.out.println("未排序的 list2:\n" + list2);
        Collections.sort(list2);
        System.out.println("按元素的自然序(数学成绩)排序 list2:\n" + list2);
        Comparator<Score> c2 = (score1,score2) ->{ return score1.english-score2.english;};
        Collections.sort(list2,c2);
        System.out.println("按元素的新的比较器,即按英语成绩多少排序 list2:\n" + list2);
    }
}
```

Score.java

```java
public class Score implements Comparable<Score>{
    int math,english;
    Score(int m,int e){
        math = m;
        english = e;
    }
    public int compareTo(Score score) {
        return math-score.math;
    }
    public String toString(){
        return "(数学" + math + " 英语" + english + ")";
    }
}
```

12.2 二分查找

二分法(时间复杂度是 $O(\log n)$)可用于查找一个数据是否在一个升序的数组或升序的 List 中。第 2 章中的例 2-9、第 3 章中的例 3-6 曾介绍过二分法,在第 4 章的 4.3.1 节介绍了 Arrays 类中封装的 binarySearch()方法。

Collections 类中封装的二分法用于查找一个对象是否在一个升序的 List 中。

- public static int binarySearch(List<? extends T> list,T key):查找对象 key 是否在升序的 list 中(list 中的对象按自然序排序),如果 key 在 list 中,该方法返回 key 在 list 中的索引位置(索引位置从 0 开始),否则返回一个负数。
- public static int binarySearch(List<? extends T> list,T key,Comparator<? super T> c):查找对象 key 是否在升序的 list 中(list 的元素按比较器 c 排序),如果 key 在 list 中,该方法返回 key 在 list 中的索引位置(索引位置从 0 开始),否则返回一个负数。注意,排序使用的比较器的算法需要和该方法使用的比较器 c 的算法相同。

例 12-2 使用二分法判断句子中的单词。

本例中 FindWords 类的 boolean findWords(String str,String key)方法使用二分法判断单词 key 是否在 str 中。

FindWords.java

```java
import java.util.LinkedList;
import java.util.Collections;
import java.util.Scanner;
public class FindWords{
    public static boolean findWords(String str,String key) {
        LinkedList<String> list = new LinkedList<>();
        //regex 匹配由空格、数字和!、"、#、$、%、&、'、(、)、*、+、-、.、.、/、:、;、<、=、>、?、@、[、\、]、^、
        //_、`、{、|、}、~组成的字符序列
        String regex = "[\\s\\d\\p{Punct}]+";
        try{ Scanner reader = new Scanner(str);
             reader = reader.useDelimiter(regex);
             while(reader.hasNext()) {
                String word = reader.next();
                list.add(word);
             }
             reader.close();
        }
        catch(Exception e){}
        Collections.sort(list);                              //排序
        int index = Collections.binarySearch(list,key);      //二分法
        return index >= 0;
    }
}
```

本例中的主类 Example12_2 使用 FindWords 类的 boolean findWords(String str,String key)方法判断单词 is、it、student、to 和 walk 是否在"The weather is really nice today. Let's go for a walk"中,运行效果如图 12.3 所示。

```
is在"The weather is really nice today.Let's go for a walk"中。
it不在"The weather is really nice today.Let's go for a walk"中。
student不在"The weather is really nice today.Let's go for a walk"中。
to不在"The weather is really nice today.Let's go for a walk"中。
walk在"The weather is really nice today.Let's go for a walk"中。
```

图 12.3 使用二分法判断句子中的单词

Example12_2.java

```java
public class Example12_2{
    public static void main(String args[]) {
        String str = "The weather is really nice today.Let's go for a walk";
        String []words = { "is","it","student","to","walk"};
        for(String key:words){
            boolean boo = FindWords.findWords(str,key);
            if(boo) {
                System.out.println(key + "在\"" + str + "\"中.");
            }
            else {
                System.out.println(key + "不在\"" + str + "\"中.");
            }
        }
    }
}
```

12.3 反转与旋转

1．反转

反转就是把 list 节点中的对象反转存放。假设 list 节点中的对象依次是[a，b，c，d，e]，那么反转后，list 节点中的对象依次是 [e，d，c，b，a]。

使用 public static void reverse(List<?> list)方法反转 list 中元素的顺序。

2．旋转

public static void rotate(List<?> list,int distance)方法用于把 list 向右(distance 是正整数)或向左(distance 是负整数)旋转 distance 个索引位置。例如，list 节点中的对象依次是[a，b，c，d，e]，如果执行 Colections.rotate(list,1)，那么 list 节点中的对象依次是[e，a，b，c，d]；如果执行 Colections.rotate(list,－2)，那么 list 节点中的对象依次是[c d e a b]。

例 12-3 判断回文单词和解决约瑟夫问题。

本例中 LeaveOne 类的 leaveByRotate(LinkedList<Integer> list)方法通过旋转链表解决约瑟夫问题，把 list 向左旋转两个索引位置即可确定要出圈的人，理由是此刻链表的头节点就是数到的第 3 个人，即要出圈的人。

本例中 WordReverse 类的 isReverse(String word)方法判断 word 是否为回文单词(回文单词和它的反转相同)。

第 4 章的例 4-9、第 5 章的例 5-12、第 8 章的例 8-4 分别使用数组、链表和队列解决了约瑟夫问题，建议读者把本例和第 4 章的例 4-9 做一个比较，体会使用旋转 list 解决约瑟夫问题能让代码更加简练。

LeaveOne.java

```java
import java.util.LinkedList;
import java.util.Collections;
public class LeaveOne {
    public static void leaveByRotate(LinkedList<Integer> list) {
        while(list.size()>1){                          //圈中的人数超过1
            Collections.rotate(list,-2);               //向左旋转 list
            int m = list.removeFirst();                //数到第 3 个人,该人退出
            System.out.printf("号码%d 退出圈\n",m);
        }
```

```java
        System.out.printf("最后剩下的号码是%d\n",list.getFirst());
    }
}
```

WordReverse.java

```java
import java.util.LinkedList;
import java.util.Collections;
import java.util.Arrays;
public class WordReverse{
    public static boolean isReverse(String word){
        LinkedList<String> list = new LinkedList<>();
        for(int i=0;i<word.length();i++){
            list.add("" + word.charAt(i));
        }
        String a[] = list.toArray(new String[1]);
        Collections.reverse(list);
        String b[] = list.toArray(new String[1]);
        return Arrays.equals(a,b);
    }
}
```

本例中的主类 Example12_3 使用 WordReverse 类的 isReverse(String word)方法判断单词是否为回文单词,使用 LeaveOne 类的 leaveByRotate(LinkedList<Integer> list)方法演示 11 个人的围圈留一,效果如图 12.4 所示。

```
racecar是回文. level是回文. civic是回文. java不是回文. rotator是回文. sun不是回文
号码3退出圈
号码6退出圈
号码9退出圈
号码1退出圈
号码5退出圈
号码10退出圈
号码4退出圈
号码11退出圈
号码8退出圈
号码2退出圈
最后剩下的号码是7
```

图 12.4　判断回文单词和演示围圈留一

Example12_3.java

```java
import java.util.LinkedList;
import java.util.Collections;
public class Example12_3 {
    public static void main(String args[]) {
        String []word = {"racecar","level","civic","java","rotator","sun"};
        for(String s:word){
            if(WordReverse.isReverse(s)){
                System.out.print(s + "是回文. ");
            }
            else {
                System.out.print(s + "不是回文. ");
            }
        }
        System.out.println();
        int number = 11;
        LinkedList<Integer> list = new LinkedList<>();
        for(int i=1;i<=number;i++){
            list.add(i);
        }
        LeaveOne.leaveByRotate(list);
    }
}
```

12.4 洗牌

在第 4 章的 4.10 节曾讲解过洗牌算法，即 Fisher-Yates 洗牌算法。Collections 类将 Fisher-Yates 洗牌算法封装在 public static void shuffle(List <?> list)方法中，用于使用 Fisher-Yates 洗牌算法排列 list。

例 12-4 使用 Fisher-Yates 洗牌算法演示洗牌过程。

本例中的主类 Example12_4 使用 Collections 类提供的 Fisher-Yates 洗牌算法演示洗牌过程，效果如图 12.5 所示。

```
原牌：
[红桃A, 红桃2, 红桃3, 红桃4, 红桃5, 红桃6, 红桃7, 红桃8, 红桃9, 红桃10]
第1次洗牌：
[红桃9, 红桃2, 红桃A, 红桃3, 红桃6, 红桃4, 红桃5, 红桃7, 红桃10, 红桃8]
3598662次洗牌后回到原牌：
[红桃A, 红桃2, 红桃3, 红桃4, 红桃5, 红桃6, 红桃7, 红桃8, 红桃9, 红桃10]
```

图 12.5 使用 Fisher-Yates 洗牌算法演示洗牌过程

Example12_4.java

```java
import java.util.Arrays;
import java.util.LinkedList;
import java.util.Collections;
public class Example12_4 {
    public static void main(String args[]) {
        int count = 0;
        String [] card = {"红桃 A","红桃 2","红桃 3","红桃 4","红桃 5",
                          "红桃 6","红桃 7","红桃 8","红桃 9","红桃 10"};
        LinkedList<String> list = new LinkedList<>();
        for(int i = 0;i < card.length;i++){
            list.add(card[i]);
        }
        System.out.println("原牌：\n" + list);
        Collections.shuffle(list);
        count++;
        System.out.printf("第%d次洗牌：\n",count);
        System.out.println(list);
        while(true) {
          String []str = list.toArray(new String[1]);
          if(Arrays.equals(card,str)){
              System.out.println(count + "次洗牌后回到原牌:");
              System.out.println(Arrays.toString(card));
              break;
          }
          Collections.shuffle(list);
          count++;
        }
    }
}
```

12.5 求最大值与最小值

Collections 类提供了求数据结构中最大值和最小值的方法。
- public static T max(Collection<? extends T> coll)：按 coll 元素的自然序(元素实现 Comparable 接口中的比较器给出的大小顺序)返回 coll 中的最大值。
- public static T min(Collection<? extends T> coll)：按 coll 元素的自然序返回 coll 中

的最小值。

- public static T max(Collection<? extends T< coll,Comparator<? super T > comp)：
按 comp 比较器返回 coll 中的最大值。
- public static T min(Collection<? extends T> coll,Comparator<? super T > comp)：
按 comp 比较器返回 coll 中的最小值。

例 12-5 求最大值与最小值。

本例中的主类 Example12_5 求集合中的最大值和最小值，运行效果如图 12.6 所示。

```
集合A
[-1, 0, -2, 1, -3, 2, -4, 3, -5, -6]
集合A按自然序,最大值为3,最小值为-6。
集合A按绝对值,最大值为-6,最小值为0。
```

图 12.6 求最大值与最小值

Example12_5.java

```java
import java.util.HashSet;
import java.util.Collections;
public class Example12_5 {
    public static void main(String args[]){
        HashSet< Integer > A = new HashSet<>();
        for(int i = -6;i<=3;i++){
            A.add(i);
        }
        System.out.println("\n集合 A\n" + A);
        int max = Collections.max(A);
        int min = Collections.min(A);
        System.out.printf("集合 A 按自然序,最大值为%d,最小值为%d.\n",max,min);
        max = Collections.max(A,(m,n) ->{return Math.abs(m) - Math.abs(n);});
        min = Collections.min(A,(m,n) ->{return Math.abs(m) - Math.abs(n);});
        System.out.printf("集合 A 按绝对值,最大值为%d,最小值为%d.\n",max,min);
    }
}
```

12.6 统计次数和频率

如果需要统计数据结构中某个对象出现的次数，可以使用 Collections 类提供的 public static int frequency(Collection<?> c，Object obj)方法，该方法返回 c 中与指定对象 obj 相等的元素的数量。

第 10 章的例 10-5 曾使用散列表统计文本文件中单词出现的次数和频率，下面的例 12-6 使用 int frequency(Collection<?> c，Object obj)方法进行统计。

例 12-6 统计单词、汉字出现的次数和频率。

本例中的 FrequencyEnglish 类将英文组成的文本文件中的单词存放在一个集合中，以便于统计出不相同的单词的总数，把单词存放在一个链表中，以便于统计每个单词出现的次数，并计算出单词出现的频率；FrequencyChinese 类将中文组成的文本文件中的汉字存放在一个集合中，以便于统计出不相同的汉字的总数，把汉字存放在一个链表中，以便于统计每个汉字出现的次数，并计算出汉字出现的频率。

FrequencyEnglish.java

```java
import java.io.*;
import java.util.LinkedList;
import java.util.HashSet;
import java.util.Collections;
import java.util.Scanner;
public class FrequencyEnglish{
    public static void frequency(File file) {
```

```java
        HashSet<String> set = new HashSet<>();
        LinkedList<String> list = new LinkedList<>();
        //regex 匹配由空格、数字和!、"、#、$、%、&、'、(、)、*、+、、、./、:、;、<、=、>、?、@、[、\、]、^、
        //_、`、{、|、}、~、组成的字符序列
        String regex = "[\\s\\d\\p{Punct}]+";
        try{ Scanner reader = new Scanner(file);
             reader = reader.useDelimiter(regex);
             while(reader.hasNext()) {
                 String word = reader.next();
                 set.add(word);    //集合中出现不相同的元素(对象),统计出不相同的单词的总数
                 list.add(word);   //链表中可以出现两个节点中有相同的对象
             }
             reader.close();
        }
        catch(IOException e) {
            System.out.print(e);
        }
        int m = set.size();
        int amount = list.size();
        System.out.println("\n" + file.getName() + "中一共出现了" + m + "个单词(互不相同):");
        System.out.println(file.getName() + "中一共出现" + amount + "次单词(有重复):");
        for(String word:set){
            int count = Collections.frequency(list,word);
            System.out.print("\t" + word + ":出现" + count + "次,");
            double f = (double)count/amount;
            f = f * 100;
            String str = String.format("%.2f",f);
            System.out.print("频率:" + str + ".");
        }
    }
}
```

FrequencyChinese.java

```java
import java.io.*;
import java.util.LinkedList;
import java.util.HashSet;
import java.util.Collections;
import java.util.regex.*;
public class FrequencyChinese{
    public static void frequency(File file) {
        HashSet<String> set = new HashSet<>();
        LinkedList<String> list = new LinkedList<>();
        String source = null;
        try{ FileInputStream in = new FileInputStream(file);
             byte [] content = new byte[(int)file.length()];
             in.read(content);
             source = new String(content);
             in.close();
        }
        catch(IOException e) {
            System.out.print(e);
        }
        //\u4e00 到\u9fa5 代表了 Unicode 中汉字的字符集
        String regex = "[\u4e00-\u9fa5]";
        Pattern p = Pattern.compile(regex);             //模式对象
        Matcher matcher = p.matcher(source);            //匹配对象
        while(matcher.find()) {
            String chineseWord = matcher.group();
            set.add(chineseWord);
            list.add(chineseWord);
        }
```

```
            int m = set.size();
            int amount = list.size();
            System.out.println("\n" + file.getName() + "中一共出现了" + m + "个汉字(互不相同):");
            System.out.println(file.getName() + "中一共出现" + amount + "次汉字(有重复):");
            for(String word:set){
                    int count = Collections.frequency(list,word);
                    System.out.print("\t" + word + ":出现" + count + "次,");
                    double f = (double)count/amount;
                    f = f * 100;
                    String str = String.format("%.2f",f);
                    System.out.print("频率:" + str + ".");
            }
        }
}
```

本例中的主类 Example12_6 使用 FrequencyEnglish 和 FrequencyChinese 类分别统计了 english.txt 和 chinese.txt 中的单词、汉字出现的次数和频率。english.txt 和 chinese.txt 文件的内容如下：

english.txt

```
our school campus is very large and beautiful.we all like our school vert much.
```

chinese.txt

```
我们学校的校园很大,校园很美丽.我们大家很喜欢我们的学校。
```

注意 chinese.txt 必须是按 ANSI 编码保存的文本文件，不可以是按 UTF-8 编码保存的文本文件(对 english.txt 无此限制)。本例的运行效果如图 12.7 所示。

```
english.txt中一共出现了13个单词（互不相同）:
english.txt中一共出现15次单词（有重复）:
        all:出现1次,频率:6.67.  very:出现1次,频率:6.67.  large:出现1次,频率:6.67.         like:出现1次,
频率:6.67.      campus:出现1次,频率:6.67.        vert:出现1次,频率:6.67.  is:出现1次,频率:6.67.    our:
出现2次,频率:13.33.      we:出现1次,频率:6.67.    beautiful:出现1次,频率:6.67.      school:出现2次,频率:1
3.33.   and:出现1次,频率:6.67.   much:出现1次,频率:6.67.
chinese.txt中一共出现了13个汉字（互不相同）:
chinese.txt中一共出现26次汉字（有重复）:
        校:出现4次,频率:15.38.  欢:出现1次,频率:3.85.   的:出现2次,频率:7.69.   学:出现2次,频率:7.69.
        大:出现2次,频率:7.69.   很:出现3次,频率:11.54.  们:出现3次,频率:11.54.  园:出现2次,频率:7.69.
        美:出现1次,频率:3.85.   我:出现3次,频率:11.54.  家:出现1次,频率:3.85.   喜:出现1次,频率:3.85.
        丽:出现1次,频率:3.85.
```

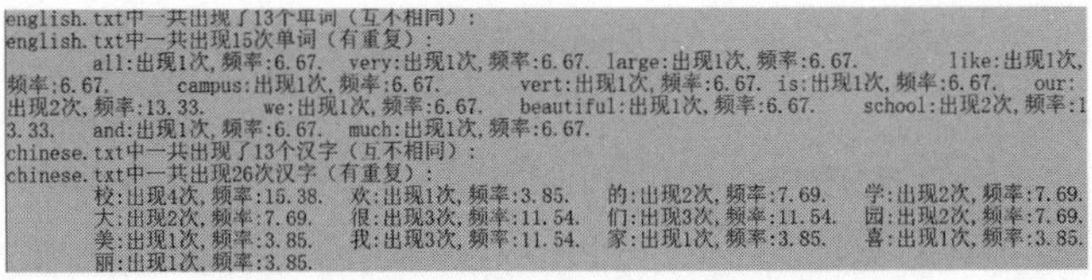

图 12.7　单词与汉字出现的次数和频率

Example12_6.java

```
import java.io.File;
public class Example12_6 {
      public static void main(String args[]) {
            File fileEnglish = new File("english.txt");
            FrequencyEnglish.frequency(fileEnglish);
            File fileChinese = new File("chinese.txt");
            FrequencyChinese.frequency(fileChinese);
      }
}
```

习题 12

扫一扫　　扫一扫

习题　　自测题

第 13 章 图论

本章主要内容

- 无向图；
- 有向图；
- 无向网络和有向网络；
- 图的存储；
- 图的遍历；
- 测试连通图；
- 最短路径；
- 最小生成树。

在第 1 章曾简单地介绍过图。相对于线性表、二叉树等数据结构，图是一种比较复杂的数据结构，而且图论本身也是数学领域中一个经典的研究分支。本章只讲解程序设计中经常用到的一些图论的知识，例如深度搜索、广度搜索、最短路径等。

图是由顶点 V、边 E 构成的一种数据结构，记作 $G=(V,E)$。

(1) 在 V 的顶点中不能有自己到自己的边，即对于任何顶点 v，$(v,v)\notin E$。

(2) 对于 V 中的一个顶点 v，v 可以和其他任何顶点之间没有边，即对于任何顶点 a，(a,v) 和 (v,a) 都不属于 E，v 也可以和其他一个或多个顶点之间有边，即存在多个顶点 $a_1,a_2,\cdots,a_m$ 和 $b_1,b_2,\cdots,b_n$ 使得 $(v,a_1),(v,a_2),\cdots,(v,a_m)$ 属于 E，以及 $(b_1,v),(b_2,v),\cdots,(b_n,v)$ 属于 E。

13.1 无向图

1. 无向图的定义

对于图 $G=(V,E)$，如果 (a,b) 是边，即 $(a,b)\in E$，那么默认 $(b,a)\in E$，即 (b,a) 就是边，并规定 (a,b) 边等于 (b,a) 边，这样规定的图 $G=(V,E)$ 是无向图。无向图的边是没有方向的。

例如，图 $G=(V,E)$ 是无向图，其中

$$V=\{v_0,v_1,v_2,v_3,v_4\}$$
$$E=\{(v_0,v_1),(v_0,v_2),(v_0,v_3),(v_2,v_3),(v_1,v_3)\}$$

对于无向图，如果 $(v_i,v_j)\in E$，那么默认 $(v_j,v_i)\in E$，因此不必再显式地将 (v_j,v_i) 写在 E 中。对于图 $G=(V,E)$，示意图如图 13.1 所示。

从 n 个不同的顶点中取两个顶点的组合一共有 $n(n-1)/2$ 个，因此一个有 n 个顶点的无向图最多有 $n(n-1)/2$ 条边。如果一个无向图有 $n(n-1)/2$ 条边，则称这样的无向图是完整无向图或完全无向图。

2. 邻接点

对于无向图 G，如果有边连接 V 中的两个顶点 a 和 b，即 $(a,b)\in E$，

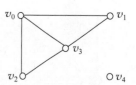

图 13.1　无向图

则称 b 是 a 的邻接点、a 是 b 的邻接点,也称两个顶点 a、b 是相邻的顶点。

一个顶点的度就是它的邻接点的数目,通常记作 D(顶点)。例如,对于如图 13.1 所示的无向图,$D(v_0)=3$。

3. 路径

对于有 n 个顶点的无向图 $G=(V,E)$:
$$V=\{v_0,v_1,\cdots,v_{n-2},v_{n-1}\}$$
对于顶点 v_i 和 v_j,如果存在 0 个或多个顶点 $p_1,p_2,\cdots,p_k \in V(k \geqslant 1)$,使得 $(v_i,p_1),(p_1,p_2),\cdots,(p_i,p_{i+1}),\cdots,(p_k,v_j) \in E$,则称顶点序列
$$v_i p_1 p_2 \cdots p_k v_j$$
是顶点 v_i 到顶点 v_j 的路径,即路径是用无向边相连接的一个顶点序列。有时,为了形象、清楚,经常将 v_i 到顶点 v_j 的路径记作(路径中的顶点之间加上箭头):
$$v_i \rightarrow p_1 \rightarrow p_2 \rightarrow \cdots \rightarrow p_k \rightarrow v_j$$
对于无向图,也称路径是无向边路径。

对于 v_i 到 v_j 的路径 $v_i p_1 p_2 \cdots p_k v_j$,如果 $p_i \neq p_j$,即路径中没有相同(重复)的顶点,称这样的路径是简单路径,如果 $v_i=v_j$,并且存在多个顶点 $p_1,p_2,\cdots,p_k \in V(k \geqslant 1)$,使得 $(v_i,p_1),(p_1,p_2),\cdots,(p_i,p_{i+1}),\cdots,(p_k,v_j) \in E$,称这样的简单路径是 v_i 的一个环路(cycle)。例如,对于如图 13.1 所示的图,路径 $v_0 v_1 v_3 v_2$ 和路径 $v_0 v_2$ 都是 v_0 到 v_2 的简单路径,$v_2 v_3 v_0 v_2$ 是 v_2 的环路。

路径的自然长度就是路径中包含的边的数目或路径中包含的顶点数目减去 1。例如路径 $v_0 v_1 v_3 v_2$ 的自然长度是 3,$v_0 v_2$ 的自然长度是 1,环路 $v_2 v_3 v_0 v_2$ 的自然长度是 3。

4. 连通图

对于无向图 $G=(V,E)$,如果 V 中任意两个不同的顶点 v_i 和 v_j 都存在至少一条 v_i 到 v_j 的路径,则称该无向图是连通图。如图 13.1 所示的无向图不是连通图(例如没有 v_3 到 v_4 的路径)。对于有 n 个顶点的无向连通图 $G=(V,E)$,其边数至少是 $n-1$。

> **注意**:对于无向图,如果存在顶点 v_i 到顶点 v_j 的路径,就存在顶点 v_j 到顶点 v_i 的路径,而且两条路径中含有的边是完全相同的。

13.2 有向图

1. 有向图的定义

对于图 $G=(V,E)$,如果 (a,b)、(b,a) 都是边,规定 (a,b) 边不等于 (b,a) 边,这样规定的图是有向图。有向图的边是有方向的。

图 $G=(V,E)$ 是有向图,其中

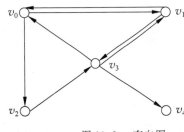

图 13.2 有向图

$V=\{v_0,v_1,v_2,v_3,v_4\}$
$E=\{(v_0,v_1),(v_1,v_0),(v_0,v_2),(v_2,v_3),(v_3,v_0),$
$(v_1,v_3),(v_3,v_1),(v_3,v_4)\}$

对于有向图,如果 $(v_i,v_j) \in E$,不一定就有 $(v_j,v_i) \in E$。因此,如果 $(v_j,v_i) \in E$,必须显式地将 (v_j,v_i) 写在 E 中。对于有向图 $G=(V,E)$,示意图如图 13.2 所示。

从 n 个不同的顶点中取两个顶点的组合一共有

$n(n-1)/2$ 个，因此一个有 n 个顶点的有向图最多有 $n(n-1)$ 条边（注意边是有方向的，所以边的数目是无向图的两倍）。如果一个有向图有 $n(n-1)$ 条边，则称这样的有向图是完整有向图或完全有向图。

2. 邻接点

对于有向图 G，如果有边连接 V 中的两个顶点 a 和 b，即 $(a,b) \in E$，则称 b 是 a 的邻接点。和无向图不同，对于有向图，因为边是有方向的，如果 b 是 a 的邻接点，那么 a 不一定是 b 的邻接点。如果 b 是 a 的邻接点，a 也是 b 的邻接点，则称两个顶点 a、b 是相邻的顶点。

一个顶点的度就是它的邻接点的数目，通常记作 D（顶点）。例如，对于如图 13.2 所示的有向图，$D(v_0) = 2$。

3. 路径

对于有 n 个顶点的有向图 $G = (V, E)$：
$$V = \{v_0, v_1, \cdots, v_{n-2}, v_{n-1}\}$$

对于顶点 v_i 和 v_j，如果存在 0 个或多个顶点 $p_1, p_2, \cdots, p_k \in V(k \geqslant 1)$，使得 (v_i, p_1)，$(p_1, p_2), \cdots, (p_i, p_{i+1}), \cdots, (p_k, v_j) \in E$，则称顶点序列

$$v_i p_1 p_2 \cdots p_k v_j$$

是顶点 v_i 到顶点 v_j 的路径，即路径是用有向边相连接的一个顶点序列。有时，为了形象、清楚，经常将 v_i 到另一个顶点 v_j 的路径记作（路径中的顶点之间加上箭头）：

$$v_i \rightarrow p_1 \rightarrow p_2 \rightarrow \cdots \rightarrow p_k \rightarrow v_j$$

对于有向图，也称路径是有向边路径。

对于 v_i 到 v_j 的路径 $v_i p_1 p_2 \cdots p_k v_j$，如果 $p_i \neq p_j$，即路径中没有相同（重复的）顶点，称这样的路径是简单路径，如果 $v_i = v_j$，并且存在多个顶点 $p_1, p_2, \cdots, p_k \in V(k \geqslant 1)$，使得 $(v_i, p_1), (p_1, p_2), \cdots, (p_i, p_{i+1}), \cdots, (p_k, v_j) \in E$，称这样的简单路径是 v_i 的一个环路（cycle）。例如，对于如图 13.2 所示的图，路径 $v_0 v_1 v_3 v_4$ 和路径 $v_0 v_2 v_3 v_4$ 都是 v_0 到 v_4 的简单路径，$v_0 v_1 v_3 v_0$、$v_0 v_2 v_3 v_0$ 是 v_0 的环路。

路径的自然长度就是路径中包含的边的个数或路径中包含的顶点数目减去 1。例如路径 $v_0 v_1 v_3 v_4$ 的自然长度是 3，环路 $v_0 v_1 v_3 v_0$ 的自然长度是 3。

4. 强连通图

对于有向图 $G = (V, E)$，如果 V 中任意两个不同的顶点 v_i 和 v_j 都存在至少一条 v_i 到 v_j 的路径以及一条 v_j 到 v_i 的路径，则称该有向图是连通图，有向连通图也称强连通图。如图 13.2 所示的有向图不是强连通图（例如没有 v_3 到 v_2 的路径）。对于有 n 个顶点的有向连通图 $G = (V, E)$，其边数至少是 n。

> **注意**：和无向图不同，对于有向图，如果存在顶点 v_i 到顶点 v_j 的路径，不能推出就存在顶点 v_j 到顶点 v_i 的路径，原因是有向图的边是有方向的。

13.3 无向网络和有向网络

对于无向图或有向图 $G = (V, E)$，如果人为地给每个边（例如 (v_i, v_j)）一个权重（weight），记作 w_{ij} 或 $w(v_i, v_j)$，称这样的无向图或有向图是无向网络或有向网络，也称网络是加权图。

如图 13.3 所示的无向网络 $G = (V, E)$，用于刻画北京、广州、成都和上海 4 个城市之间的

民航航线，航线之间的权重是航线距离。

如图 13.4 所示的有向网络 $G=(V,E)$，用于刻画北京、广州、成都和上海 4 个城市之间的民航航线，航线之间的权重是航线的票价（往返的票价不尽相同）。

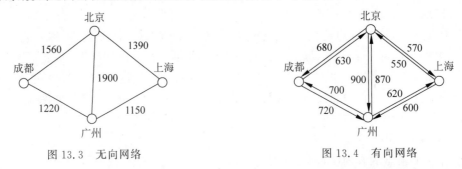

图 13.3　无向网络　　　　　　图 13.4　有向网络

注意：可以把无向图或有向图当作所有边的权重都是 1 的无向网络或有向网络。

13.4　图的存储

对于图或网络 $G=(V,E)$，通常使用数组或顺序表存储顶点。下面讲解怎样存储图或网络的边。

1. 邻接矩阵

对于有 n 个顶点的无向图或有向图 $G=(V,E)$：
$$V=\{v_0,v_1,\cdots,v_{n-2},v_{n-1}\}$$

使用一个 n 阶方阵（二维数组）表示边，n 阶方阵是 $A=[a_{ij}]$，如果顶点 v_i 和 v_j 之间有边，a_{ij} 的值就是 1，否则是 0。n 阶方阵中每个元素 a_{ij} 的值如下：

$$a_{ij}=\begin{cases}1 & (v_i,v_j)\in E \\ 0 & (v_i,v_j)\notin E\end{cases}$$

称 n 阶方阵 $A=[a_{ij}]$ 是图 $G=(V,E)$ 的邻接矩阵（adjacency matrix）。图的邻接矩阵相当于存储图的边。

对于无向图，邻接矩阵一定是对称矩阵，理由是如果 $(v_i,v_j)\in E$ 就会有 $(v_j,v_i)\in E$。

对于有 n 个顶点的无向网络或有向网络，$G=(V,E)$ 的邻接矩阵 $A=[a_{ij}]$ 定义如下：

$$a_{ij}=\begin{cases}w_{ij} & (v_i,v_j)\in E \\ \infty & (v_i,v_j)\notin E \\ 0 & i=j\end{cases}$$

如果顶点 v_i 和 v_j 之间有边，a_{ij} 的值就是此边上的权重 w_{ij}，否则是无穷大（$i\neq j$）或 0（$i=j$）。网络的邻接矩阵相当于存储网络的边。在代码实现时可以用大于所有权重的某个很大的数代替 ∞。

需要注意的是，这里的邻接矩阵是行优先，即要看边 (v_i,v_j) 在对应的邻接矩阵中的元素时是先查看矩阵（二维数组）的第 i 行，然后再查看第 j 列。

对于有 4 个顶点的无向图 $G=(V,E)$，示意图以及邻接矩阵 A 如图 13.5(a)和图 13.5(b)所示。

对于有 4 个顶点的有向图 $G=(V,E)$，示意图以及邻接矩阵 A 如图 13.6(a)和图 13.6(b)所示。

对于有 4 个顶点的有向网络 $G=(V,E)$，示意图以及邻接矩阵 A 如图 13.7(a)和图 13.7(b)所示。

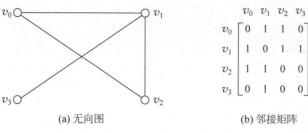

图 13.5 无向图及其邻接矩阵

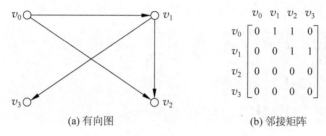

图 13.6 有向图及其邻接矩阵

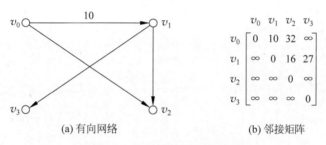

图 13.7 有向网络及其邻接矩阵

例 13-1 使用邻接矩阵存储图或网络的边。

本例中的 GraphByMatrix 类使用邻接矩阵存储图或网络的边。

GraphByMatrix.java

```java
import java.util.ArrayList;
public class GraphByMatrix {
    public ArrayList<String> vertexList;            //顺序表存储顶点
    public int [][] a;                              //二维数组作为邻接矩阵
    int infinity = (int)Double.POSITIVE_INFINITY;
    public GraphByMatrix() {
        vertexList = new ArrayList<>();             //空图,无任何顶点
    }
    public void addVertex(String v) {               //添加顶点
        vertexList.add(v);
    }
    public void addEdges(int [][]arry){             //添加边
        if(arry.length!= vertexList.size())         //边不合理
            return;
        if(arry[0].length!= vertexList.size())      //边不合理
            return;
        a = arry;
    }
    public void outEdgs(){                          //输出边
        for(int i = 0;i< vertexList.size();i++){
            String vi = vertexList.get(i);          //第 i 个顶点
```

```java
            for(int j = 0;j < a.length;j++){            //查询第 i 个顶点的边
                if(a[i][j] != infinity&&a[i][j] != 0){
                    String vj = vertexList.get(j);
                    System.out.print("(" + vi + "," + vj + ") ");    //输出边
                }
            }
        }
    }
}
```

本例中的主类 Example13_1 使用 GraphByMatrix 类演示了如图 13.5～图 13.7 所示的无向图、有向图和有向网络使用邻接矩阵存储边，运行效果如图 13.8 所示。

```
无向图undiGraph的边：
(v0,v1)  (v0,v2)  (v1,v0)  (v1,v2)  (v1,v3)  (v2,v0)  (v2,v1)  (v3,v1)
----------
有向图diGraph的边：
(v0,v1)  (v0,v2)  (v1,v2)  (v1,v3)
----------
网络netGraph的边：
(v0,v1)  (v0,v2)  (v1,v2)  (v1,v3)
----------
```

图 13.8　使用邻接矩阵存储图或网络的边

Example13_1.java

```java
public class Example13_1 {
    public static void main(String args[]) {
        GraphByMatrix undiGraph = new GraphByMatrix();
        for(int i = 0;i < 4; i++){
            undiGraph.addVertex("v" + i);              //无向图添加顶点
        }
        int[][] A1 = {{0,1,1,0},
                      {1,0,1,1},
                      {1,1,0,0},                       //无向图的邻接矩阵
                      {0,1,0,0}};
        undiGraph.addEdges(A1);                        //无向图使用邻接矩阵存储边
        System.out.println("无向图 undiGraph 的边：");
        undiGraph.outEdges();
        System.out.println("\n----------");
        GraphByMatrix diGraph = new GraphByMatrix();
        for(int i = 0;i < 4; i++){
            diGraph.addVertex("v" + i);                //有向图添加顶点
        }
        int[][] A2 = {{0,1,1,0},
                      {0,0,1,1},
                      {0,0,0,0},                       //有向图的邻接矩阵
                      {0,0,0,0}};
        diGraph.addEdges(A2);                          //有向图使用邻接矩阵存储边
        System.out.println("有向图 diGraph 的边：");
        diGraph.outEdges();
        System.out.println("\n----------");
        GraphByMatrix netGraph = new GraphByMatrix();
        for(int i = 0;i < 4; i++){
            netGraph.addVertex("v" + i);               //有向网络添加顶点
        }
        int iy = (int)Double.POSITIVE_INFINITY;
        int[][] A3 = {{0,10,32,0},
                      {iy,0,16,27},
                      {iy,iy,0,iy},                    //有向网络的邻接矩阵
                      {iy,iy,iy,0}};
        netGraph.addEdges(A3);                         //有向网络使用邻接矩阵存储边
```

```
            System.out.println("网络 netGraph 的边:");
            netGraph.outEdges();
            System.out.println("\n----------");
    }
}
```

2. 邻接链表

邻接链表(adjacency linkedlist)是图 $G=(V,E)$ 的另一种存储方法。和邻接矩阵一样,邻接链表使用数组或顺序表存储顶点,下面讲解怎样用邻接链表存储图的边。

对于每个顶点 v_i,将 v_i 的全部邻接点存储在一个链表中,即顶点 v_i 对应着一个链表 list,对于 list 中的任何一个顶点 p 都有 $(v_i,p) \in E$。在 Java 中可以使用散列表存储各个顶点对应的链表,即将 v_i 对应的链表 list 以"键-值"对 (v_i,list) 存储在一个 HashSet 散列表中(见第 10 章)。

对于有 4 个顶点的无向图 $G=(V,E)$,示意图和邻接链表如图 13.9(a)和图 13.9(b)所示。

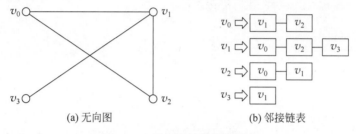

图 13.9 无向图及其邻接链表

对于有 4 个顶点的有向图 $G=(V,E)$,示意图和邻接链表如图 13.10(a)和图 13.10(b)所示。

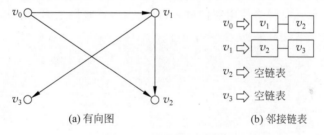

图 13.10 有向图及其邻接链表

对于有 4 个顶点的有向网络 $G=(V,E)$,示意图和邻接链表如图 13.11(a)和图 13.11(b)所示。

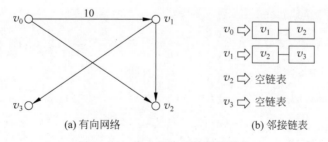

图 13.11 有向网络及其邻接链表

例 13-2 使用邻接链表存储图或网络的边。

本例中的 GraphByLinkedList 类使用邻接链表存储图或网络的边。

GraphByLinkedList.java

```
import java.util.ArrayList;
import java.util.LinkedList;
```

```java
import java.util.HashMap;
public class GraphByLinkedList {
    public ArrayList<String> vertexList;                        //顺序表存储顶点
    public HashMap<String,LinkedList<String>> set;              //散列表存储邻接链表
    public GraphByLinkedList() {
        vertexList = new ArrayList<>();                         //空图,无任何顶点
        set = new HashMap<>();
    }
    public void addVertex(String v) {                           //添加顶点
        vertexList.add(v);
    }
    public void addEdge(String v,LinkedList<String> list){      //添加边
        set.put(v,list);
    }
    public void outEdgs(){                                      //输出边
        for(int i = 0;i<vertexList.size();i++){
            String vi = vertexList.get(i);                      //第i个顶点
            LinkedList<String> list = set.get(vi);
            if(list!= null){
                for(int j = 0;j<list.size();j++){               //查询第i个顶点的边
                    String vj = list.get(j);
                    System.out.print("(" + vi + "," + vj +") ");//输出边
                }
            }
        }
    }
}
```

本例中的主类 Example13_2 使用 GraphByLinkedList 类演示了如图 13.9～图 13.11 所示的无向图、有向图和有向网络使用邻接链表存储边,运行效果如图 13.12 所示。

```
无向图undiGraph的边:
(v0,v1) (v0,v2) (v1,v0) (v1,v2) (v1,v3) (v2,v0) (v2,v1) (v3,v1)
————————
有向图diGraph的边:
(v0,v1) (v0,v2) (v1,v2) (v1,v3)
————————
网络netGraph的边:
(v0,v1) (v0,v2) (v1,v2) (v1,v3)
————————
```

图 13.12　使用邻接链表存储图或网络的边

Example13_2.java

```java
import java.util.LinkedList;
import java.util.Arrays;
public class Example13_2 {
    public static void main(String args[]) {
        GraphByLinkedList undiGraph = new GraphByLinkedList();
        for(int i = 0;i<4; i++){
            undiGraph.addVertex("v" + i);                       //无向图添加顶点
        }
        LinkedList<String> listEdges = new LinkedList<>();
        listEdges.addAll(Arrays.asList("v1","v2"));
        undiGraph.addEdge("v0",listEdges);                      //无向图使用邻接链表
        listEdges = new LinkedList<>();
        listEdges.addAll(Arrays.asList("v0","v2","v3"));
        undiGraph.addEdge("v1",listEdges);
        listEdges = new LinkedList<>();
        listEdges.addAll(Arrays.asList("v0","v1"));
        undiGraph.addEdge("v2",listEdges);
        listEdges = new LinkedList<>();
```

```java
            listEdges.addAll(Arrays.asList("v1"));
            undiGraph.addEdge("v3",listEdges);
            System.out.println("无向图 undiGraph 的边:");
            undiGraph.outEdgs();
            System.out.println("\n----------");
            GraphByLinkedList diGraph = new GraphByLinkedList();
            for(int i = 0;i < 4; i++){
                diGraph.addVertex("v" + i);              //有向图添加顶点
            }
            listEdges = new LinkedList<>();
            listEdges.addAll(Arrays.asList("v1","v2"));
            diGraph.addEdge("v0",listEdges);
            listEdges = new LinkedList<>();
            listEdges.addAll(Arrays.asList("v2","v3"));
            diGraph.addEdge("v1",listEdges);
            System.out.println("有向图 diGraph 的边:");
            diGraph.outEdgs();
            System.out.println("\n----------");
            GraphByLinkedList netGraph = new GraphByLinkedList();
            for(int i = 0;i < 4; i++){
                netGraph.addVertex("v" + i);             //有向网络添加顶点
            }
            listEdges = new LinkedList<>();
            listEdges.addAll(Arrays.asList("v1","v2"));
            netGraph.addEdge("v0",listEdges);
            listEdges = new LinkedList<>();
            listEdges.addAll(Arrays.asList("v2","v3"));
            netGraph.addEdge("v1",listEdges);
            System.out.println("网络 netGraph 的边:");
            netGraph.outEdgs();
            System.out.println("\n----------");
    }
}
```

3. 邻接矩阵与邻接链表的比较

在实际应用中,到底是采用邻接矩阵还是采用邻接链表存储一个图,要看具体的问题,如果图的问题主要是处理顶点的邻接点,那么采用邻接链表更好,因为找出全部邻接点的时间复杂度是 $O($顶点的度$)$。如果采用邻接矩阵,找出全部邻接点的时间复杂度是 $O(n)$,n 是顶点的个数。但是,如果经常需要删除或添加顶点的邻接点,采用邻接矩阵比较好,理由是只需将邻接矩阵的某个元素的值由 1 变成 0 或由 0 变成 1,而采用邻接链表就需要对链表进行删除或添加操作。

对于大部分搜索问题,往往仅涉及顶点、边,一般不涉及边的权重,因此在深度或广度搜索问题中可以采用邻接矩阵或邻接链表存储图(见 13.5 节)。在求最短路径的问题中就要使用邻接矩阵存储图,因为邻接矩阵中蕴含着"距离"信息,即包含着边的权重(见 13.7 节)。

13.5 图的遍历

深度优先搜索(Depth First Search,DFS)和广度优先搜索(Breadth First Search,BFS)都是图论中关于图的遍历算法,二者在许多算法问题中都有广泛的应用。第 7 章的 7.7 节和第 8 章的 8.6 节曾分别使用过深度优先搜索和广度优先搜索的算法思想。

深度优先搜索(DFS)的基本思路是从某个起点 v 开始,沿着一条路径依次访问该路径上的所有顶点,直到到达路径的末端(深度优先),然后回溯到最近一个没有访问过的顶点,将该顶点作为新的起点，继续重复这个过程。如果回溯过程回到最初的起点 v，则结束此次遍历过程。如果图中仍然有没访问过的顶点，则在没访问过的顶点中选择一个顶点重新开始遍历。深度优先搜索直到图中再也没有可访问的顶点时结束搜索过程。在深度优先搜索的算法中可以用栈(Stack)这种数据结构体现深度优先。

广度优先搜索(BFS)则是从起点开始，逐层访问所有路径可达的顶点，一层一层地往外扩展(广度优先)，直到所有路径可达到的顶点都被访问到，结束此次遍历过程。如果图中仍然有没访问过的顶点，则在没访问过的顶点中选择一个顶点重新开始遍历。广度优先搜索直到图中再也没有可访问的顶点时结束搜索过程。在广度优先搜索的算法中可以用队列(Deque)这种数据结构体现广度优先。

在实际应用中，深度搜索和广度搜索可用于寻找某些问题的解，不一定遍历全部的顶点。深度搜索的优点是它可能在相对较短的时间内找到解，例如老鼠走迷宫就适合通过深度搜索来找到出口(见第 7 章的 7.7 节)。广度搜索则在搜索目标范围比较大的情况下更为有效，因为它能够更快地找到可能的解(见第 8 章中 8.6 节的扫雷)。

深度搜索或广度搜索算法在实现时，一个小技巧就是一旦访问过某顶点，需要把该顶点标记为"已访问"。以下 Vertex.java 中的 Vertex 类封装了顶点的更多信息，目的是更方便地使用 DFS 和 BFS 算法。

Vertex.java

```
public class Vertex {
    public String name;                    //顶点的名字
    public boolean visited = false;        //是否被访问过
    public int count = 0;                  //被访问过的次数
    public Vertex(){
        name = "v";
    }
    public Vertex(String name){
        this.name = name;
    }
    public String toString(){              //重写 Object 类的方法
        return name + "(" + visited + ")" + "被访问(次数:" + count + ")";
    }
    public boolean equals(Object obj) {    //重写 Object 类的方法
        Vertex v = (Vertex)obj;
        return name.equals(v.name);
    }
}
```

1. 深度优先搜索(DFS)算法

DFS 算法描述如下：

(1) 检查是否已经访问了全部的顶点，如果已经访问了全部的顶点，进行(3)，否则将一个不曾访问的顶点压入栈，进行(2)。

(2) 如果栈为空，进行(1)，否则弹栈，把弹出的顶点标记为访问过的顶点，然后把弹出的顶点的邻接顶点压入栈(体现深度优先)，但不再对访问过的顶点进行压栈操作，再进行(2)。

(3) 算法结束。

例 13-3 深度优先搜索。

本例中的 GraphDFS 类封装了 DFS 算法。

GraphDFS.java

```
import java.util.ArrayList;
```

```java
import java.util.Stack;
public class GraphDFS {
    public ArrayList<Vertex> vertexList;            //顺序表存储顶点
    public int [][] a;                              //二维数组作为邻接矩阵
    int infinity = (int)Double.POSITIVE_INFINITY;
    public GraphDFS() {
        vertexList = new ArrayList<>();             //空图,无任何顶点
    }
    public void addVertex(Vertex v) {               //添加顶点
        vertexList.add(v);
    }
    public void addEdges(int [][]arry){             //添加边
        if(arry.length!= vertexList.size())         //边不合理
            return;
        if(arry[0].length!= vertexList.size())      //边不合理
            return;
        a = arry;
    }
    public void DFS(){
        Vertex v = null;
        while((v = getNotVisited())!= null){
            graphDFS(v);
        }
    }
    public void graphDFS(Vertex vertex){            //深度优先搜索算法
        Stack<Vertex> stack = new Stack<>();        //使用栈,体现深度优先
        stack.push(vertex);                         //进行压栈操作
        System.out.println("\n访问:");
        while(!stack.empty()) {
            Vertex v = stack.pop();                 //弹栈
            v.visited = true;
            v.count = v.count + 1;
            System.out.print(v + " ");
            int index = -1;
            for(int i = 0;i<vertexList.size();i++){
                Vertex vi = vertexList.get(i);      //第 i 个顶点
                if(v.equals(vi)) {
                    index = i;
                    break;
                }
            }
            for(int j = 0;j<a.length;j++){          //查找顶点 v 的邻接点
                if(a[index][j] != infinity&&a[index][j] != 0){
                    Vertex vj = vertexList.get(j);
                    if(vj.visited == false&&!stack.contains(vj))
                        stack.push(vj);             //将未曾访问过的邻接点压入栈
                }
            }
        }
    }
    private Vertex getNotVisited() {
        Vertex vertex = null;
        for(Vertex v: vertexList) {
            if(v.visited == false){
                vertex = v;
                break;
            }
        }
        return vertex;
    }
}
```

本例中的主类 Example13_3 使用 GraphDFS 类的 DFS 算法深度优先遍历如图 13.13 所示无向图的顶点，运行效果如图 13.14 所示。

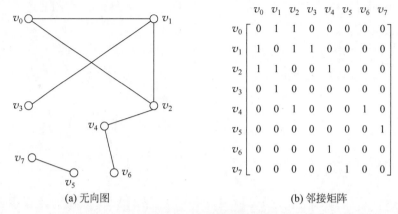

(a) 无向图　　　　　　　　　　　　(b) 邻接矩阵

图 13.13　无向图与邻接矩阵

```
访问：
v0(true)被访问(次数:1)  v2(true)被访问(次数:1)  v4(true)被访问(次数:1)  v6(true)被访问(次数:1)
v1(true)被访问(次数:1)  v3(true)被访问(次数:1)
访问：
v5(true)被访问(次数:1)  v7(true)被访问(次数:1)
```

图 13.14　深度优先搜索

Example13_3.java

```java
public class Example13_3 {
    public static void main(String args[]) {
        GraphDFS graph = new GraphDFS();
        for(int i = 0;i < 8; i++){
            String name = "v" + i;
            graph.addVertex(new Vertex(name));           //图添加顶点
        }
        int[][] A = { {0,1,1,0,0,0,0,0},
                      {1,0,1,1,0,0,0,0},
                      {1,1,0,0,1,0,0,0},
                      {0,1,0,0,0,0,0,0},
                      {0,0,1,0,0,0,1,0},
                      {0,0,0,0,0,0,0,1},
                      {0,0,0,0,1,0,0,0},
                      {0,0,0,0,0,1,0,0}};              //图的邻接矩阵
        graph.addEdges(A);                              //图使用邻接矩阵存储边
        graph.DFS();                                    //深度搜索
    }
}
```

2. 广度优先搜索(BFS)算法

BFS 算法描述如下：

(1) 检查是否已经访问了全部的顶点，如果已经访问了全部的顶点，进行(3)，否则将一个不曾访问的顶点入列，进行(2)。

(2) 如果队列为空，进行(1)，否则进行出列操作，把出列的顶点标记为访问过的顶点，然后把出列的顶点的邻接顶点入列(体现广度优先)，但不再对访问过的顶点进行入列操作，再进行(2)。

(3) 算法结束。

例 13-4 广度优先搜索。

本例中的 GraphBFS 类封装了 BFS 算法。

GraphBFS.java

```java
import java.util.ArrayList;
import java.util.ArrayDeque;
public class GraphBFS {
    public ArrayList<Vertex> vertexList;              //顺序表存储顶点
    public int [][] a;                                 //二维数组作为邻接矩阵
    int infinity = (int)Double.POSITIVE_INFINITY;
    public GraphBFS() {
        vertexList = new ArrayList<>();               //空图,无任何顶点
    }
    public void addVertex(Vertex v) {                 //添加顶点
        vertexList.add(v);
    }
    public void addEdges(int [][]arry){               //添加边
        if(arry.length!= vertexList.size())           //边不合理
            return;
        if(arry[0].length!= vertexList.size())        //边不合理
            return;
        a = arry;
    }
    public void BFS(){
        Vertex v = null;
        while((v = getNotVisited())!= null){
            graphBFS(v);
        }
    }
    public void graphBFS(Vertex vertex){              //广度优先搜索算法
        ArrayDeque<Vertex> queue = new ArrayDeque<>(); //使用队列,体现广度优先
        queue.add(vertex);                             //进行入列操作
        System.out.println("\n访问:");
        while(!queue.isEmpty()) {
            Vertex v = queue.pollFirst();              //出列
            v.visited = true;
            v.count = v.count + 1;
            System.out.print(v + " ");
            int index = -1;
            for(int i = 0;i < vertexList.size();i++){
                Vertex vi = vertexList.get(i);         //第 i 个顶点
                if(v.equals(vi)) {
                    index = i;
                    break;
                }
            }
            for(int j = 0;j < a.length;j++){           //查找顶点 v 的邻接点
                if(a[index][j] != infinity&&a[index][j] != 0){
                    Vertex vj = vertexList.get(j);
                    if(vj.visited == false&&!queue.contains(vj))
                        queue.add(vj);                 //将未曾访问的邻接点入列
                }
            }
        }
    }
    private Vertex getNotVisited() {
        Vertex vertex = null;
        for(Vertex v: vertexList) {
            if(v.visited == false){
```

```
                    vertex = v;
                    break;
                }
            }
            return vertex;
        }
    }
```

本例中的主类 Example13_4 使用 GraphBFS 类的 BFS 算法广度优先遍历如图 13.13 所示无向图的顶点,运行效果如图 13.15 所示(请读者比较例 13-3 和本例运行效果的不同,即注意访问的顶点的顺序不同)。

```
访问:
v0(true)被访问(次数:1)  v1(true)被访问(次数:1)  v2(true)被访问(次数:1)  v3(true)被访问(次数:1)
v4(true)被访问(次数:1)  v6(true)被访问(次数:1)
访问:
v5(true)被访问(次数:1)  v7(true)被访问(次数:1)
```

图 13.15　广度优先搜索

Example13_4.java

```java
public class Example13_4 {
    public static void main(String args[]) {
        GraphBFS graph = new GraphBFS();
        for(int i = 0;i < 8; i++){
            String name = "v" + i;
            graph.addVertex(new Vertex(name));        //图添加顶点
        }
        int[][] A = { {0,1,1,0,0,0,0,0},
                      {1,0,1,1,0,0,0,0},
                      {1,1,0,0,1,0,0,0},
                      {0,1,0,0,0,0,0,0},
                      {0,0,1,0,0,0,1,0},
                      {0,0,0,0,0,0,0,1},
                      {0,0,0,0,1,0,0,0},
                      {0,0,0,0,0,1,0,0}};           //图的邻接矩阵
        graph.addEdges(A);                           //图使用邻接矩阵存储边
        graph.BFS();                                 //广度搜索
    }
}
```

13.6　测试连通图

对于图 $G=(V,E)$,如果对于 V 中任意两个不同的顶点 v_i 和 v_j 都存在至少一条 v_i 到 v_j 的路径以及一条 v_j 到 v_i 的路径,则称该有向图是连通图,有向连通图也称强连通图。如果使用广度优先遍历算法或深度优先遍历算法,即 GraphBFS 类的 graphBFS(Vertex vertex)方法或 GraphDFS 类的 graphDFS(Vertex vertex)方法,从任意顶点开始遍历图中的顶点,方法执行结束后,使得图中的顶点都可以被访问一次,那么该图就是连通图或强连通图。如果存在某个顶点 vertex,使得 graphBFS(vertex)或 graphDFS(vertex)方法执行完毕后图中还有某些顶点未被访问,那就说明顶点 vertex 和这些未被访问的顶点之间没有路径相连接,因此图就不是连通图。

例 13-5　测试图是否为连通图。

本例中 TestConnection 类的 isConnection(GraphDFS graph)方法和 isConnection(GraphBFS graph)方法分别借助例 13-3 中 GraphDFS 类的深度优先搜索(graphDFS(Vertex vertex))和

例 13-4 中 GraphBFS 类的广度优先搜索(graphBFS(Vertex vertex))测试图 graph 是否为连通图。

TestConnection.java

```java
import java.util.ArrayList;
public class TestConnection {
    public static boolean isConnection(GraphDFS graph){        //深度优先
        boolean connection = true;
        ArrayList<Vertex> list = graph.vertexList;
        for(Vertex v:list){
            boolean isOk = toVertexConnection(graph,v);
            if(isOk == false) {
                connection = false;
                break;
            }
        }
        return connection;
    }
    public static boolean isConnection(GraphBFS graph){        //广度优先
        boolean connection = true;
        ArrayList<Vertex> list = graph.vertexList;
        for(Vertex v:list){
            boolean isOk = toVertexConnection(graph,v);
            if(isOk == false) {
                connection = false;
                break;
            }
        }
        return connection;
    }
    static boolean toVertexConnection(GraphDFS graph,Vertex vertex){
        boolean boo = true;
        ArrayList<Vertex> list = graph.vertexList;
        for(Vertex v:list) {
            v.visited = false;
        }
        graph.graphDFS(vertex);
        for(Vertex u:list) {
            if(u.visited == false){
                boo = false;
                break;
            }
        }
        return boo;
    }
    static boolean toVertexConnection(GraphBFS graph,Vertex vertex){
        boolean boo = true;
        ArrayList<Vertex> list = graph.vertexList;
        for(Vertex v:list) {
            v.visited = false;
        }
        graph.graphBFS(vertex);
        for(Vertex u:list) {
            if(u.visited == false){
                boo = false;
                break;
            }
        }
```

```
        return boo;
    }
}
```

本例中的主类 Example13_5 使用 TestConnection 类的 isConnection(GraphBFS graph) 方法和 isConnection(GraphDFS graph)方法分别测试了图 13.16(a)所示的无向图是连通图、图 13.16(b)所示的有向图不是连通图,运行效果如图 13.17 所示。

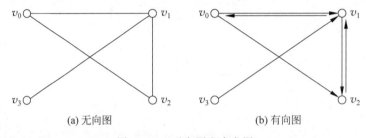

(a) 无向图　　　　　　　　　(b) 有向图

图 13.16　无向图和有向图

```
访问:
v0(true)被访问(次数:1)  v1(true)被访问(次数:1)  v2(true)被访问(次数:1)  v3(true)被访问(次数:1)
访问:
v1(true)被访问(次数:2)  v0(true)被访问(次数:2)  v2(true)被访问(次数:2)  v3(true)被访问(次数:2)
访问:
v2(true)被访问(次数:3)  v0(true)被访问(次数:3)  v1(true)被访问(次数:3)  v3(true)被访问(次数:3)
访问:
v3(true)被访问(次数:4)  v1(true)被访问(次数:4)  v0(true)被访问(次数:4)  v2(true)被访问(次数:4)
 undiGraph是连通的

访问:
v0(true)被访问(次数:1)  v2(true)被访问(次数:1)  v1(true)被访问(次数:1)
 diGraph不是连通的
```

图 13.17　测试连通性

Example13_5.java

```java
import java.util.ArrayList;
public class Example13_5 {
    public static void main(String args[]) {
        GraphBFS undiGraph = new GraphBFS();                    //广度优先搜索
        for(int i = 0;i < 4; i++){
            String name = "v" + i;
            undiGraph.addVertex(new Vertex(name));              //无向图添加顶点
        }
        int[][] A = { {0,1,1,0},
                      {1,0,1,1},
                      {1,1,0,0},
                      {0,1,0,0}};                               //无向图的邻接矩阵
        undiGraph.addEdges(A);                                  //图使用邻接矩阵存储边
        boolean isOk = TestConnection.isConnection(undiGraph);
        if(isOk) {
            System.out.println("\n undiGraph 是连通的");
        }
        else {
            System.out.println("\n undiGraph 不是连通的");
        }
        GraphDFS diGraph = new GraphDFS();                      //深度优先搜索
        for(int i = 0;i < 4; i++){
            String name = "v" + i;
            diGraph.addVertex(new Vertex(name));                //有向图添加顶点
        }
        int[][] B = { {0,1,1,0},
```

```
                            {1,0,1,0},
                            {0,1,0,0},
                            {0,1,0,0}};              //有向图的邻接矩阵
        diGraph.addEdges(B);                         //图使用邻接矩阵存储边
        isOk = TestConnection.isConnection(diGraph);
        if(isOk) {
            System.out.println("\n diGraph 是连通的");
        }
        else {
            System.out.println("\n diGraph 不是连通的");
        }
    }
}
```

13.7 最短路径

  最短路径问题是图论中的经典问题,相关的经典算法也有不少,其中非常经典的最短路径算法是 Floyd(弗洛伊德)和 Dijkstra(迪杰斯特拉)给出的最短路径算法。

  由于无向图和有向图都可以看成权重为 0 或 1 的网络(将无边连接的顶点之间的权重设置为无穷大即可),所以只需要讨论网络的最短路径。

  在一个顶点 u 到另一个顶点 v 的所有路径中,如果路径:

$$u \to p_1 \to p_2 \to \cdots \to p_k \to v$$

的权值总和最小,即 $w(u,p_1)+w(p_1,p_2)+\cdots+w(p_i,p_{i+1})+\cdots+w(p_k,v)$ 最小($w(a,b)$ 表示边 (a,b) 上的权值),就称该路径是顶点 u 到顶点 v 的最短路径。以下谈及的(最短)路径的长不是指路径的自然长度(见 13.1 节和 13.2 节),而是路径的权值总和。

  Floyd 算法以该算法创始人、1978 年图灵奖获得者、斯坦福大学计算机科学系教授 Floyd 命名。Floyd 算法是求解网络(赋权值的图)中每对顶点间的最短距离的经典算法,而且允许权值是负值。Floyd 算法的时间复杂度是 $O(n^3)$(n 是顶点数目)。Floyd 算法也称为多源、多目标最短路径算法,即该算法可以求出图中任意两个顶点之间的最短路径(如果二者之间有路径)。

  Dijkstra 算法以该算法创始人、1972 年图灵奖获得者、荷兰莱顿大学计算机科学系教授 Dijkstra 命名。Dijkstra 算法可以求单源、无负权值的最短路径,所谓单源是指算法每次都能求出一个点和图中其他各点的最短路径(如果有路径)。Dijkstra 算法的时间复杂度略好于 Floyd 算法,其时间复杂度为 $O(n^2+m)$(n 是顶点数目,m 是边的数目)。

  Floyd 算法与 Dijkstra 算法相比,不仅允许负权值,其可读性和简练性也远远好于 Dijkstra 算法。在实际应用中,建议使用 Floyd 算法而不是 Dijkstra 算法。Floyd 算法与 Dijkstra 算法相比,唯一的不足仅是时间复杂度略高于 Dijkstra 算法。对于初学者而言,Dijkstra 算法比 Floyd 算法更复杂一些,所以本书不讨论 Dijkstra 算法。如果真是因为效率问题,需要使用 Dijkstra 算法,再去学习 Dijkstra 算法。

  Floyd 算法从 $n \times n$ 邻接矩阵 $A=[a(i,j)]$,迭代地对邻接矩阵 A 进行 n 次更新,即由初始矩阵 $A_0=A$,按一个公式计算出一个新的邻接矩阵 A_1,再用同样的公式由 A_1 计算出新的邻接矩阵 A_2,以此类推,最后用同样的公式由 A_{n-1} 计算出新的邻接矩阵 A_n。把最终计算得到的邻接矩阵 A_n 称为网络的距离矩阵,那么距离矩阵 A_n 的 i 行 j 列元素的值便是顶点 i(编号为 i 的顶点)到顶点 j 的最短路径的长度。在 Floyd 算法中同时使用一个矩阵 path 来记录两个顶点之间的最短路径(path(i,j) 的值表示顶点 i 到顶点 j 的最短路径上顶点 i 的后继顶点)。

Floyd 算法的关键是采用松弛技术（松弛操作），对在顶点 i 和顶点 j 之间的所有其他顶点进行一次松弛。

> **注意**：邻接矩阵是行优先，即当要看边 (v_i, v_j) 在邻接矩阵中对应的元素时是先查看矩阵（二维数组）的第 i 行，再查看第 j 列。

观察图 13.18(a)，注意到顶点 v_1 到顶点 v_2 的最短路径并不是路径 v_1v_2（路径长是 9），而是 $v_1v_3v_2$（路径长是 8）。算法的关键是改变初始的邻接矩阵，将 v_1v_2 路径长改变为 8，同时记住顶点 v_3。

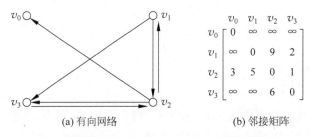

(a) 有向网络　　　　　　　(b) 邻接矩阵

图 13.18　有向网络的权值和邻接矩阵

以下结合如图 13.18 所示的有向网络讲解 Floyd 最短路径算法。

初始矩阵 A_0 和矩阵 $path_0$ 如下：

$$A_0 = \begin{bmatrix} 0 & \infty & \infty & \infty \\ \infty & 0 & 9 & 2 \\ 3 & 5 & 0 & 1 \\ \infty & \infty & 6 & 0 \end{bmatrix} \quad path_0 = \begin{bmatrix} 0 & 0 & 0 & 0 \\ 0 & 1 & 2 & 3 \\ 0 & 1 & 2 & 3 \\ 0 & 0 & 2 & 3 \end{bmatrix}$$

假如 $A[i][j]$ 不是无穷大，那么 $path[i][j]$ 的值是 j，否则是 0。$path[i][j]$ 的值表示顶点 i 到顶点 j 最短路径上顶点 i 的后继顶点。

对于任意一个顶点 k，迭代规则如下：

```
for(int i = 0;i < n;i++) {
    for(int j = 0;j < n;j++){
        if(A[i][k] + A[k][j]< A[i][j]) {
            A[i][j] = A[i][k] + A[k][j];
            path[i][j] = path[i][k]; //将顶点 i 的后继顶点更新为更短路径上的顶点 k
        }
    }
}
```

迭代的关键是，对于任意一个顶点 k，按照当前的邻接矩阵 A，查找满足：

$$A[i][k] + A[k][j] < A[i][j]$$

的顶点 i 和顶点 j，然后进行松弛操作：

```
A[i][j] = A[i][k] + A[k][j];
```

取第 0 个顶点，第 1 次迭代得到：

$$A_1 = \begin{bmatrix} 0 & \infty & \infty & \infty \\ \infty & 0 & 9 & 2 \\ 3 & 5 & 0 & 1 \\ \infty & \infty & 6 & 0 \end{bmatrix} \quad path_1 = \begin{bmatrix} 0 & 0 & 0 & 0 \\ 0 & 1 & 2 & 3 \\ 0 & 1 & 2 & 3 \\ 0 & 0 & 2 & 3 \end{bmatrix}$$

取第 1 个顶点，第 2 次迭代得到：

$$A_2 = \begin{bmatrix} 0 & \infty & \infty & \infty \\ \infty & 0 & 9 & 2 \\ 3 & 5 & 0 & 1 \\ \infty & \infty & 6 & 0 \end{bmatrix} \quad path_2 = \begin{bmatrix} 0 & 0 & 0 & 0 \\ 0 & 1 & 2 & 3 \\ 0 & 1 & 2 & 3 \\ 0 & 0 & 2 & 3 \end{bmatrix}$$

取第 2 个顶点,第 3 次迭代得到:

$$A_3 = \begin{bmatrix} 0 & \infty & \infty & \infty \\ 12 & 0 & 9 & 2 \\ 3 & 5 & 0 & 1 \\ 9 & 11 & 6 & 0 \end{bmatrix} \quad path_3 = \begin{bmatrix} 0 & 0 & 0 & 0 \\ 2 & 1 & 2 & 3 \\ 0 & 1 & 2 & 3 \\ 2 & 2 & 2 & 3 \end{bmatrix}$$

取第 3 个顶点(最后一个顶点),第 4 次迭代得到:

$$A_4 = \begin{bmatrix} 0 & \infty & \infty & \infty \\ 11 & 0 & 8 & 2 \\ 3 & 5 & 0 & 1 \\ 9 & 11 & 6 & 0 \end{bmatrix} \quad path_4 = \begin{bmatrix} 0 & 0 & 0 & 0 \\ 3 & 1 & 3 & 3 \\ 0 & 1 & 2 & 3 \\ 2 & 2 & 2 & 3 \end{bmatrix}$$

那么最后一个邻接矩阵是距离矩阵 A_4,最后的最短路径矩阵是 $path_4$。由此得到如下结论:

顶点 0 到顶点 0 的最短路径:0,路径长 0.
顶点 0 到顶点 1 无路径.
顶点 0 到顶点 2 无路径.
顶点 0 到顶点 3 无路径.
顶点 1 到顶点 0 的最短路径:1→3→2→0,路径长 11.
顶点 1 到顶点 1 的最短路径:1,路径长 0.
顶点 1 到顶点 2 的最短路径:1→3→2,路径长 8.
顶点 1 到顶点 3 的最短路径:1→3,路径长 2.
顶点 2 到顶点 0 的最短路径:2→0,路径长 3.
顶点 2 到顶点 1 的最短路径:2→1,路径长 5.
顶点 2 到顶点 2 的最短路径:2,路径长 0.
顶点 2 到顶点 3 的最短路径:2→3,路径长 1.
顶点 3 到顶点 0 的最短路径:3→2→0,路径长 9.
顶点 3 到顶点 1 的最短路径:3→2→1,路径长 11.
顶点 3 到顶点 2 的最短路径:3→2,路径长 6.
顶点 3 到顶点 3 的最短路径:3,路径长 0.

这里介绍如何从最后得到的最短路径矩阵 $path_4$ 查找最短路径,例如要查找顶点 1 到顶点 0 的最短路径,那么首先在矩阵 $path_4$ 中按索引找(1,0),发现 path(1,0) = 3,然后按索引找(3,0),发现 path(3,0) = 2,接着按索引找(2,0),发现 path(2,0) = 0,所以最短路径为 1—3—>2—>0。

例 13-6 用 Floyd 算法求最短路径。

本例中 Floyd 类的 floyd(int[ ][ ] graph)方法是经典的 Floyd 最短路径算法。

Floyd. java

```java
import java.util.Arrays;
import java.util.ArrayList;
import java.util.List;
public class Floyd {
    int inf = Integer.MAX_VALUE;    //表示无穷大
    public int [][] distance;        //存放图中顶点之间的距离
    public int [][] path;            //保存最短路径上的顶点
    public void floyd(int[][] graph){    //Floyd 最短路径算法
        int n = graph.length;
        path = new int[n][n];
        distance = new int[n][n];
```

```java
        for(int i = 0;i < n;i++) {              //复制数组,在算法进行中保留原始的 graph 的元素值
            distance[i] = Arrays.copyOf(graph[i],n);
        }
        for(int i = 0;i < n; i++) {             //顶点编号从 0 开始,最后一个顶点的编号是 n-1
            for(int j = 0;j < n; j++) {
                if(distance[i][j]!= inf)
                    path[i][j] = j;//path(i,j)表示顶点 i 到顶点 j 的最短路径上顶点
                                   //i 的后继顶点
            }
        }
        //以下是 Floyd 最短路径的关键算法,非常简练
        for(int k = 0; k < n; k++) {
            for(int i = 0;i < n;i++) {
                for(int j = 0;j < n;j++){
//由于 Integer.MAX_VALUE 不是真正的无穷大,所以不能让其参与运算(和原始的 Floyd 算法略有差异)
                    boolean boo = distance[i][k]< inf && distance[k][j]< inf;
                    if(boo&&distance[i][k] + distance[k][j]< distance[i][j]){
                        distance[i][j] = distance[i][k] + distance[k][j];
                        path[i][j] = path[i][k];    //将顶点 i 的后继顶点更新为更短
                                                    //路径上的顶点 k
                    }
                }
            }
        }
    }
    public List< Integer > getShortestPath(int startVertex,int endVertex){ //顶点编号是 0,1,…,n-1
        List< Integer > shortestPath = new ArrayList<>();
        shortestPath.add(startVertex);
        while(startVertex != endVertex){
            startVertex = path[startVertex][endVertex];
            shortestPath.add(startVertex);
        }
        return shortestPath;
    }
}
```

本例中的主类 Example13_6 使用 Floyd 类的 floyd(int[][] graph)方法输出了如图 13.8 所示的网络中各顶点之间的最短路径,运行效果如图 13.19 所示。

```
距离矩阵:
0    ∞    ∞    ∞
11   0    8    2
3    5    0    1
9    11   6    0
————————————————
路径矩阵:
0    0    0    0
3    1    3    3
0    1    2    3
2    2    2    3
顶点0到顶点1无路径.
顶点0到顶点2无路径.
顶点0到顶点3无路径.
顶点1到顶点0的最短路径:1→3→2→0,路径长11.
顶点1到顶点2的最短路径:1→3→2,路径长8.
顶点1到顶点3的最短路径:1→3,路径长2.
顶点2到顶点0的最短路径:2→0,路径长3.
顶点2到顶点1的最短路径:2→1,路径长5.
顶点2到顶点3的最短路径:2→3,路径长1.
顶点3到顶点0的最短路径:3→2→0,路径长9.
顶点3到顶点1的最短路径:3→2→1,路径长11.
顶点3到顶点2的最短路径:3→2,路径长6.
```

图 13.19 用 Floyd 算法求最短路径

Example13_6.java

```java
import java.util.List;
public class Example13_6 {
```

```java
        public static void main(String args[]) {
            int inf = Integer.MAX_VALUE;                    //表示无穷大
            int[][] A = {{0,inf,inf,inf},
                         {inf,0, 9,2},
                         {3, 5, 0,1},
                         {inf,inf ,6,0}
                        };                                  //有向网络的邻接矩阵
            int n = A.length;                               //顶点数目(顶点序号从 0 开始)
            Floyd floyd = new Floyd();
            floyd.floyd(A);
            int [][] dis = floyd.distance;
            int [][] path = floyd.path;
            System.out.println("距离矩阵:");
            outPut(dis);
            System.out.println("路径矩阵:");
            outPut(path);
            for(int i = 0;i<n;i++){
                for(int j = 0;j<n;j++){
                    if(dis[i][j] == inf) {
                        System.out.print("顶点"+i+"到顶点"+j+"无路径.\n");
                    }
                    else if(i!= j){
                        List<Integer> list = floyd.getShortestPath(i,j);
                        System.out.print("顶点"+i+"到顶点"+j+"的最短路径:");
                        for(int m = 0;m<list.size();m++){
                            if(m != list.size()-1)
                                System.out.print(list.get(m)+"→");
                            else
                                System.out.print(list.get(m)+",");
                        }
                        System.out.println("路径长"+dis[i][j]+".");
                    }
                }
            }
        }
        static void outPut(int [][]a){
            for(int i = 0;i<a.length;i++) {
                for(int j = 0;j<a[0].length;j++){
                    if(a[i][j] == Integer.MAX_VALUE)
                        System.out.printf("%-5s","∞");
                    else
                        System.out.printf("%-5s",a[i][j]);
                }
                System.out.println();
            }
            System.out.println("--------------------------");
        }
    }
```

注意：算法优秀不仅在于其出色的运行效率,更在于它独特的设计思路与精妙的实现方案,Floyd 最短路径算法简明扼要、精练完美、非常巧妙,让人不由得为之惊叹。

13.8 最小生成树

对于一个连通网络 $G=(V,E)$(有向或无向),如果一个连通子图 $M=(U,F)$,$U=V$,F 是 E 的子集,没有回路,即是一棵树,称这样的连通子图是连通网络 $G=(V,E)$ 的生成树。简单地说,生成树包含连通网络的所有顶点,但可能只包含连通网络中的部分边。

一个网络可能有很多生成树,但人们关心的往往是最小生成树。最小生成树是生成树中边的权值总和最小的某个生成树(可能有多个生成树的权值总和相同,同时也是最小之一)。如果网络中的权值互不相同,那么最小生成树一定是唯一的。

城市管道、电缆铺设等方面就要考虑最小生成树,因为需要既能服务所有的客户(连通网络中的顶点),又尽可能地节省材料(边的权值总和最小)。如果连通网络有 n 个顶点,那么它的最小生成树有 $n-1$ 条边。

图 13.20(a)中所示的网络的两个生成树如图 13.20(b)和图 13.20(c)所示,其中 13.20(c)是最小生成树。

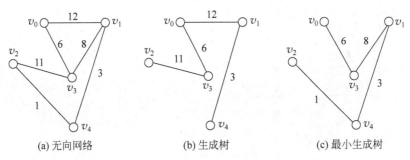

(a) 无向网络　　　　　(b) 生成树　　　　　(c) 最小生成树

图 13.20　网络及其生成树

关于最小生成树(Minimum Spanning Tree,简称 MST)的算法有不少,比较流行和著名的是 Prim 给出的 MST 算法(1957 年由美国计算机科学家普里姆独立发现),称作 Prim 算法。该算法可以从网络的任何一个顶点开始得到最小生成树,算法描述如下。

首先进行如下集合的初始化。

- 集合 mtsSet:包含连通网络中的一个顶点,例如顶点序号为 0 的顶点 v,并标记 v 已被访问。
- 树集 tree:让其包含和 v 连接的所有边,并将 tree 中的边按边的权值从小到大排序。
- 树集 mtsEdge:一个用于存放生成树边的集合,初始化 mtsEdge 没有包含任何边。

然后进行(1)。

(1) 如果顶点集合 mtsSet 中的顶点数目大小或等于连通网络的顶点数目或者 tree 是空集(不含任何边),进行(3),否则进行(2)。

(2) 把 tree 中的最小边 (x,y),即权值最小的边,添加到边集合 mtsEdge,把边 (x,y) 中的顶点 y 添加到顶点集合 mtsSet,并将 y 标记为被访问过的顶点。然后从 tree 中删除边 (x,y),再将顶点 y 的所有未被访问的邻接点和 y 连接的边添加到 tree,即将 (y,p) 或 (p,y) 添加到 tree,其中 p 是还未被访问的连通网络中的某个顶点,并将 tree 中的边按边的权值从小到大排序。接着进行(1)。

(3) 结束。

例 13-7　使用 Prim 算法求最小生成树。

本例中 GraphMTS 类的 mitPrim(int [][] graph)方法是经典的 Prim 算法。

GraphMTS.java

```
import java.util.HashSet;
import java.util.TreeSet;
public class GraphMTS {
    int inf = Integer.MAX_VALUE;                //表示无穷大
    public HashSet< Integer > mtsSet;           //最小生成树中的顶点
```

```java
    public TreeSet<Edge> mtsEdge;                     //最小生成树中的边
    public TreeSet<Edge> tree;
    boolean [] visited;                               //记录顶点是否被访问过
    public GraphMTS() {
        mtsSet = new HashSet<>();
        mtsEdge = new TreeSet<>();
        tree = new TreeSet<>();
    }
    private void initTree(int k,int [][] graph) {     //查找顶点 k 的边
        for(int j = 0;j < graph.length;j++){
            if(graph[k][j] != 0&&graph[k][j]!= inf){
                if(visited[j] == false){              //顶点 j 未被访问过
                    Edge edge = new Edge(k,j);
                    edge.setWeight(graph[k][j]);
                    tree.add(edge);                   //添加顶点 k 的所有未被访问过的边
                }
            }
        }
    }
    public void mitPrim(int [][] graph) {
        int n = graph.length;                         //顶点数目
        visited = new boolean[n];
        mtsSet.add(0);                                //生成树的初始点是第 0 个顶点
        visited[0] = true;                            //顶点 0 被访问
        initTree(0,graph);                            //初始化 tree
        while(mtsSet.size()< n&&!tree.isEmpty()){
            Edge edge = tree.pollFirst();             //弹出最小的边
            int v = edge.y;
            mtsSet.add(v);
            visited[v] = true;                        //顶点 v 被访问
            mtsEdge.add(edge);
            initTree(v,graph);
        }
    }
}
```

Edge. java

```java
public class Edge implements Comparable<Edge>{
    public int x,y;
    public int weight;                                //边的权重
    public Edge(int x,int y){
        this.x = x;
        this.y = y;
    }
    public void setWeight(int weight){
        this.weight = weight;
    }
    public int compareTo(Edge edge){
        return weight - edge.weight;
    }
    public String toString(){
        return "(" + x + "," + y + ")" + "权重:" + weight;
    }
}
```

本例中的主类 Example13_7 使用 GraphMTS 类的 mitPrim(int [][] graph)方法输出了如图 13.20(a)所示的网络中的最小生成树(最小生成树的示意图如图 13.20(c)所示),运行效果如图 13.21 所示。

```
最小生成树中的顶点：
[0, 1, 2, 3, 4]
最小生成树中的边：
[(4,2)权重:1, (1,4)权重:3, (0,3)权重:6, (3,1)权重:8]
```

图 13.21　Prim 最小生成树算法运行效果

Example13_7.java

```java
import java.util.HashSet;
import java.util.TreeSet;
public class Example14_7 {
    public static void main(String args[]) {
        int inf = Integer.MAX_VALUE;           //表示无穷大
        int[][] A = { {0, 12, inf,6, inf },
                      {12, 0, inf,8, 3 },
                      {inf,inf,0, 11,1 },
                      {6, 8, 11, 0, inf},
                      {inf,3, 1, inf,0 }
                    };                          //邻接矩阵
        GraphMTS graphMTS = new GraphMTS();
        graphMTS.mitPrim(A);
        System.out.println("最小生成树中的顶点:\n" + graphMTS.mtsSet);
        System.out.println("最小生成树中的边:\n" + graphMTS.mtsEdge);
    }
}
```

习题 13

扫一扫

习题

扫一扫

自测题

第 14 章　经典算法思想

本章主要内容
- 贪心算法；
- 动态规划；
- 回溯算法。

经典算法思想是经过长时间的实践积累总结出的算法思想。通过运用经典算法思想去分析问题，采用抽象的数学模型来描述问题，然后使用算法进行求解，能够提高算法的效率和解决问题的质量。很多重要的具有特色的算法都是在经典算法思想的基础上发展起来的，例如深度学习中的神经网络就是基于动态规划和优化的思想发展起来的。总之，经典算法思想的重要性不仅在于它们被广泛地应用于解决实际问题，更重要的是这些思想具有一定的普适性和通用性，是学习算法的设计者必须要了解和掌握的。

本章讲解贪心算法、动态规划和回溯算法这 3 种经典算法思想，这些算法思想和普通的具体算法（例如起泡排序、二分法、遍历二叉树等算法）不同，这些算法思想不会给出具体的代码流程，仅是提供一种算法的设计思想或解决问题的算法思路，这些算法思想应用在不同的具体问题中所呈现的具体代码可能有很大的差异。

14.1　贪心算法

1. 贪心算法简介

贪心算法（也称贪婪算法）是指在对问题求解时总是做出在当前看来最好的选择，即不从整体最优上加以考虑，算法得到的是在某种意义上的局部最优解。

贪心算法不是对所有问题都能得到整体最优解，关键是贪心策略的选择。也就是说，不从整体最优上加以考虑，做出的只是在某种意义上的局部最优解。贪心算法的特点是一步一步地进行，以当前情况为基础，不考虑整体情况，根据某个算法给出最优选择，即通过每一步贪心选择可得到局部最优解。贪心算法每一步都是局部最优解，因此，如果使用贪心算法，必须要判断是否得到了最优解。

例如蒙眼爬山，蒙眼爬山者选择的策略是每次在周围选择一个最陡峭的方向爬行一小步（局部最优选择），但是蒙眼爬山者最后爬上去的山可能不是最高的山（爬山者周围是多峰山），假设蒙眼爬山者携带了一个自动报海拔高度的小仪器，每次都报海拔高度，当蒙眼爬山者发现周围没有陡峭的方向可走了，报的海拔高度恰好是想要的高度，那么就找到了最优解，否则就陷入了局部最优解，无法继续下去。

贪心算法仅是一种思想而已，不像大家熟悉的选择法、二分法等算法有明确的算法步骤。

2. 老鼠走迷宫

这里将贪心算法用于老鼠走迷宫，让二维数组的元素值代表迷宫的点，元素值取 Long 的最大值 Long.MAX_VALUE 代表出口,元素值取 Long 的最小值 Long.MIN_VALUE 代表墙,元素值在最大值和最小值之间代表路点(初值是 0)。

贪心策略如下(这里称二维数组元素为路点,其值为路值)。

(1) 如果当前路点不是出口(最大值),即不是最优解,则降低优先度,将当前路值减 1,进行(2);如果当前路点是出口(最大值),进行(4)。

(2) 在当前路点的东、西、南、北方向选出路值比当前路值大的最大新路点,如果找到,进行(3),否则回到(1)。

(3) 老鼠到达选出的新路点,进行(1)。

(4) 结束。

如果路点的路值不会被减到等于墙的值(Long.MIN_VALUE),一定能到达出口,否则某个路点或墙会被当成出口(因为 Long.MIN_VALUE-1 等于 Long.MAX_VALUE,老鼠陷入局部最优解)。

例 14-1 使用贪心算法演示老鼠走迷宫。

本例中 Mouse 类的 walkMaze()方法使用了贪心算法。

Mouse.java

```java
public class Mouse {
    int mousePI = 0;                    //老鼠的初始位置
    int mousePJ = 0;                    //老鼠的初始位置
    int rows;
    int columns;
    long maze[][];                      //迷宫
    long Y;                             //最优解
    long N;                             //无解
    public void walkMaze(long maze[][],long yes,long no) {
        this.maze = maze;
        Y = yes;                        //最优解
        N = no;                         //无解
        rows = maze.length;
        columns = maze[0].length;
        System.out.println("迷宫初始状态(0 表示路,#代表墙,* 是出口):");
        showMaze();
        //贪心算法:当前位置周围最大的一个整数是局部最优解之一
        //即老鼠选择的下一个位置
        System.out.println("老鼠走过的位置:");
        while(maze[mousePI][mousePJ]!= Y){   //如果不是最优解
            System.out.printf("(%d,%d) ",mousePI,mousePJ);
            maze[mousePI][mousePJ] = maze[mousePI][mousePJ]-1;   //降低路值
            int m = mousePI;
            int n = mousePJ;
            long max = maze[mousePI][mousePJ];
            if(mousePI < rows-1){           //以下算法在当前位置的周围寻找最优解(局部最优
                if(maze[mousePI+1][mousePJ]> max){
                    max = maze[mousePI+1][mousePJ];
                    m = mousePI+1;
                    n = mousePJ;
                }
            }
            if(mousePI >= 1){
                if(maze[mousePI-1][mousePJ]> max){
                    max = maze[mousePI-1][mousePJ];
                    m = mousePI-1;
                    n = mousePJ;
```

第14章　经典算法思想

```java
                }
                if(mousePJ < columns - 1){
                    if(maze[mousePI][mousePJ + 1]> max){
                        max = maze[mousePI][mousePJ + 1];
                        m = mousePI;
                        n = mousePJ + 1;
                    }
                }
                if(mousePJ >= 1){
                    if(maze[mousePI][mousePJ - 1]> max){
                        max = maze[mousePI][mousePJ - 1];
                        m = mousePI;
                        n = mousePJ - 1;
                    }
                }
                mousePI = m;
                mousePJ = n;
            }
            System.out.printf("( %d, %d)  ",mousePI,mousePJ);
            System.out.println("\n找到最优解:" + maze[mousePI][mousePJ]);
            System.out.printf("\n老鼠最后的位置:( %d, %d)\n",mousePI,mousePJ);
            System.out.println("老鼠走迷宫情况," +
                    " -1表示老鼠走过此路点一次, -2表示老鼠走过此路点两次...:");
            showMaze();
        }
        public void showMaze(){                                    //输出二维数组
            for(int i = 0;i < rows;i++) {
                for(int j = 0;j < columns;j++){
                    if(maze[i][j] == N)
                        System.out.printf(" %6s","#");             //代表墙
                    else if(maze[i][j] == Y)
                        System.out.printf(" %6s"," *");            //代表出口
                    else
                        System.out.printf(" %6s",""+ maze[i][j]);
                }
                System.out.println();
            }
        }
    }
```

　　本例中的主类 Example14_1 使用 Mouse 类的 walkMaze()方法演示了老鼠走迷宫,最后老鼠找到了出口。程序运行效果如图 14.1 所示,显示了老鼠在迷宫中走的过程。最后输出的二维数组,如果路值是 -1,表示老鼠走过此路点一次,如果路值是 -2,表示老鼠走过此路点两次,以此类推(如果老鼠走过某路点 Long.MAX_VALUE 次,有可能陷入局部最优解,无法到达出口)。

```
迷宫初始状态(0表示路, #代表墙, *是出口):
    0    #    0    0    0
    0    0    0    0    #
    #    0    #    0    0
    0    0    0    #    *
老鼠走过的位置:
(0,0)  (1,0)  (1,1)  (2,1)  (3,1)  (3,2)  (3,2)  (3,1)  (3,0)  (3,0)  (3,0)  (3,1)
(2,1)  (1,1)  (1,2)  (0,2)  (0,3)  (1,3)  (2,3)  (2,4)  (3,4)
找到最优解: 9223372036854775807

老鼠最后的位置:(3,4)
老鼠走迷宫情况, -1表示老鼠走过此路点一次, -2表示老鼠走过此路点两次...:
    -1    #   -1   -1    0
    -1   -2   -1   -1    #
    #    -2    #   -1   -1
    -3   -3   -2    #    *
```

图 14.1　贪心算法与老鼠走迷宫

Example14_1.java

```java
public class Example14_1 {
    public static void main(String args[]){
        long Y = Long.MAX_VALUE;                    //最优解
        long N = Long.MIN_VALUE;                    //无解(墙)
        long maze[][] = {{0,N,0,0,0},
                         {0,0,0,0,N},
                         {N,0,N,0,0},
                         {0,0,0,N,Y}};              //迷宫二维数组
        Mouse jerry = new Mouse();
        jerry.walkMaze(maze,Y,N);
    }
}
```

14.2 动态规划

1. 动态规划简介

动态规划(Dynamic Programming)的思想是将一个问题分解为若干子问题,通过不断地解决子问题最终解决最初的问题。动态规划会使用递归算法,其递归公式在动态规划中被称为动态规划的动态方程,也称 DP 方程。动态规划的思想是解决子问题重叠的情况,即对每个子问题只求解一次,并将子问题的解保存起来(通常使用散列表或数组保存子问题的解),当遇到同样的子问题时直接使用保存过的子问题的解,从而避免了反复求解相同的子问题。

在第 3 章的 3.7 节曾使用了动态规划的思想,只是没有正式提及动态规划。动态规划问题的难度在于针对实际问题得到动态方程,算法实现的思想基本都是一样的。

2. 0-1 背包问题

0-1 背包问题是背包问题中最简单的问题,动态规划的思想很适合用于解决 0-1 背包问题。0-1 背包问题如下:

有 n 件物品(标号索引为 $0 \sim n-1$), n 件物品的重量依次为非负的 w_0、w_1、……、w_{n-1}, n 件物品的价值依次为非负的 v_0、v_1、……、v_{n-1}(注意标号索引从 0 开始)。背包能承受的最大重量是 weight,即背包的载量是 weight。取若干件物品放入背包中,限定每件物品只能选 0 或一件、背包中物品的总重量不超过 weight,让物品的总价值最大。

在 0-1 背包问题中每种物品有且只有一个,并且使用重量属性作为约束条件,用数学公式抽象描述就是求

$$v_0 x_0 + v_1 x_1 + \cdots + v_{n-1} x_{n-1} (x_i \in \{0,1\})$$

的最大值,重量约束条件是:

$$w_0 x_0 + w_1 x_1 + \cdots + w_{n-1} x_{n-1} \leqslant \text{weight}(x_i \in \{0,1\})$$

0-1 背包问题中的价值和重量仅是问题的一种描述形式,对于某些实际问题,重量可能是体积等其他单位,例如用集装箱装载货物的 0-1 背包问题可能用体积代替重量。

对于 0-1 背包问题,得到其 DP 方程的思路是,用 $DP(i, \text{weight})$ 表示在前 i 个物品(物品的编号从 0 开始)中选取若干物品放入载量为 weight 的背包中所得到的最大价值。那么 DP 方程如下:

- 在前 i 件物品中,当第 i 件物品的重量超过 weight,即 $w_i > \text{weight}$ 时,

$$DP(i, \text{weight}) = DP(i-1, \text{weight})$$

也就是第 i 件物品不能放入背包中,所以最大价值就是前 $i-1$ 个物品放入载量为

weight 的背包中所得到的最大价值。
- 当第 i 件物品可以放入背包中，即 $w_i \leqslant$ weight 时，有两种情况：第一种情况是，第 i 件物品不放入背包中（放入将超重），此时最大价值是前 $i-1$ 个物品放入载量为 weight 的背包中所得到的最大价值，即 $\mathrm{DP}(i,\mathrm{weight})=\mathrm{DP}(i-1,\mathrm{weight})$；第二种情况是，第 i 件物品放入背包中（放入不超重），此时最大价值是前 $i-1$ 个物品放入载量为 weight$-w_i$ 的背包中所得到的最大价值与第 i 件物品的价值之和，即 $\mathrm{DP}(i,\mathrm{weight})=\mathrm{DP}(i-1,\mathrm{weight}-w_i)+v_i$。$\mathrm{DP}(i,\mathrm{weight})$ 的值应该是这两种情况中价值最大的那一个，即：

$$\mathrm{DP}(i,\mathrm{weight})=\max\{\mathrm{DP}(i-1,\mathrm{weight}),\mathrm{DP}(i-1,\mathrm{weight}-w_i)+v_i\}$$

例 14-2 用动态规划求解 0-1 背包问题。

本例中 Knapsack 类的 DP() 方法是背包算法。

Knapsack.java

```
public class Knapsack {
    public static long DP(int i,int weight,int []w,int []v){
        long r = 0;
        if(i==-1||weight == 0)          //背包中无物品或载量是 0
            return 0;
        if(w[i]>weight)
            r = DP(i-1,weight,w,v);
        else
            r = Math.max(DP(i-1,weight,w,v),DP(i-1,weight - w[i],w,v) + v[i]);
        return r;
    }
}
```

本例中的主类 Example14_2 使用 Knapsack 类的 DP() 方法解决了下列两个背包问题，程序运行效果如图 14.2 所示。

背包最大价值:17¥

最多学分:15学分

（1）背包最多可以载 8kg 的物品，现在有重量依次为 2、4、5、1（单位是 kg）的 4 件物品，对应的价值依次为 7、6、8、2（单位是¥），怎样让背包中放置的物品的价值最大？

图 14.2 求解 0-1 背包问题

（2）学生选课时限制总学时为 100，现有 5 门选修课，这 5 门选修课的学时依次为 20、20、60、40、50。对于 5 门选修课中的每门课程，学生修完该课程对应的全部学时才能得到这门课程的学分（要么不选，如果选了就必须完成课程规定的学时），这 5 门课程对应的学分依次为 6、3、5、4、6。怎样选课可以让学分最多？

Example14_2.java

```
public class Example14_2 {
    public static void main(String args[]) {
        int [] w = {2,4,5,1};
        int [] v = {7,6,8,2};
        int weight = 8;                      //背包载量
        int index = w.length-1;              //注意标号从 0 开始(这里要减 1)
        long r = Knapsack.DP(index,weight,w,v) ;
        System.out.println("\n背包最大价值:"+r+"¥");
        w = new int[]{20,20,60,40,50};
        v = new int[]{6,3,5,4,6};
        weight = 100;                        //背包载量
        index = w.length-1;                  //注意标号从 0 开始(这里要减 1)
        r = Knapsack.DP(index,weight,w,v) ;
        System.out.println("\n最多学分:"+r+"学分");
    }
}
```

3. 优化 0-1 背包算法

注意，例 14-2 中 Knapsack 类的 DP()方法（递归方法）对应动态规划中的 DP 方程，体现了将一个问题分解为一些子问题。不难看出，对于许多实际问题，对应的 DP 方程中有许多子问题可能是重叠的子问题，因此需要使用动态规划的思想进行优化处理，避免多次计算子问题的解。

例 14-3 优化 0-1 背包算法。

本例中 KnapsackOptimize 类的 DP()方法对应优化的 DP 方程。

KnapsackOptimize.java

```java
import java.util.Hashtable;
import java.awt.Point;
public class KnapsackOptimize {
    public static Hashtable<Point,Long> table = new Hashtable<>();
    public static long DP(int i,int weight,int []w,int []v){
        long r = 0;
        if(i ==-1||weight == 0)
            return 0;
        Point p1 = new Point(i-1,weight);
        Point p2 = new Point(i-1,weight-w[i]);
        if(w[i]> weight){
            if(table.containsKey(p1)){
                r = table.get(p1);
            }
            else{
                long m = DP(i-1,weight,w,v);
                table.put(p1,m);
                r = m;
            }
        }
        else{
            if(table.containsKey(p1)&&table.containsKey(p2)){
                r = Math.max(table.get(p1),table.get(p2) + v[i]);
            }
            else if(table.containsKey(p1)){
                long m = table.get(p1);
                long n = DP(i-1,weight-w[i],w,v);
                table.put(p2,n);
                r = Math.max(m,n + v[i]);
            }
            else if(table.containsKey(p2)){
                long m = DP(i-1,weight,w,v);
                long n = table.get(p2);
                table.put(p1,m);
                r = Math.max(m,n + v[i]);
            }
            else {
                long m = DP(i-1,weight,w,v);
                long n = DP(i-1,weight-w[i],w,v);
                table.put(p1,m);
                table.put(p2,n);
                r = Math.max(m,n + v[i]);
            }
        }
        return r;
    }
}
```

本例中的主类 Example14_3 解决规模较大的 0-1 背包问题（物品的数量较大），比较了例 14-2 中 Knapsack 类的 DP()方法和本例中 KnapsackOptimize 类的 DP()方法在解决同一背包问题时的运行耗时，运行效果如图 14.3 所示。

```
优化背包问题的耗时是1708500(纳秒)
背包最大价值是86
请稍等...
未优化背包问题的耗时是7340300(纳秒)
背包最大价值是86
```

图14.3 比较优化和未优化的0-1背包算法

Example14_3.java

```java
import java.awt.Point;
public class Example14_3 {
    public static void main(String args[]) {
        int [] w = {3,4,2,1,5,6,9,3,2,5,4,2,1,6,9,5,9,2,4,3};
        int [] v = {5,8,3,2,9,10,15,4,3,8,7,3,2,10,15,7,13,2,6,5};
        int weight = 50;                    //背包载量
        int index = w.length - 1;           //注意标号从 0 开始(这里要减 1)
        long startTime = System.nanoTime();
        long r = KnapsackOptimize.DP(index,weight,w,v) ;
        long estimatedTime = System.nanoTime() - startTime;
        System.out.printf("优化背包问题的耗时是 %d(纳秒)\n",estimatedTime);
        System.out.println("背包最大价值是" + r);
        System.out.println("请稍等...");
        startTime = System.nanoTime();
        r = Knapsack.DP(index,weight,w,v) ;
        estimatedTime = System.nanoTime() - startTime;
        System.out.printf("未优化背包问题的耗时是 %d(纳秒)\n",estimatedTime);
        System.out.println("背包最大价值是" + r);
    }
}
```

14.3 回溯算法

1. 回溯算法简介

回溯算法又称为试探算法,它是一种算法思想,其核心思想是不断地按某种条件求"中间解"来寻找"目标解",但当进行到某一步时,也称为到达一个"搜索点"时,发现已经无法按既定条件继续求"中间解",即无法在此搜索点到达下一个搜索点,就要进行回退操作,这种算法无法进行下去就回退的思想为回溯算法,而满足回溯条件的某个搜索点称为"回溯点"。

在使用回溯算法形成具体的算法时,算法中经常可以用栈放置"回溯点"(参见第13章的13.5节中的图的DFS和BFS遍历算法)。另外,在使用回溯算法形成具体的算法时,一定要避免反复回到同一个回溯点(除非遇到需要这样的实际问题),注意剪枝操作、排除"无解"点,即排除那些无法让程序得到正确解的"搜索点"。集合(HashSet)的添加、查找和删除元素等操作的时间复杂度通常为$O(1)$(见11.3节),因此采用集合保存已经求过"中间解"的搜索点或是无解的"搜索点",从而避免反复回到同一个回溯点求中间解。

2. 九宫格

九宫格是一款数字游戏,可追溯到我国远古神话历史时代的河图洛书,被誉为"宇宙魔方"。九宫格最早被称为"洛书",现在也被称为"幻方"。

九宫格游戏是在一个3×3的方格中放置1~8的数字,剩下一格为空白。先设定1~8的初始排列状态,然后不断地移动空白格子(空白格子周围的数字可移至空白格子,相当于移动空白格子)的位置,使得九宫格的3×3方格中的数字按1,2,3,4,5,6,7,8的顺序重新排好,九宫格的这个状态也称为九宫格的一个解。

例如,九宫格的初始状态如图 14.4(a)所示,通过不断地移动空白格子,让九宫格呈现如图 14.4(b)所示的状态,即九宫格的一个解:数字按行从小到大排列。

九宫格中隐含着一个重要的规律,即"逆序对"数目的奇偶性,叙述如下。

把九宫格中 1~3 行的数字排成一行得到一个排列,在这个排列中相邻的两个数字称作一个"数字对",九宫格中的一个"逆序对"就是满足左边的数字大于右边的数字的一个数字对。例如,图 14.4(a)中九宫格的 1~3 行的数字排成一行的排列 24318576 中的逆序对有 43、31、85、76,一共有 4 个逆序对,逆序对的数目是偶数。图 14.5 中的九宫格的 1~3 行的数字排成一行的排列 12345687 中的逆序对为 87,一共有一个逆序对,逆序对的数目是奇数。

2	4	3
1	8	5
7	6	

(a) 初始状态

1	2	3
4	5	6
7	8	

(b) 九宫格的一个解

图 14.4 九宫格游戏

1	2	3
4	5	6
7	8	

图 14.5 逆序对的数目是奇数的九宫格

(1) 九宫格有解的充分必要条件是逆序对的数目必须是偶数(包括 0 个)。
(2) 九宫格在其状态变化过程中逆序对的数目的奇偶性保持不变。

例 14-4 利用回溯算法模拟九宫格游戏。

本例中 NineGrid 类的 backtrackingMove()方法使用回溯算法求九宫格的解。backtrackingMove()方法每移动一次空白格子(用数字 0 表示空白格子),都要保存当前九宫格的状态作为一个回溯点,以便出现无论怎样移动空白格子,呈现的九宫格的状态都是曾经已经出现过的状态,而且不是九宫格的解,这时就要回溯到上一次的回溯点,重新开始移动空白格子,这样就可以找到九宫格的解(如果九宫格有解)或判断出九宫格无解(如果九宫格无解)。

另外,本例中的 Grid 类也是一个非常重要的类,负责封装九宫格的属性和有关方法。

NineGrid.java

```java
import java.util.Stack;
import java.util.HashSet;
import java.util.Arrays;
public class NineGrid {
    public void backtrackingMove(Grid startGrid,Grid tagetGrid){     //回溯算法
        boolean isSuccess = false;                                    //是否找到九宫格的解
        Stack<Grid> stack = new Stack<>();                            //栈 stack 用来存放回溯点
        HashSet<String> used = new HashSet<>();
                                                                      //集合 used 用来记录被使用过的 Grid 对象
        stack.push(startGrid);
        Grid nextGrid = null;
        while(isSuccess == false) {                                   //没有得到九宫格的解
            if(!stack.empty()){
                nextGrid = stack.pop();
            }
            else{
                System.out.println("无法得到目标解!");
                return;
            }
            if(nextGrid.equals(tagetGrid)) {                          //是九宫格的解
                isSuccess = true;
                System.out.println("成功得到九宫格的解:");
            }
```

```java
                else {
                    used.add(nextGrid.getKeyString());        //记录nextGrid已经被用过,时
                                                              //间复杂度为O(1)
                    Grid grid = nextGrid.spaceToLeft();       //空白格子向左移动
                    if(!used.contains(grid.getKeyString()))   //时间复杂度为O(1)
                        stack.push(grid);                     //stack 压入 nextGrid
                    grid = nextGrid.spaceToRight();
                    if(!used.contains(grid.getKeyString()))
                        stack.push(grid);
                    grid = nextGrid.spaceToUp();
                    if(!used.contains(grid.getKeyString()))
                        stack.push(grid);
                    grid = nextGrid.spaceToDown();
                    if(!used.contains(grid.getKeyString()))
                        stack.push(grid);
                }
            }
            for(int i = 0;i < nextGrid.a.length;i++)          //输出目标解
                System.out.println(Arrays.toString(nextGrid.a[i]));
        }
    }
}
```

Grid.java

```java
import java.util.Arrays;
public class Grid {
    int a [][];                              //存放1~8的数字和数字0(0表示空白格子)
    int spaceI,spaceJ;                       //空白格子(数字0)的位置
    public Grid(int array[][]){
        a = array;
    }
    public String getKeyString(){
        String keyString =
        Arrays.toString(a[0]) + Arrays.toString(a[1]) + Arrays.toString(a[2]);
        return keyString;
    }
    public boolean equals(Object obj) {
        String s1 = getKeyString();
        String s2 = ((Grid)obj).getKeyString();
        return s1.equals(s2);
    }
    public int hashCode(){
        return 0;
    }
    public void setSpacePosition(){          //设置空白格子的位置(数字0表示空白格子)
        for(int i = 0;i < 3;i++) {
            for(int j = 0;j < 3;j++){
                if(a[i][j] == 0) {
                    spaceI = i;
                    spaceJ = j;
                }
            }
        }
    }
    public Grid spaceToLeft(){               //空白格子向左移动
        setSpacePosition();
        int back[][] = new int[3][3];
        for(int m = 0;m < 3;m++) {
            for(int n = 0;n < 3;n++) {
                back[m][n] = a[m][n];
            }
        }
```

```java
            if(spaceJ >= 1) {
                int temp = back[spaceI][spaceJ];
                back[spaceI][spaceJ] = back[spaceI][spaceJ - 1];
                back[spaceI][spaceJ - 1] = temp;
            }
            return new Grid(back);
        }
        public Grid spaceToRight(){                    //空白格子向右移动
            setSpacePosition();
            int back[][] = new int[3][3];
            for(int m = 0;m < 3;m++) {
                for(int n = 0;n < 3;n++) {
                    back[m][n] = a[m][n];
                }
            }
            if(spaceJ < 2) {
                int temp = back[spaceI][spaceJ];
                back[spaceI][spaceJ] = back[spaceI][spaceJ + 1];
                back[spaceI][spaceJ + 1] = temp;
            }
            return new Grid(back);
        }
        public Grid spaceToUp(){                       //空白格子向上移动
            setSpacePosition();
            int back[][] = new int[3][3];
            for(int m = 0;m < 3;m++) {
                for(int n = 0;n < 3;n++) {
                    back[m][n] = a[m][n];
                }
            }
            if(spaceI > 0) {
                int temp = back[spaceI][spaceJ];
                back[spaceI][spaceJ] = back[spaceI - 1][spaceJ];
                back[spaceI - 1][spaceJ] = temp;
            }
            return new Grid(back);
        }
        public Grid spaceToDown(){                     //空白格子向下移动
            setSpacePosition();
            int back[][] = new int[3][3];
            for(int m = 0;m < 3;m++) {
                for(int n = 0;n < 3;n++) {
                    back[m][n] = a[m][n];
                }
            }
            if(spaceI < 2) {
                int temp = back[spaceI][spaceJ];
                back[spaceI][spaceJ] = back[spaceI + 1][spaceJ];
                back[spaceI + 1][spaceJ] = temp;
            }
            return new Grid(back);
        }
    }
}
```

本例中的主类 Example14_4 使用 NineGrid 类的 backtrackingMove() 方法得到一个有解的九宫格的解,并判断一个无解的九宫格无解。这里使用的数据结构比较合理,并注意不重复状态(不重复回到回溯点),尽管回溯算法差不多相当于一个穷举过程(如果没有剪枝),但求九宫格的解或判断九宫格无解的速度相当快,本例的程序可以在几百毫秒内完成求解或判断无解,运行效果如图 14.6 所示。在 NineGrid 类中使用集合(HashSet)来避免重复求解,如果使用其他数据结构,例如链表或顺序表,按大小查找的时间复杂度都是 $O(n)$,将会增加得到目标解的时间。

```
初始九宫格:
[2, 4, 3]
[1, 8, 5]
[7, 6, 0]
成功得到九宫格的解:
[1, 2, 3]
[4, 5, 6]
[7, 8, 0]
求九宫格的解的用时:217毫秒
初始九宫格:
[4, 1, 3]
[8, 2, 5]
[7, 6, 0]
无法得到目标解!
判断九宫格无解的用时:527毫秒
```

图 14.6　九宫格游戏

Example14_4.java

```java
import java.util.Arrays;
public class Example14_4 {
    public static void main(String args[]) {
        int start [][] = { {2,4,3},
                           {1,8,5},
                           {7,6,0}};             //九宫格有解的初始状态
        int end [][] = { {1,2,3},
                         {4,5,6},
                         {7,8,0}};               //九宫格的解
        Grid startGrid = new Grid(start);
        Grid targetGrid = new Grid(end);
        NineGrid nineGrid = new NineGrid();
        System.out.println("初始九宫格:");
        for(int i = 0; i < startGrid.a.length; i++)  //输出初始九宫格
            System.out.println(Arrays.toString(startGrid.a[i]));
        long startTime = System.nanoTime();
        nineGrid.backtrackingMove(startGrid,targetGrid);  //用回溯算法求九宫格的解
        long estimatedTime = System.nanoTime() - startTime;
        System.out.println("求九宫格的解的用时:" + (estimatedTime/1000000) + "毫秒");
        start = new int[][]{ {4,1,3},
                             {8,2,5},
                             {7,6,0}};           //九宫格无解的初始状态
        startGrid = new Grid(start);
        System.out.println("初始九宫格:");
        for(int i = 0; i < startGrid.a.length; i++)  //输出初始九宫格
            System.out.println(Arrays.toString(startGrid.a[i]));
        startTime = System.nanoTime();
        nineGrid.backtrackingMove(startGrid,targetGrid);  //用回溯算法求九宫格的解
        estimatedTime = System.nanoTime() - startTime;
        System.out.println("判断九宫格无解的用时:" + (estimatedTime/1000000) + "毫秒");
    }
}
```

习题 14

扫一扫　　　　　扫一扫

习题　　　　　　自测题

附录A 对象与接口的关键知识点

1. 对象的基本结构

类封装了一类事物共有的属性和行为(与 C 语言中的结构体相比,前进了一大步),并用一定的语法格式来描述所封装的属性和行为,封装的关键是抓住事物的属性和行为两方面,即数据以及在数据上所进行的操作。

类是用于创建对象(对象也称类的实例)的一种数据类型(高级语言总是先有类型,再定义数据),也是 Java 语言中最重要的数据类型,用类声明的变量被称作对象变量,简称为对象。

下面用简单的 CarSUV 类强调一下对象的基本结构。

```java
public class CarSUV {
    int speed;
    int weight = 200;
    int upSpeed(int n){
        if(n<=0||n>=260)
            return speed;
        speed += n;
        return speed>=260?260:speed;
    }
}
```

上述 CarSUV 类就是用户定义的一种数据类型,下列代码就是用这个类型声明 redCar 和 blueCar 两个对象:

```java
CarSUV redCar = null;
CarSUV blueCar = null;
```

redCar	blueCar
null	null

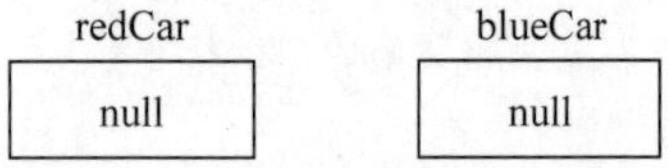

图 A.1 用 CarSUV 类声明的 redCar 和 blueCar

内存示意图如图 A.1 所示。

此时,系统认为对象 redCar 和 blueCar 中的数据是 null,称这样的对象是空对象。程序要避免使用空对象,即在使用对象之前要确保为对象分配了变量(也称为对象分配实体),下列代码为对象 redCar 和 blueCar 分配变量:

```java
redCar = new CarSUV();
blueCar = new CarSUV();
```

new 是 Java 中的一个关键字,也是一个运算符,new 只能和构造方法进行运算,其作用非常类似于 C 语言中分配内存的函数 *calloc()(*calloc()分配内存,并初始化所分配的内存;*malloc()分配内存,但不初始化所分配的内存),即为 CarSUV 类中的成员变量 speed、weight 分配内存,为 speedUp()方法分配入口地址。new 运算符为成员变量 speed、weight 分配内存后进行初始化,然后执行构造方法,最后计算出一个称作"引用"的 int 型的值。程序需要将这个引用赋值给某个对象,以确保所分配的成员变量 speed、weight 是属于这个对象的,即确保 speed 和 weight 是分配给该对象的变量。CarSUV 类可以声明多个不同的对象,并使用 new 运算符为这些对象分配变量,分配给不同对象的变量占有不同的内存空间(给对象分配变量也称创建对象)。此时的内存示意图如图 A.2 所示(图中的小汽车是为了形象而画)。

附录A 对象与接口的关键知识点

对象(变量)负责存放引用,以确保对象可以操作分配给自己的变量(也称分配给对象的变量是对象的实体)以及调用类中的方法。示意图中的箭头表示对象可以使用访问符"."访问分配给自己的变量。例如执行下列代码:

```
redCar.weight = 100;
blueCar.weight = 120;
```

那么 redCar 对象的 weight 的值是 100,blueCar 对象的 weight 的值是 120。此时的内存示意图如图 A.3 所示。

当对象调用方法时,方法中出现的成员变量就是分配给该对象的变量(体现封装性)。例如执行下列代码:

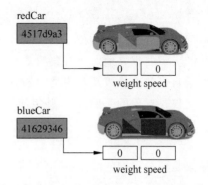

图 A.2 为 redCar 和 blueCar 对象分配变量

```
redCar.upSpeed(60);
blueCar.upSpeed(80);
```

那么 redCar 对象的 speed 的值从 0 变成 60,blueCar 对象的 speed 的值从 0 变成 80。此时的内存示意图如图 A.4 所示。

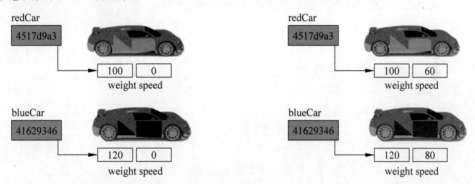

图 A.3 redCar 和 blueCar 对象访问自己的 weight 变量　　图 A.4 redCar 和 blueCar 对象调用 upSpeed()方法

需要注意的是,当用下列代码输出对象中存放的引用时:

```
System.out.println(redCar);
```

得到的结果不完全是引用值,而是一个字符序列 CarSUV@4517d9a3,该字符序列是给引用值(十六进制)添加了前缀信息"类名@"。其原因是:

```
System.out.println(redCar);
```

等价于

```
System.out.println(redCar.toString());
```

Public String toString()方法是 Object 类提供的一个方法,CarSUV 类可以重写该方法,使得 toString()方法只返回引用值的字符序列表示,例如在 CarSUV 类中进行如下的重写:

```
public String toString() {                //重写 Object 类的方法
    String str = super.toString();
    String backStr = str.substring(str.indexOf("@") + 1);
    return backStr;
}
```

如果需要按整数输出对象的引用(一个 int 型值,有特殊意义的整数),可以使用 System 类提供的静态方法 identityHashCode(),例如:

```
int addr = System.identityHashCode(redCar);
```

返回的 addr 是 int 型值。

大家要很好地理解对象的基本结构，即对象（变量）负责存放引用，以确保对象可以操作分配给自己的变量以及调用类中的方法；不要把对象和分配给对象的变量混淆（分配给对象的变量仅是对象的一部分）；避免使用匿名对象。例如执行下列代码：

```
new Car().weight = 100;
new Car().weight = 120;
```

效果是两个不同的对象（匿名对象）分别设置自己的 weight。而执行下列代码：

```
redCar.weight = 100;
redCar.weight = 120;
```

效果是 redCar 对象首先将自己的 weight 设置为 100，然后又重新设置为 120。

注意：在学习面向对象语言的过程中，一个简单的理念就是，在需要完成某种任务时，首先要想到谁去完成任务，即哪个对象去完成任务；提到数据，首先要想到这个数据是哪个对象的。

下面的例 A-1 演示了对象的基本结构，运行效果如图 A.5 所示。

```
null
null
4517d9a3
4517d9a3
41629346
41629346
60
60
80
80
```

图 A.5　例 A-1 的运行效果

例 A-1　演示对象的基本结构。

CarSUV.java

```java
public class CarSUV {
    int speed;
    int weight = 200;
    int upSpeed(int n){
        if(n<=0||n>=260) {
            return speed;
        }
        speed += n;
        return speed>=260?260:speed;
    }
    public String toString() {                    //重写 Object 类的方法
        String str = super.toString();
        String backStr = str.substring(str.indexOf("@")+1);
        return backStr;
    }
}
```

A1.java

```java
public class A1 {
    public static void main(String args[]) {
        CarSUV redCar = null;
        CarSUV blueCar = null;
        System.out.println(redCar);
        System.out.println(blueCar);
        redCar = new CarSUV();
        blueCar = new CarSUV();
        System.out.println(redCar);
        int addr = System.identityHashCode(redCar);
        System.out.printf("%x\n",addr);
        System.out.println(blueCar);
        addr = System.identityHashCode(blueCar);
```

```
            System.out.printf("%x\n",addr);
            redCar.weight = 100;
            blueCar.weight = 120;
            int m = redCar.upSpeed(60);
            int n = blueCar.upSpeed(80);
            System.out.println(m);
            System.out.println(redCar.speed);
            System.out.println(n);
            System.out.println(blueCar.speed);
    }
}
```

2. 具有相同引用的对象

没有实体（没有被分配变量）的对象称作空对象，程序要避免让一个空对象去调用方法产生行为，否则在运行时会出现 NullPointerException 异常。由于对象可以动态地被分配变量（实体），所以 Java 编译器对空对象不做检查（不会出现编译错误）。因此，在编写程序时要避免使用空对象。

一个类声明的两个对象如果具有相同的引用，二者就具有完全相同的变量（实体）。当程序用一个类为 object1 和 object2 两个对象分配变量后，二者的引用是不同的，如图 A.6 所示。

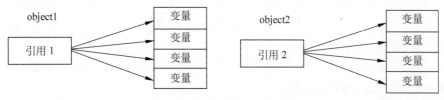

图 A.6 具有不同引用的对象

在 Java 中，对于同一个类的两个对象 object1 和 object2，允许进行如下的赋值操作：

```
object2 = object1;
```

这样 object2 中存放的将是 object1 的值，即对象 object1 的引用，因此 object2 所拥有的变量（实体）就和 object1 完全一样了，如图 A.7 所示。

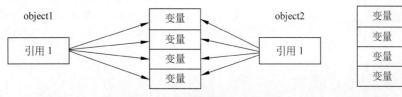

图 A.7 具有相同引用的对象

Java 有所谓的"垃圾收集"机制，这种机制周期性地检测某个实体是否已不再被任何对象所拥有（引用），如果发现这样的实体，即释放实体占用的内存。

下面的例 A-2 演示了如果类声明的两个对象具有相同的引用，二者就具有完全相同的变量，运行效果如图 A.8 所示。

```
p1的引用:Point@3a71f4dd
p2的引用:Point@7adf9f5f
p1的x,y坐标:1111,2222
p2的x,y坐标:-100,-200
将p2的引用赋给p1后：
p1的引用:7adf9f5f
p2的引用:7adf9f5f
p1的x,y坐标:-100,-200
p2的x,y坐标:-100,-200
```

图 A.8 例 A-2 的运行效果

例 A-2 演示具有相同引用的对象。

A2.java

```
class Point {
    int x,y;
    void setXY(int m,int n){
```

```java
            x = m;
            y = n;
        }
}
public class A2 {
    public static void main(String args[]) {
        Point p1 = null,p2 = null;
        p1 = new Point();
        p2 = new Point();
        System.out.println("p1 的引用:" + p1);
        System.out.println("p2 的引用:" + p2);
        p1.setXY(1111,2222);
        p2.setXY(-100, -200);
        System.out.println("p1 的 x,y 坐标:" + p1.x + "," + p1.y);
        System.out.println("p2 的 x,y 坐标:" + p2.x + "," + p2.y);
        p1 = p2;              //使得对象 p1 和 p2 的引用相同
        System.out.println("将 p2 的引用赋给 p1 后:");
        int address = System.identityHashCode(p1);
        System.out.printf("p1 的引用:% x\n",address);
        address = System.identityHashCode(p2);
        System.out.printf("p2 的引用:% x\n",address);
        System.out.println("p1 的 x,y 坐标:" + p1.x + "," + p1.y);
        System.out.println("p2 的 x,y 坐标:" + p2.x + "," + p2.y);
    }
}
```

3. 函数接口与 Lambda 表达式

如果在一个接口中除了其他方法,例如静态方法、用 default 关键字修饰的方法和私有方法,有且只有一个抽象方法,称这样的接口是单接口,将单接口称为函数接口。

Lambda 表达式是一个匿名方法(函数)。下列 com()方法是一个通常的方法(也称函数):

```java
int com( int a, int b ) {
    return a + b;
}
```

Lambda 表达式是一个匿名方法(函数),用 Lambda 表达式表达同样功能的匿名方法如下:

```java
(int a, int b)  -> {
    return a + b;
}
```

或

```java
(a,b)  -> {
    return a + b;
}
```

即 Lambda 表达式就是只写参数列表和方法体的匿名方法(参数列表和方法体之间的符号是->):

```
(参数列表) -> {
       方法体
 }
```

Lambda 表达式的值就是方法(匿名方法)的入口地址,大家不要混淆 Lambda 表达式的值和其匿名方法的返回值(如果有返回值)。

对于函数接口,允许把 Lambda 表达式的值(方法的入口地址)赋值给接口变量,那么接口变量就可以调用 Lambda 表达式实现的方法（即接口中的方法），这一机制称为接口回调 Lambda 表达式实现的接口方法。简单地说，和函数接口有关的 Lambda 表达式实现了该函数接口中的抽象方法（重写了抽象方法），并将所实现方法的入口地址作为此 Lambda 表达式的值。例如，对于函数接口：

```
public interface SingleCom {
    public abstract int com(int a , int b);
}
```

Lambda 表达式是：

```
(a,b) ->{
    return a + b;
}
```

把 Lambda 表达式的值（即 Lambda 表达式实现的 public abstract int com(int a ,int b) 方法的入口地址）赋值给接口变量 c：

```
SingleCom c = (a,b) ->{
    return a + b;
};
```

那么 c 就可以调用 Lambda 表达式实现的接口中的方法：

```
int result = c.com(10,8);              //result 的值是 18
```

下面的 SortInt 类的 sort(int []arr,SingleCom c)方法是起泡排序，可以动态地将一个 Lambda 表达式传递给参数 c，例如：

```
sort(arr,(a,b)>{return a * a - b * b});
```

那么 sort() 方法在排序数组时将按照 Lambda 表达式给出的大小关系排序数组 a。SortInt 类的代码如下：

```
public class SortInt {
    public static void sort(int []arr,SingleCom c){
        int n = arr.length;
        for(int m = 0; m < n - 1;m++) {                    //起泡法
            for(int i = 0;i < n - 1 - m;i++){
                if((c.com(arr[i],arr[i + 1])>= 0)){
                    int t = arr[i + 1];
                    arr[i + 1] = arr[i];
                    arr[i] = t;
                }
            }
        }
    }
}
```

下面的例 A-3 使用 SortInt 类的 sort(int[] arr, SingleCom c)方法将一个 int 型数组按平方的大小排序，然后按个位上数字的大小排序，运行效果如图 A.9 所示。

```
按平方排序：
按平方排序：[8, 10, 12, -18, -21, 65, 67]
按个位上数字大小排序：
按个位上数字大小排序：[-18, -21, 10, 12, 65, 67, 8]
```

图 A.9 例 A-3 的运行效果

例 A-3 排序数组。

A3.java

```java
import java.util.Arrays;
public class A3 {
    public static void main(String args[]) {
        int []a = {-21,10,-18,12,65,67,8};
        int []b = {-21,10,-18,12,65,67,8};
        System.out.println("按平方排序:");
        SortInt.sort(a,(m,n) -> { return m*m-n*n;
        });
        System.out.println("按平方排序:" + Arrays.toString(a));
        System.out.println("按个位上数字的大小排序:");     //-18 的个位上的数字是-8
        SortInt.sort(b,(m,n) -> { return m%10-n%10;
        });
        System.out.println("按个位上数字的大小排序:" + Arrays.toString(b));
    }
}
```

参 考 文 献

[1] Cormen T H, Leiserson C E. 软件导论[M]. 潘金贵, 顾铁成, 李成法, 等译. 北京: 机械工业出版社, 2006.
[2] Drozdek A. 数据结构与算法(Java 语言版)[M]. 周翔, 王建芬, 黄小青, 等译. 北京: 机械工业出版社, 2003.
[3] Lewis J, Chase J. 数据结构(Java 版)[M]. 施平安, 译. 北京: 清华大学出版社, 2004.
[4] Shaffer C A. 数据结构与算法(Java 版)[M]. 张铭, 刘晓丹, 译. 北京: 电子工业出版社, 2001.
[5] Brassard G, Bratley R. 算法基础[M]. 邱仲潘, 柯渝, 徐锋, 译. 北京: 清华大学出版社, 2005.
[6] 耿祥义, 张跃平. Java 2 实用教程[M]. 6 版. 北京: 清华大学出版社, 2021.